JN193980

志賀浩二［著］

新装改版

ルベーグ積分30講

朝倉書店

は し が き

今世紀初頭におけるルベーグ積分論の成立は，20 世紀の解析学の特徴的な姿を決定するほど重要な意味をもつものであったと考えられる．実際，19 世紀までの解析学と 20 世紀における解析学とは，その基調にかなり明確な隔りがある．その主要な原因は，古典的な積分概念がルベーグ積分にとってかわったことにあり，それによって，解析学の背景に厳然と関数空間が立ち現われてきたことによっている．実数の導入によって，数が数直線上を自由に動き出したように，関数空間の導入によって，関数がこの空間の点として動きはじめたのである．

ルベーグ積分の理論は，現代解析学を理解する上では必須なものであり，その理論は解析学を支える礎石として現在では完全に整備されて提示されている．しかし，これは私の感じにすぎないのかもしれないが，この理論全体の中に，何か茫漠とした不透明なものが横たわっているようであり，これは数学の形式によってもついに排除できなかったようである．この私の数学的感性に挑んでくるような感じは何に由来するのであろうか．

このことの一因は，たぶんルベーグ積分が，面積概念の拡張にあたって，無限概念を最初から積極的に導入した点にあったのだろう．ルベーグによる面積概念は，まず図形を無限個の長方形でおおって，その面積の和の下限をとるという考えに立っている．私たちは，無限個のピースを用いるジグソーパズルの困難さに直面しているといってよい．そして実際ここから，零集合のように本質的に捉えにくい概念や，関数空間の完備性にみられる非構成的な性格が立ち現われてきて，それらがルベーグ積分論全体の上に霧のようにおおいかぶさって，どこか見定めにくい影をつくっているのである．

ルベーグ積分から，できるだけその形式的な論理的な枠組みをはずして，その内蔵する深い性格を明らかにしてみたいというのが，本書を著す私の動機であった．つまり私は，霧は晴れないとしても，霧の立つ場所は明らかにしたいと思ったのである．ルベーグ積分は，現代数学をもう決して後戻りすることのできない高みにまで押し上げたが，その高みから一度下りてみようとすると，結局，行きつく先は，ごく素朴な面積概念ということになってくるのである．しかし，この素朴なところからルベーグ積分論の山道を登っていこうとすると，やはり無限概念に絡むルベーグ積分のどこか謎めいた姿が，そこに立ち現われてくるということになった．

ルベーグ積分に関する基本的な部分は，だいたい本書に含めたつもりであるが，もちろん触れることのできなかった話題も多い．それについては，ルベーグ積分論，または実関数論についてのもっと詳細な専門書を参照されることを望みたい．

1990 年 8 月

著　　者

目　　次

第 1 講

広がっていく極限

テーマ

◆ 極限の考え——数直線上の極限からさらに一般的視野へ
◆ 広がっていく極限概念——2 次元，3 次元における極限概念
◆ 多角形の極限としての面積
◆ 図形の極限と面積の極限

極限の考え

極限というと，私たちは飛んでいる矢がしだいに的に近づいていく状況や，定められたロケット打上げ時間に向かって，刻々と近づいていく時間の流れのことなどをまず最初に思い浮かべる．少し数学に関心のある人ならば，このことから直ちに数直線上の変数とか点列が，数直線上のある決まった値へと近づいていく描像が浮かび上がってくるだろう．極限を表わす数学の記号 $\lim_{x \to a}$ なども，この数直線上の描像としっかり結びついている．

実際，19 世紀後半，カントルとワイエルシュトラスが実数とは何かという問題をとり上げ，実数論を構成しようとしたとき，基本においたのはこの極限概念である．彼らは，有理数列が収束する点の全体が，実数の集合をつくっているとした．このことは，極限というと，数直線上の変数，または点列の近づく状況を示しているという見方を，私たちの中にますます強めることになったと思われる．

だが，振り返って考えてみると，これは実数，極限，微分というように構成されていく数学の演繹体系が創り出した，1 つの観念的な映像にすぎないのかもしれない．私たちが，もうほとんど固定観念と化してしまった，数学の形式の中でのこの極限概念を一度捨ててみることを試みるならば，極限，またはそれに近い概念を，私たちが生活体験の中から得たのは，必ずしも数直線と直接結びつく場

所からだけではなかったことに気がつくのである．

> 幼稚園に入る前，朝から降り続く雨の日は，子どもにとっていかにも所在ない．私の幼時の思い出をたどることになるが，こんな日，縁側に座って雨の降りしきるさまをあきることなく見ていた記憶がある．ひとしきり雨が激しくなると，庭の中に小さな流れができてくる．雨水はこの流れにしたがって，庭の窪地へと誘われて，そこに水溜りをつくってくる．水溜りが，小さな草や小石をのみこんで，しだいしだいに大きく広がっていくありさまには，心をはずませるものがあった．この水溜りはどこまで大きく広がっていくのだろうと，期待で胸がふくらんでくるが，しかし，期待むなしく，雨が小降りになると，水溜りはあるところまで達して，そこで広がることを止めてしまう．やがて雲間から日の光が差しこむようになると，折角でき上がった水溜りは30分もたたぬうちに消えてしまう．

広がっていく極限

水溜りが徐々に広がって，ある最終的な形にたどりつくまでの経過は，一種の極限過程であるとみることができる．この極限過程は，矢が的に近づくような場合と違って，いわば一様に平面上を広がっていく，広がりをもった極限過程である．古代文明が，ナイル川や，チグリス川・ユーフラテス川や黄河のほとりに築かれたことを思うと，このような水量の増加による水域の広がりは，年ごとの洪水のもたらす見なれた風景として，古くから私たちの心にしるされていたものなのだろう．

矢が的へ向かって一直線に飛んでいくのは，1次元の極限過程を表わしているとみられるが，水が大地に一様に広がってある水域を形成していくのは，2次元の極限過程とみられ，またガラス工場で，職人の息の吹き加減で，灼熱したガラス玉がしだいに花瓶へと変容していくさまは，3次元の極限過程とみられる．2次元，3次元の広がりをもった極限過程も，もちろん座標——したがって実数——を用いて，原理的には形式的に表わすことはできる．しかし具体的な数式による表示を求めることになると，近似的にもほとんどの場合不可能であって，形式的な取扱いにも限界があるのである．図形に対して，一般的にいえば，位相的な性質のような定性的なものは求められても，形そのものに密着した定量的なものを数学の形式の中から抽出するのは難しいのである．

時間の流れのような1次元の極限過程のもたらす直観形式は，数直線を通して実数の体系の中に，はっきりとした形でとりこまれたが，広がりをもった極限過程を，ある1つの総合された概念として捉えることは，いままであまり成功したようにも思えないし，それはまた私には至難なことにみえる．コンピュータ・グラフィックスによって描かれた複雑な図形を見て，数学者が息をのむという光景はよく見かけることである．コンピュータに無縁な人でも，牡丹の花が，蕾から大輪へと開花していく模様を，空間における極限過程とみるとき，これを数学的対象として把握することなど，ほとんど絶望に近いことだと感ずるだろう．

面積の考え

図形の形をそのまま数学的に記述することはできないとしても，昔から図形の大きさを測る1つの目安として，1次元の図形の場合には長さ，2次元の場合には面積，3次元の場合には体積という概念が用いられてきた．たとえば円の面積は内接（または外接）する正 n 角形の面積で，$n \to \infty$ としたときの極限と考えられてきた．ここでは確かに，円自身が内接（または外接）する正 n 角形の $n \to \infty$ としたときの究極の形であるという認識が隠されている．

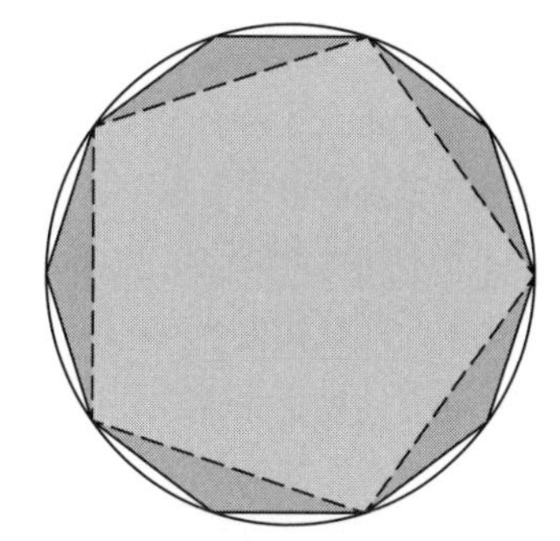

円に内接する正5角形と正10角形

図1

半径1の円に内接する正 n 角形の面積 S_n は

$$S_n = \frac{n}{2} \times \sin \frac{360^\circ}{n}$$

で与えられる．半径1の円の面積は円周率 $\pi = 3.14159265\cdots$ に等しいから，n を

n	S_n	n	S_n
10	2.9389262	600	3.1415352
30	3.1186753	1000	3.1415719
60	3.1358538	2000	3.1415874
100	3.1395259	3000	3.1415903
300	3.1413629	6000	3.1415920

大きくしていくと，S_n はしだいに π に近づいていくはずである．実際，近似の度合がどの程度か知りたくなったので，手許にあった 10 桁表示の関数電卓で sin の値を求めて調べてみた．結果を小数点以下 7 桁まで表わすと前頁の表のようになる．

円に内接する正 6000 角形の面積が，電卓を用いると，買物の総計を求めるような手軽さで，即座に求められてしまうことに，やはり素朴な驚きを感じてしまう．

私たちがふつう平面の図形に対して面積があると感ずるのは，考えている図形が，多角形によって内側 (および外側) から近似された極限として得られていると感じているからだろう．もう少しはっきりいえば，面積という概念は，次のようなものであると考えてよい．まず多角形の場合は面積は既知とする．次に一般の平面上の図形に対しては，この図形を多角形が広がっていく極限の究極の相として捉え，この過程を，多角形の面積を通して 1 次元の量として数直線上に投影する．このようにして得られた極限量が面積である．この数直線上への量としての投影によって，図形のもつ形は捨象されたが，図形相互の包含関係は面積の大小関係として把握され，図形の‘大きさ’を測ることができるようになったのである．

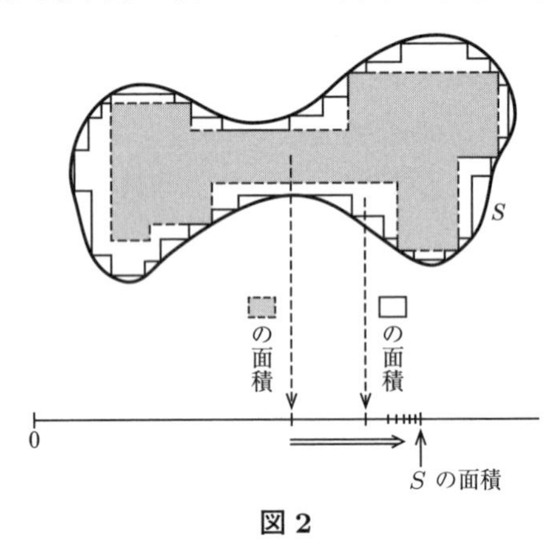

図 2

面積と極限

面積とは，このように図形自身の中に内蔵されている極限的な様相の，実数を通しての 1 つの表現であるという観点に立つと，面積は次のような極限に関する性質をもつだろうと考えることは，ごく自然なことに思えてくる．

(∗)　$S_1, S_2, \ldots, S_n, \ldots$ がそれぞれ面積をもち，それがしだいに増加してある図形 S になったとする．すなわち

$$S_1 \subset S_2 \subset \cdots \subset S_n \subset \cdots \longrightarrow S$$

このとき，S も面積があって

$$S_n の面積 \longrightarrow S の面積 \quad (n \to \infty)$$

となる．

最初に述べた日常的なたとえでは，水溜りの水がしだいに増えていくとき，各段階での水溜りの面積が測られるならば，最終的な水溜りの面積は，これらの面積の極限として得られるだろうということである．

いままでの話の流れの中で見てみれば，ごく当り前そうにみえる(∗)も，実は古典的な——ふつうの——面積概念の立場では一般には成り立たないのである．このことは読者にとってむしろ意外なことにみえるかもしれない．(∗)の要請の中に隠されている謎めいた深みは，極限概念から生じている．極限概念が数学の中で完全に定式化され，解析学の中に定着したのは，19世紀後半になってからであった．一方，19世紀の解析学の発展の中で，多様な関数列のさまざまな極限過程が多くの関数を生み出すようになっていた．これと同時に，これらの関数のグラフのつくる図形が，極限概念の中でしか捉えられないような複雑な様相を示しはじめたのである．積分の理論と面積の理論は，ともに，ここに登場してきた極限過程をどのように組みこむべきかを，考慮せざるをえなくなってきたのである．(∗)が一般には成立しないような古典理論の枠の中に数学は止まることはできなくなってきた．

数学史的には，必ずしもこの道をたどったとはいえないが，本質的には，(∗)の要請を自然なものであるという認識に立って，古典的な立場をより高いものとする，新しい積分論と面積概念を求める機運が生じてきたといってよいのである．これは，ルベーグにはじまる，20世紀数学の積分論と測度論の誕生のドラマの幕開けとなった．これを述べることが本書の主題となる．

Tea Time

質問　講義の最後で述べられたことですが，関数が極限操作で複雑な関数を生み出すようになり，対応してグラフのつくる図形の面積の考察にも極限概念を積極

的にとり入れる必要が生じてきたということについて，もう少しお話していただけませんか．

答　図3を見てみることにしよう．この図を地層の断面図とみてもよいわけである．地層を表わす曲線は，区間 $[a, b]$ で定義された連続関数 $f_1, f_2, f_3, \ldots$ のグラフであると考えてよい．$f_1 \leqq f_2 \leqq f_3 \leqq \cdots$ であるが，$\lim_{n\to\infty} f_n$ の表わすグラフは，c と d で不連続性 (断崖！) を示している．このつくり方を少し修正すれば，極限関数のグラフが a と b の間の有限個の点で不連続性を示すような，連続関数の増加列をつくることができる．もう少し想像力を働かせれば，区間 $[a, b]$ の可算個の稠密な点で不連続点をもつ関数も，連続関数の増加列として得られるのではないかと予想されてくるだろう．このような関数のグラフのつくる図形など，私たちの日常経験の中で出会う図形の感じをはるかに超えたものとなっている．このような関数の積分の理論に対応して，本質的には同じことであるが，この図形の面積は何かという問題が生じてくるのである．この状況では，$(*)$ で述べた‘S も面積をもち’があやしくなってくることがわかるだろう．

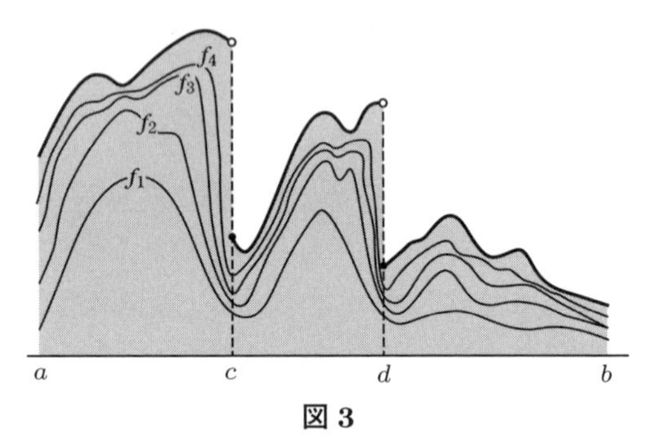

図3

質問　連続関数列が，極限に移ったとき，複雑な不連続関数を生むような状況は，具体的にはどのようなところから数学者の問題意識として登場してきたのでしょうか．

答　連続関数の枠を超えた‘奇妙な関数’が研究の対象となってきたのは，19世紀半ばからだが，このような方向に数学者の眼を向ける1つの要因となったものにフーリエ級数の挙動があった．フーリエによれば，ある意味で $[0, 2\pi]$ 上で定義されたふつうの関数は

$$\frac{1}{2}a_0 + \sum_{n=1}^{\infty} a_n \cos nx + \sum_{n=1}^{\infty} b_n \sin nx$$

とフーリエ級数で表わされるのであるが，少し詳しく調べてみると，この収束の模様は一般に非常に複雑なものであって，さまざまな奇妙な現象を引き起こすのである．

数学を少し学んだ人には次のように述べるとよいかもしれない．ベキ級数の考察は，実解析から複素解析への道を拓いたが，フーリエ級数の考察は，通常の微積分の世界を，‘奇妙な関数’も包括するような一層広い実解析の世界へと導く契機を与えたのである．この中心に新しい積分論——ルベーグ積分——があった．

第 2 講

数直線上の長さ

テーマ
- ◆ 区間の長さ
- ◆ 測度という言葉
- ◆ 平行移動による不変性
- ◆ 有限加法性
- ◆ 実数の連続性——有界な単調増加列は収束する
- ◆ 完全加法性への期待

区間の長さ

数直線を実数の集合と同一視して $\boldsymbol{R}$ と表わすことにする．$\boldsymbol{R}$ の部分集合 S が有界とは，適当な正数 K をとると，S に属するすべての数 x に対して

$$-K < x < K$$

が成り立つことである．

$\boldsymbol{R}$ の有界な部分集合 S の‘長さ’を測りたいのだが，部分集合といっても，有理数の一部分をとったり，無理数の一部分をとってつくったような複雑な部分集合も含むから，すべての部分集合 S に対して，すぐに‘長さ’を考えるようなことは，まず無理なことかもしれない．そのために考察の方向を変えて，‘長さ’というものを考えるとしたら，それはどのような性質をもつべきかというところからスタートすることにしよう．

物差しを使って 5 cm から 12 cm の間にある 7 cm の長さの紐を切りとることを考えてみてもわかるように，一番基本となるのは閉区間の長さである．端点が a, b である閉区間を $[a,b]$ で表わす：

$$[a,b] = \{x \mid a \leqq x \leqq b\}$$

まず次の要請をおく.

(L1)　閉区間 $I=[a,b]$ の長さは $b-a$ である.

これから，いちいち‘長さ’というのはわずらわしいこともあるしまた適切でないと思われる場合もあるので，これに対する数学の記法を用意しておくことにする．多少，一般的な見地に立つことになるのだが,‘長さ’は部分集合の‘測度’(measure) を与えていると考えて，(L1) を，I の測度は $b-a$ であるということにして次のように表わすことにする.

$$m(I)=b-a$$

測度は measure の訳であるが，測度は，角度，温度，湿度のように，ごく限られた特定の単位による測り方を必ずしもいい表わしてはいない．むしろこの言葉によって，長さ (length)，面積 (area)，体積 (volume) のような言葉の背後に共通に感じられる，広い概念を指し示そうとしている．ルベーグは有名な論文『積分・長さ・面積』の序文の中でこれについて次のように述べている．‘実変数関数論に関する問題の研究において，線分の長さや多角形の面積のもついくつかの性質を有する数を，点集合にも付与することができると都合がよいということは，しばしば認められてきたところである．集合の測度とよばれているこれらの数のさまざまな定義が，いままで提案されてきた.’

測度という訳語は，数学の中でもうすっかり定着してしまったが，私はこの訳語が一般の人に少しなじみにくいところがあって，このような考えを十分伝えているかどうか，多少疑問に思っている.

閉区間 $I=[a,b]$ で，特に $a=b$ とおくと，I は1点 a からなる集合となる．したがって (L1) から特に

1点の測度は0である.

開区間 $(a,b)=\{x\,|\,a<x<b\}$ や半開区間 $[a,b)=\{x\,|\,a\leqq x<b\}, (a,b]$ などは，閉区間 $[a,b]$ から端点を除いて得られるだけだから，(L1) にさらに

(L2)　$m((a,b))=m([a,b))=m((a,b])=b-a$

をつけ加えることにする．ここでまた $a=b$ とおくと，(a,b) は空集合 ϕ となる.

したがって特にこの (L2) の中には

$$m(\phi) = 0$$

が含まれている．

平行移動による不変性

実数 h を 1 つ決めたとき，対応

$$T_h : x \longrightarrow x + h$$

は，h だけの平行移動を表わしている．区間 I は，この平行移動によって，やはり区間へと移る．この区間を $T_h(I)$ とかく代りに，$I+h$ と表わすことにしよう．たとえば $I = [a, b)$ のときには，$I+h = [a+h, b+h)$ である．$m(I+h) = (b+h)-(a+h) = b-a$ だから，次の性質が成り立っている．

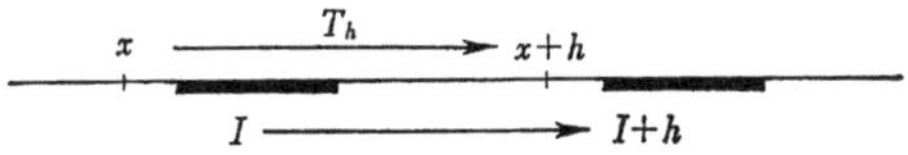

図 4

[平行移動による不変性]　$m(I+h) = m(I)$

有限加法性

次の要請は，測度にとって最も基本的な要請であると考えられている．

(L3)　**[有限加法性]**　$S_1, S_2, \ldots, S_n$ を $\boldsymbol{R}$ の部分集合で次の性質をもつとする．

(i)　$i \neq j$ のとき，S_i と S_j には共通点がない．

(ii)　各 S_i は測度——'長さ'——をもつとする．

このとき，和集合 $S = S_1 \cup S_2 \cup \cdots \cup S_n$ も測度をもち

$$m(S) = m(S_1) + m(S_2) + \cdots + m(S_n)$$

となる．

要するに，切れ切れになった糸の長さを測って加えれば，つなぎ合わせた糸の長さになるということである．もっとも，この段階では，区間の長さしか定義していないのだから (L3) のいっていることは，単に有限個の共通点のない区間の

和集合にも，測度を考えることができるということである．しかし，考えてみると，私たちが数直線上の部分集合に対して長さを測るというときには，日常の経験の中に現われる集合は，いつも区間の有限和となっているような集合である．だから，素朴な立場ならば，数直線上の部分集合の長さを考えるときには，(L1), (L2), (L3) だけで十分だということになる．

実数の連続性

しかし，ここに止まっていては，第 1 講で述べたような極限へ追いかけていくような長さの概念は得られない．このような立場へ移る手がかりとして，次の形で述べられる実数の連続性に注目してみることにしよう．

[実数の連続性]　上に有界な単調増加数列は，必ずある実数に収束する．

すなわち，数列 $a, a_1, a_2, \ldots, a_n, \ldots$ に対して，ある定数 K が存在して

$$a < a_1 < a_2 < \cdots < a_n < \cdots < K$$

が成り立っているならば，必ずある実数 c が存在して

$$\lim_{n\to\infty} a_n = c$$

となる．c は，数列 $\{a_n\}$ の上限となっており，

$$c = \sup a_n$$

と表わしてもよい．

さて，この連続性をこれから引用しやすいように

$$a < a_1 < a_2 < \cdots < a_n < \cdots < c; \quad \lim a_n = c \tag{1}$$

と表わしておこう．そこで半開区間の系列

$$I_1 = [a, a_1), \quad I_2 = [a, a_2), \quad \ldots, \quad I_n = [a, a_n), \quad \ldots$$

を考え，また

$$I = [a, c)$$

とおく．このとき (1) から

$$I_1 \subset I_2 \subset I_3 \subset \cdots \subset I_n \subset \cdots \longrightarrow I \tag{2}$$

が成り立つ．ここで $\longrightarrow$ は

$$I = \bigcup_{n=1}^{\infty} I_n$$

となることを示している．すなわち第1講のいい方にならえば，連続性とは，区間 $I_1, I_2, \ldots I_n, \ldots$ が広がっていく究極の形が存在して，それが区間 I で与えられることを保証しているといってよい．(2) のそれぞれの測度を考えてみると

$$m(I_1) = a_1 - a,\ m(I_2) = a_2 - a,\ \ldots,\ m(I_n) = a_n - a,\ \ldots,\ m(I) = c - a$$

だから，$\lim(a_n - a) = c - a$ に注意すると，結局

$$m(I_1) < m(I_2) < m(I_3) < \cdots \longrightarrow m(I) \tag{3}$$

が成り立つことを示している．すなわち，第1講で述べた (*) が，(いまの場合，面積ではなくて長さであるが) 系列 (2) に対しては成り立つのである．

完全加法性

実数の連続性 (1) をもう少し別の角度からかき直してみよう．今度は (1) に対応して，半開区間の系列

$$J_1 = [a, a_1),\quad J_2 = [a_1, a_2),\quad \ldots,\quad J_n = [a_{n-1},\ a_n),\quad \ldots$$

を考える．これらは互いに共通点のない半開区間の系列であって，全部を合わせると $I = [a, c)$ になる：

$$I = \bigcup_{n=1}^{\infty} J_n$$

このとき

$$m(J_1) = a_1 - a,\quad m(J_2) = a_2 - a_1,\quad \ldots,\quad m(J_n) = a_n - a_{n-1},\quad \ldots$$

であって，

$$\begin{aligned}\sum_{n=1}^{\infty} m(J_n) &= \lim_{k\to\infty} \sum_{n=1}^{k} m(J_n) \\ &= \lim_{k\to\infty} \{m(J_1) + m(J_2) + \cdots + m(J_k)\} \\ &= \lim_{k\to\infty} \{(a_1 - a) + (a_2 - a_1) + \cdots + (a_k - a_{k-1})\} \\ &= \lim_{k\to\infty} (a_k - a) = c - a = m(I) \end{aligned} \tag{4}$$

すなわち

$$\sum_{n=1}^{\infty} m(J_n) = m(I) \tag{5}$$

が成り立つ．

さて，J_1 を適当に平行移動して得られる区間を $\tilde{J}_1$，J_2 を平行移動して得られ

る区間を $\tilde{J}_2$, ..., 一般に, J_n を平行移動して得られる区間を $\tilde{J}_n$ とする．このとき，それぞれの平行移動を適当にとって，

(H)　$\tilde{J}_1, \tilde{J}_2, \ldots, \tilde{J}_n, \ldots$ には互いに共通点がない

と仮定しよう (図 5).

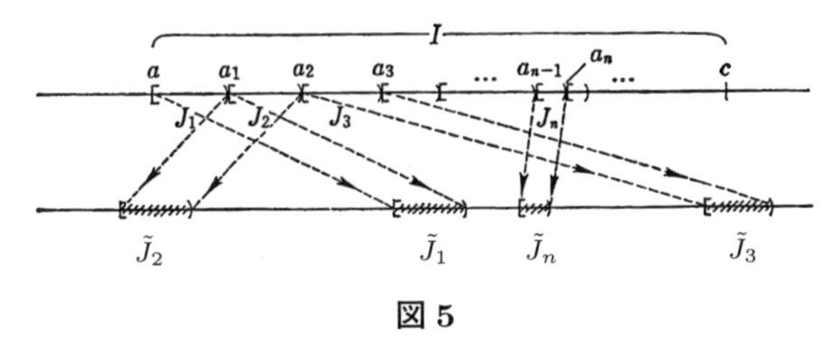

図 5

直観的には，長さ $c-a$ の一本の糸を $J_1, J_2, J_3, \ldots$ と裁断して，それらをばらばらにして，直線上のあちこちに重ならないように (仮定 (H)！) おいたものが $\tilde{J}_1, \tilde{J}_2, \tilde{J}_3, \ldots$ である．これらをもう一度寄せ集めれば，長さ $c-a$ となるだろう．このごく当然と思えることを数学的に表わすと次のようになる．

区間の長さが平行移動で不変なことから

$$m(\tilde{J}_1) = m(J_1), \quad m(\tilde{J}_2) = m(J_2), \quad \ldots, \quad m(\tilde{J}_n) = m(J_n), \quad \ldots \tag{6}$$

となる．いま

$$\tilde{I} = \bigcup_{n=1}^{\infty} \tilde{J}_n$$

とおく．$\tilde{I}$ は，可算無限個の区間の和だから，ふつうの意味では長さは測れない．しかし (4) の等式の移り方と，(6) を見てみると，

$$m(\tilde{I}) = c - a$$

とおくことは，ごく自然に思えてくる．このとき (5) と同様に

$$\sum_{n=1}^{\infty} m(\tilde{J}_n) = m(\tilde{I}) \tag{7}$$

が成り立つことになる．

定義はあとでもっと正確に述べることにするが，直線上に共通点のない区間が可算個あったとき，その和集合の長さを，それぞれの区間の和 (無限和！) として，(7) のように定義することは，測度の考えを有限加法性から，完全加法性とよばれるものにもち上げたことになる．このような移行はごく自然にみえるかもしれ

ないが，次講で述べるように，これは‘長さ’に関する直観的な感じだけでは捉えにくいようなところまで，数学の世界を広げたことになったのである．この根幹で働いているのは極限概念である．

Tea Time

質問　離れ離れになっている可算無限個の区間があったとき，その和集合の長さをそれぞれの区間の長さの和であるとすること――完全加法性――は，お話を聞いている限りでは，ごく当り前の感じがして，これで‘長さ’という直観的な量が，大きく変わるような状況は起きないような気がします．この点についてもう少しお話していただけませんか．

答　講義での記号を用いることにしよう．$J_1, J_2, \ldots, J_n, \ldots$ のように順序立って並んで 1 つの糸を形づくっている区間列を，ばらばらに切って $\tilde{J}_1, \tilde{J}_2, \ldots, \tilde{J}_n, \ldots$ のように直線上におくおき方には無限の多様性がある．この多様性が，多くの場合，私たちの直観の達しえないような図形をつくり上げていく．先へ進むにつれて長さがいくらでも小さくなる J_n が無限に現われてくるということは，たとえていえば，どんな微粒子の長さよりも，さらに短い長さをもつ区間が $J_n(n = 1, 2, \ldots)$ の中に，いくらでも存在していることになる．このような $J_n(n = 1, 2, \ldots)$ を素材として，これらを自由に貼りかえて――$\tilde{J}_n(n = 1, 2, \ldots)$ をつくって――いくならば，得られた図形 $\tilde{I} = \bigcup_{n=1}^{\infty} \tilde{J}_n$ の中には，想像を超えた複雑な図形が登場してくることも予想されるだろう．そこでは，‘長さ’という素朴な感じは，極限状況では霧の中に消えてしまって，代って，数学の形式の中で捉えられた‘測度’という概念が明確な意味をもって登場してくるのである．

第 3 講

直線上の完全加法性の様相

テーマ
- ◆ 有理数の集合
- ◆ 有理数を囲む小さな区間の可算列
- ◆ 測度 0 の集合——零集合——の定義
- ◆ 有理数の集合は測度 0
- ◆ 区間 [0, 1] の 3 等分を繰り返して得られる集合
- ◆ カントル集合
- ◆ カントル集合は測度 0

有理数の集合

有理数とは，$\dfrac{n}{m}$ (m, n は整数，$m \neq 0$) と表わされる数のことである．有理数全体のつくる集合 $\boldsymbol{Q}$ に関し，次の 2 つの事実を思い出しておこう．

(i) $\boldsymbol{Q}$ は可算集合である．

すなわち，有理数全体は

$$\boldsymbol{Q} = \{r_1, r_2, r_3, \ldots, r_n, \ldots\}$$

と，自然数の番号をつけて並べることができる．したがってまた，$\boldsymbol{Q}$ の任意の部分集合は，有限集合か可算集合である．

(ii) $\boldsymbol{Q}$ は，数直線上，至るところ稠密に分布している．

すなわち，数直線上の任意の点をとったとき，その点のどんな近くにでも，有理数を表わす点が存在している．このことは，m を 1 つとめたとき，$\dfrac{n}{m}$ ($n = 0, \pm 1, \pm 2, \ldots$) を表わす点が，0 から出発して，長さ $\dfrac{1}{m}$ で等間隔に記される点をすべて表わしていることからわかる ($m \to \infty$ とすると，間隔はいくらでも小さくなる！)．

有理数を囲む集合

ここでは，単位区間 $[0,1]$ に含まれる有理数の集合を考えることにして，この集合を Q とおく．Q も可算集合だから，

$$Q = \{r_1, r_2, r_3, \ldots, r_n, \ldots\} \tag{1}$$

と並べることができる．

いま正数 ε を1つとる．ε は小さい方が，これからの話の感じがわかりやすいだろうから，たとえば $\varepsilon = 0.000001$ くらいに思って以下の話を読まれるとよいかもしれない．そこでまず，r_1 を中心とする閉区間

$$I_1 = \left[r_1 - \frac{\varepsilon}{2}, r_1 + \frac{\varepsilon}{2}\right]$$

をとる．このとき

$$m(I_1) = \varepsilon$$

次に，系列 (1) を左から右へと順に見ていったとき，I_1 に属さない最初の有理数を r_{n_2} とし，正数 ε' を十分小さくとって

$$I_2 = \left[r_{n_2} - \frac{\varepsilon'}{2}, r_{n_2} + \frac{\varepsilon'}{2}\right]$$

とおいたとき

$$I_1 \cap I_2 = \phi, \quad \varepsilon' \leqq \frac{\varepsilon}{2}$$

が成り立つようにする．このとき

$$m(I_2) = \varepsilon' \leqq \frac{\varepsilon}{2}$$

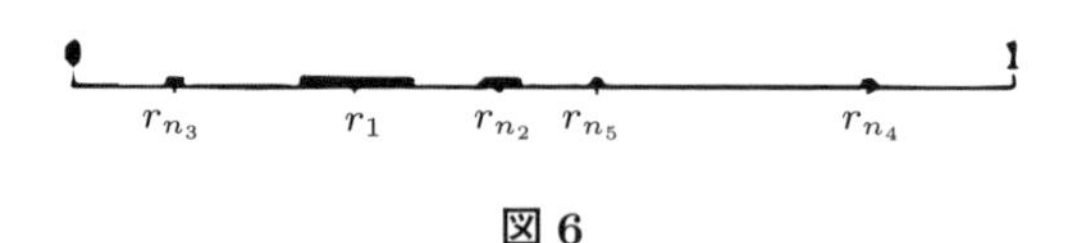

図 6

次に，系列 (1) において，$I_1 \cup I_2$ に属さない最初の有理数を r_{n_3} とし，閉区間

$$I_3 = \left[r_{n_3} - \frac{\varepsilon''}{2}, r_{n_3} + \frac{\varepsilon''}{2}\right]$$

を考える．ここで ε'' は

$$(I_1 \cup I_2) \cap I_3 = \phi, \quad \varepsilon'' \leqq \frac{\varepsilon}{2^2}$$

のようにとる．このとき

$$m(I_3) = \varepsilon'' \leqq \frac{\varepsilon}{2^2}$$

このようにして順次進むと，n 回目までに，閉区間の系列 $I_1, I_2, \ldots, I_n$ が得られる．これらはすべて互いに共通点がなく，かつ

$$m(I_i) \leqq \frac{\varepsilon}{2^{i-1}} \quad (i = 1, 2, \ldots, n)$$

をみたしている．さらに $I_1 \cup I_2 \cup \cdots \cup I_n$ はしだいに有理数の系列 (1) をのみこんでいくようになる．

そこでいま

$$J = \bigcup_{n=1}^{\infty} I_n$$

とおく．J は，区間 $[0, 1]$ にあるすべての有理数を含んでいる集合である．しかも，前講で述べたような完全加法性を認めておくならば，J の測度は求められて

$$m(J) = \sum_{n=1}^{\infty} m(I_n) \leqq \varepsilon + \frac{\varepsilon}{2} + \frac{\varepsilon}{2^2} + \cdots + \frac{\varepsilon}{2^n} + \cdots = 2\varepsilon$$

となる．正数 ε はどんなに小さくともよい！

ここで読者は立ち止まって，これがふつうの感覚で捉えられることかどうかを考えてみられるとよいのである．有理数は，稠密に $[0, 1]$ の中に分布している．稠密にということは，私たちの眼には，隙間がないように詰まっているようにみえるということである．したがって，私たちは，これらの有理数すべてを含んでいて，しかも，'長さ' が測れるような集合は区間 $[0, 1]$ しかないだろうと思う．ところが上に述べたことは，完全加法性を仮定すれば，事情は全然変わってくるということをいっている．有理数は，いくらでも短い長さ——測度——をもつ集合の中に納めることができる．私たちは，たとえば 100 万分の 1 の長さをもつ集合といえば，区間 $[0, 1]$ が 100 万分の 1 に収縮してしまったようなことを思い浮かべる．しかし，完全加法性の導入は，このイメージを捨てさせるのである．区間 $[0, 1]$ に稠密に存在する有理数をすべて拾って，しかも '長さ' が 100 万分の 1 以下となるような集合は存在する．このような集合はたとえ私たちの描像の中で

は捉えにくいものであったとしても，数学の形式の中には，ごく自然にとりこまれてくるのである．測度の中に導入していこうとする‘完全加法性’は，極限概念の1つの顕示として，私たちの前にまったく新しい世界を展開していくことになる．

測度0の集合

区間 $[0,1]$ に含まれる有理数の集合 Q は，いまみたように，どんな小さい正数 ε をとっても，ε 以下の測度をもつ集合の中に入れることができる．ここで $\varepsilon \to 0$ としてみると，このことから，Q の測度は0であると結論することは，ごく自然なことに思えてくる．

数直線上の部分集合に対して，測度0の集合の定義は次のように与えられている．

【定義】 数直線上の集合 S が次の性質をもつとき，S を測度0の集合という：どんな小さい正数 ε をとっても，高々可算個の区間列 $I_1, I_2, \ldots, I_n, \ldots$ を適当に選ぶと

(i)　$S \subset \bigcup_{n=1}^{\infty} I_n$

(ii)　$\sum_{n=1}^{\infty} m(I_n) < \varepsilon$

とできる．測度0の集合をまた零集合ともいう．

要するに，長さの総和がいくらでも小さくなるような，高々可算個の区間列でおおえるとき，S を測度0というのである．区間 $[0,1]$ に含まれる有理数の集合 Q は，この定義にしたがって，測度0の集合となっている．同様の考察で，有理数全体の集合 $\boldsymbol{Q}$ も測度0の集合となっている．

まだ測度論の理論の枠組を十分に示していないから，中間的な説明となるが，‘完全加法性’を主軸におくと，実は可算集合はすべて測度0となることは，すぐに導かれるのである．なぜなら $S = \{x_1, x_2, \ldots, x_n, \ldots\}$ を可算集合とすると，各点 x_i の測度は0だから，したがって

$$m(S) = m(\{x_1\}) + m(\{x_2\}) + \cdots + m(\{x_n\}) + \cdots = 0$$

となるからである．

繰り返されていく3等分

ここでもう1つの例を述べよう．いま数直線の単位区間 $I = [0, 1]$ を3等分して，その真中の開区間を J_1 とする：

$$J_1 = \left(\frac{1}{3}, \frac{2}{3}\right);\ \text{この測度}\ m(J_1) = \frac{1}{3}$$

次に I から J_1 をとり除いた区間 $\left[0, \frac{1}{3}\right]$, $\left[\frac{2}{3}, 1\right]$ をそれぞれ3等分し，その真中にある開区間を J_{21}, J_{22} とおく：

$$J_{21} = \left(\frac{1}{9}, \frac{2}{9}\right), \quad J_{22} = \left(\frac{7}{9}, \frac{8}{9}\right)$$

記号の簡単のため，この和集合を J_2 とおく：

$$J_2 = J_{21} \cup J_{22};\ \text{この測度}\ m(J_2) = \frac{2}{9}\left(= \frac{1}{3}\frac{2}{3}\right)$$

同じようにして，次は I から J_1, J_2 をとり除いた区間を，それぞれ3等分して，その真中にある開区間を

$$J_{31} = \left(\frac{1}{27}, \frac{2}{27}\right), \quad J_{32} = \left(\frac{7}{27}, \frac{8}{27}\right),$$
$$J_{33} = \left(\frac{19}{27}, \frac{20}{27}\right), \quad J_{34} = \left(\frac{25}{27}, \frac{26}{27}\right)$$

とする．この和集合を J_3 とおく：

$$J_3 = J_{31} \cup J_{32} \cup J_{33} \cup J_{34};\ \text{この測度}\ m(J_3) = \frac{1}{3}\left(\frac{2}{3}\right)^2$$

このようにかくとわずらわしいが，図7を見れば，上の操作は一目瞭然だろう．そしてこの操作が次から次へと続けられることも明らかだろう．このようにして互いに共通点のない集合系列

$$J_1, J_2, \ldots, J_n, \ldots$$

が得られる．

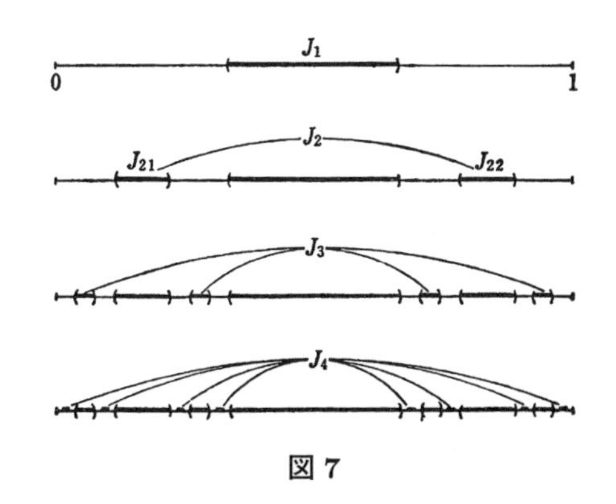

図7

J_n は有限個の開区間からなるが，

この測度はすぐわかるように (有限加法性！)

$$m(J_n) = \frac{1}{3}\left(\frac{2}{3}\right)^{n-1}$$

である.

ここでも完全加法性の考えを導入しておけば，和集合

$$J = \bigcup_{n=1}^{\infty} J_n$$

の測度も求められて，それは

$$\begin{aligned} m(J) &= m(J_1) + m(J_2) + \cdots + m(J_n) + \cdots \\ &= \frac{1}{3} + \frac{1}{3}\left(\frac{2}{3}\right) + \cdots + \frac{1}{3}\left(\frac{2}{3}\right)^{n-1} + \cdots \\ &= \frac{1}{3}\frac{1}{1-\frac{2}{3}} = 1 \end{aligned}$$

で与えられる．すなわち

$$m(J) = 1 \qquad (2)$$

である.

図 7 を見ている限りでは，n をどんどん大きくしていったとき，$J_1 \cup J_2 \cup \cdots \cup J_n$ がどのような図形になっていくのかを想像することは難しい．究極の形がいわば視界から消えてしまうのである．しかし測度の方は，このように何の困難もなく求められてしまう．ここにすでに，完全加法性のもたらす一種の奇妙な感触とでもいうべきものに接することができるかもしれない.

カントル集合

実際に数学にしばしば登場するのは，単位区間 I からいまつくった J をとり除いて得られる集合である．この集合をカントル集合という．カントル集合は，図 7 で，太く画かれている線分をどんどん除いていって得られた究極の集合だから，もちろん図示することなどできない．眼で見る限りその存在を確認できないのだから，カントル集合はごく少しの点しか含んでいないのではなかろうかという疑問が出てきても少しも不思議ではない.

しかし，カントル集合は実はたくさんの点からなっている．それは図 7 と，

$0 \leqq x \leqq 1$ をみたす実数の 3 進小数展開とを対比して考えるとすぐわかることである．実際，J_n に属する点は，3 進展開したとき，小数点以下 n 位のところに 1 の現われる数からなっている．したがってカントル集合は，3 進数を用いて無限小数展開したとき

$$0.22202002\cdots;\ 0.002020020\cdots \tag{3}$$

のように，1 の現われてこない小数全体と 0 からなる．

カントル集合に属する実数を上のように無限 3 進小数で展開したとき，小数表示の中に現われた 2 を 1 におきかえてみる．たとえば (3) に対して

$$0.11101001\cdots;\ 0.001010010\cdots$$

を考えてみる．これを 2 進数を用いた $(0,1]$ に属する実数の無限小数展開と考えることにすると，このかき換えは，(3 進有限小数を除いて) カントル集合から，単位区間 $[0,1]$ の上への 1 対 1 対応を与えている (0 は 0 に対応させる)．その意味で，カントル集合は $[0,1]$ 区間に含まれる実数と同じ程度——連続体濃度——の点を含んでいる．

カントル集合を C とすると

$$I = J \cup C \quad (\text{共通点なし})$$

である．(2) によって $m(J) = m(I) = 1$ なのだから，

$$m(C) = 0 \tag{3}$$

とおくことはごく当然のことに思えてくる．

カントル集合 C は，実際，前の定義にしたがってみても測度 0 の集合となっている．そのことも確かめておこう．図 7 を見てもわかるように，I から $J_1 \cup J_2 \cup \cdots \cup J_n$ を除いた残り C_n は，有限個の閉区間からなり

$$C_1 \supset C_2 \supset \cdots \supset C_n \supset \cdots \longrightarrow C$$

である．C_n は C をおおっており，

$$m(C_n) = 1 - \left\{\frac{1}{3} + \frac{1}{3}\left(\frac{2}{3}\right) + \cdots + \frac{1}{3}\left(\frac{2}{3}\right)^{n-1}\right\} = \left(\frac{2}{3}\right)^n$$

だから，$n \to \infty$ のとき $m(C_n) \to 0$ となる．したがって，C は測度 0 の集合である．

カントル集合 C は，連続体の濃度をもって，しかも測度 0 となる集合の例を与えている．

完全加法性と零集合

完全加性法は，図形が広がってしだいに究極の形に達する状況を，測度の考えの中で捉えようとしたものである．ところがこの考えに対して，ちょうどアンチ・テーゼのように，測度論はその理論の中に，測度0の集合——零集合——をかかえこんでしまった．零集合は，形というような概念を一切背負っていない．

カントル集合をつくるとき，とり出した集合 $J_1, J_2, \ldots, J_n, \ldots$ を，区間 $[0,1]$ に向かって投げられた網と思うと，n が大きくなるにつれ，網の目は細かくなり，全体に広がってくるが，この網の目にもついにかからなかった集合が最後に残されてくる．それがカントル集合である．カントル集合は，この網の目のどれよりも細かく分布している．そこに‘形’というような考えを，もはや付与することはできない．

有理数の場合には，有理数の集合 $\boldsymbol{Q}$ を捉えようとして，$\boldsymbol{Q}$ を含む区間列をつくっていくが，完全に有理数にまで絞りきった瞬間には，測度は0となってしまったのである．有理数が，数直線上に稠密に存在している状況は，測度の網の目をかいくぐってなお存在している集合の1つの姿を現わしているといってもよい．

完全加法性によって測られる極限概念の中での‘形’の概念と，零集合のもつ‘形を見失ってしまったような’数学的対象とは，測度論の中できわ立った対照性を示しており，この2つのものが互いに反響し合う中で，測度論の理論全体が，独特な調べをもって構成されてくるのである．

Tea Time

質問　第1講からいままでの話を振り返ってみますと，図形がしだいに広がって最終的な形に達する状況を，測度によって捉えようとすると，実数の連続性——単調増加列の収束性——へと投影されてくるという構図は少しわかってきました．その意味で，測度論は実数の連続性に根ざしているという感じもわかります．し

かし，このことと完全加法性との関係をまだよく理解していないようなので，もう少し説明していただけませんか.

答　いままでと同じように数直線上の区間列についていうと，この関係は次のようになっている．いま区間 I へと近づく増加区間列

$$I_1 \subset I_2 \subset \cdots \subset I_n \subset \cdots \longrightarrow I \tag{$*$}$$

を考えてみよう．このとき，順次

$$J_1 = I_1, \quad J_2 = I_2 - I_1, \quad J_3 = I_3 - (I_1 \cup I_2), \quad \ldots,$$
$$J_n = I_n - (I_1 \cup I_2 \cup \cdots \cup I_{n-1}), \quad \ldots$$

とおくと，各 J_n は高々 2 つの区間からなっており，$J_1, J_2, \ldots, J_n, \ldots$ には互いに共通点はない．そして

$$\bigcup_{n=1}^{\infty} J_n = I \tag{$**$}$$

となっている.

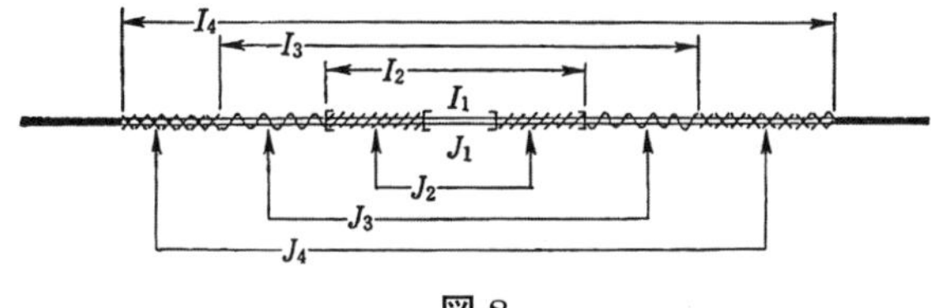

図 8

(∗) と (∗∗) は，I の生成過程について本質的には同じことを表わしているが，測度へうつると，(∗) は

$$\lim_{n\to\infty} m(I_n) = m(I)$$

であり，(∗∗) は完全加法性

$$\sum_{n=1}^{\infty} m(J_n) = m(I)$$

と表わされている.

第 4 講

ふつうの面積概念
——ジョルダン測度——

テーマ
- ◆ 一般の $\boldsymbol{R}^k$ で議論する立場と $\boldsymbol{R}^2$ で議論する立場
- ◆ 平面の図形に対するふつうの面積概念
- ◆ (『解析入門 30 講』から) 内側から測った面積と外側から測った面積
- ◆ ジョルダン内測度，ジョルダン外測度
- ◆ (ジョルダンの意味で) 面積確定の図形

議論する立場——$\boldsymbol{R}^k$ と $\boldsymbol{R}^2$

測度という考えは，‘長さ’，‘面積’，‘体積’ などの概念に共通に含まれているあるものを，とり出して，その背景にある数学的な世界を見ようというものだから，‘長さ’ だけに話を限るのはどうも適当ではない．実際は，一般的な設定としては，まず k 次元ユークリッド空間 $\boldsymbol{R}^k$ における測度論を構成することを目指すのである．そうすると，$k=1$ のときは ‘長さ’，$k=2$ のときは ‘面積’，$k=3$ のときは ‘体積’ という概念に対応してくることになり，これらに共通に含まれている考えを，$\boldsymbol{R}^k$ という一般的な枠の中で，総合して考えることができる．

完全加法的などという性質にすぐに話を進めないならば，測度に対する最もプリミティヴな考え方は，$k=1$ のとき，すなわち $\boldsymbol{R}^1$ のときは，区間の有限和の長さ，およびその極限移行であり，$k=2$ のとき，すなわち $\boldsymbol{R}^2$ のときは，長方形を有限個集めた図形の面積，およびその極限として得られる図形の面積である．$k=3$ ならば，長方体を有限個集めた立体の，極限において得られる集合の体積を考察するということになる．一般の $\boldsymbol{R}^k$ でも，‘k 次元の長方体’ を出発点として同じようなことがいえる．

しかし，一般の $\boldsymbol{R}^k$ で話を進めると，数学の形式が表に出すぎて，概念の拠って立つ場所が直観的に捉えにくくなる．もちろん，$k=1$ のときはわかりやすいが，数直線上に点が大小の順序で縛られて，きちんと一列に並べられている状況が少し特殊すぎる．また，$k=3$，すなわち $\boldsymbol{R}^3$ のときには，空間における図形の配置状態が，必ずしもすぐに看取できないということもある．$k \geqq 4$ になると，図を用いて説明できなくなる．

そのような観点から，私たちは主に，$k=2$ のとき，面積概念に対応する部分が，測度論の枠組の中でどのように再構成され，数学の形式の中に納まっていくかを見ることにしよう．$\boldsymbol{R}^2$ のときの状況がわかれば，その中にある数学的形式に注目することによって，一般の $\boldsymbol{R}^k$ における測度論の組み立ても自らわかってくるだろう．それについてはまたあとで触れることにしよう．したがってこれから第 7 講までは，$\boldsymbol{R}^2$ の上の測度論に主題を限って話を進めていくことにしよう．

面積に対するふつうの考え方

平面——座標平面 $\boldsymbol{R}^2$——上の図形の面積，より一般に測度を考えるとき，有界な図形だけを考えることにしよう．有界な図形とは，十分大きな半径の円の中に含まれているような図形のことである．

測度の話に入る前に，やはり古典的な面積概念を振り返っておいた方がよい．もっとも，古典的というのは，測度論という立場に立っていう数学者のいい方であって，要するにふつうの考え方にしたがう面積のことである．

面積とは，長い間，図形に固有な概念であって，特に改めて定義などしなくても，誰でもよく知っているものだと考えられていたようである．面積とは何かということは，やはり厳密に定義しておかなくてはならないと考えるようになったのは，19 世紀後半，数学者の眼が解析学の基礎づけへと向けられるようになってからである．そのような定義を最初に明確に与えたのは，フランスの数学者ジョルダンである．ジョルダンによる面積の定義——ジョルダン測度——は，常識的な意味での面積の考え方を，十分に反映しているといってよい．以下で，このジョルダンによる面積の定義を少し述べておこうと思うのである．

ジョルダンにはじまるこの面積に対する考え方は，面積を数学の言葉で定式化しようとしたものであり，実際はこれを足場として，数学の1つの理論体系としての測度論が誕生してきたのだから，少し丁寧に述べておいた方がよいかもしれない．そのため本書の雰囲気と少し違うかもしれないが，多少長くなるが，以前著わした『解析入門30講』(朝倉書店) から，面積概念の定式化の部分を，そのままここに引用することにする．

面積の概念

面積の基本は，1辺の長さがそれぞれ a, b である長方形の面積は ab であるということである．なぜそう決めたかというと，これは小学校で教えられたように，たとえば，1辺が3, 他の1辺が5の長方形に，1辺が1の正方形のタイルを敷きつめていくと，ちょうど $3 \times 5 = 15$ (個) のタイルがいるという考えが基本となっているに違いない．この考えが自然に受け入れられるのは，タイルが重なり合っていなければ，タイルを貼った全体の面積はそれぞれのタイルの面積を加えたものになっているということを認めているからである．

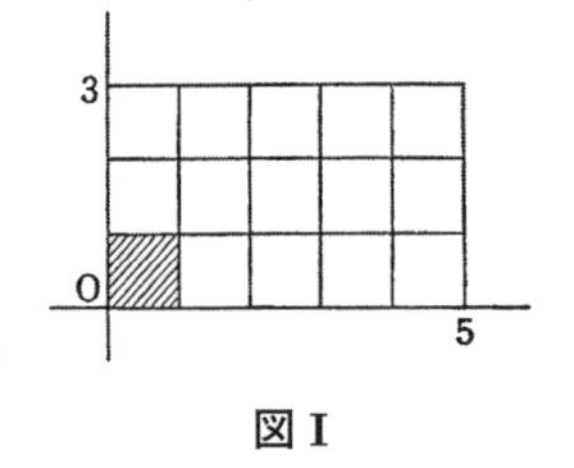

図 I

すなわち，私たちのもつ面積の考えの中には，次の2つのことが基本的な要請として含まれている．

(A)　1辺の長さがそれぞれ a, b である長方形の面積は ab である．

(B)　S と T が共通点がないならば，S と T を併せたもの (和集合 $S \cup T$) の面積は，S の面積と T の面積の和となる．

ここで厳密な述べ方を好む人は，(A) で長方形というときに，長方形の内部だけなのか，それとも辺も加えて考えているのかと気にされるかもしれない．結果的にはどちらでもよいのだが，これからの議論のときには，長方形というときには，長方形の各辺は座標軸に平行であって，内部と下辺および左側の辺を含むものとすると約束しておく方が紛れがないかもしれない (図 II).

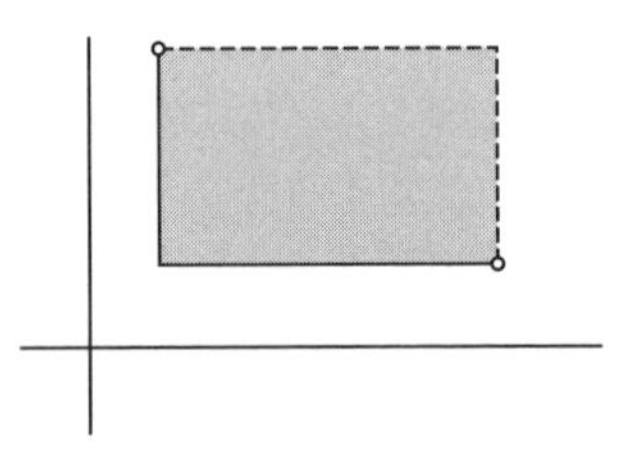
図 II

内側から測った面積と外側から測った面積

いま平面上に有界な図形 (部分集合) S が与えられたとしよう．S は長方形

$$\{(x,y) \mid a \leqq x < b,\ c \leqq y < d\}$$

の中に完全に含まれているとする．

いま，この長方形の下辺に相当する x 軸上の区間 $[a,b)$ に任意に分点をとって，それを

$$a = x_0 < x_1 < x_2 < \cdots < x_n = b$$

とする．また y 軸上の区間 $[c,d)$ にも任意に分点をとって

$$c = y_0 < y_1 < y_2 < \cdots < y_m = d$$

とする．この分点のとり方を 1 つ指定することを $\mathscr{G}$ と表わすことにしよう．

この分点のとり方 $\mathscr{G}$ に対応して，平面上に mn 個の長方形 (タイル！)

$$J_{ij} = \{(x,y) \mid x_i \leqq x < x_{i+1},\ y_j \leqq y < y_{j+1}\}$$
$$(i = 0,1,\ldots,n-1;\ j = 0,1,\ldots,m-1)$$

が得られる．この長方形 J_{ij} の面積を $|J_{ij}|$ で表わすことにする：

$$|J_{ij}| = (x_{i+1} - x_i)(y_{j+1} - y_j)$$

さて，これら mn 個の長方形の中で S に完全に含まれるものだけを取り出して，それらを

$$J_1{}', J_2{}', \ldots, J_s{}'$$

とする．すなわち各 $J_r{}'$ は J_{ij} の中の 1 つで $J_r{}' \subset S$ となっているものである．

また，これら mn 個の長方形の中で S と交わるものだけを取り出して，それらを

$$J_1{}'', J_2{}'', \ldots, J_t{}''$$

とおく．すなわち $J_p{}'' \cap S \neq \phi\ (p = 1,\ldots,t)$ である．

もちろん

$$\{J_1{}', \ldots, J_s{}'\} \subset \{J_1{}'', \ldots, J_t{}''\}$$

となっている．

そこで

$$\underline{S}(\mathscr{G}) = |J_1{}'| + |J_2{}'| + \cdots + |J_s{}'|$$
$$\overline{S}(\mathscr{G}) = |J_1{}''| + |J_2{}''| + \cdots + |J_t{}''|$$

とおく．$\underline{S}(\mathscr{G})$ は，与えられた mn 個のタイル ($\mathscr{G}$-タイル！) を用いて，S の内側からタイルを貼って測ってみた S の (近似的な) 面積であり，$\overline{S}(\mathscr{G})$ は外側からタイルを貼って測ってみた S の (近似的な) 面積である．明らかに

$$\underline{S}(\mathscr{G}) \leqq \overline{S}(\mathscr{G}) \qquad (*)$$

である．

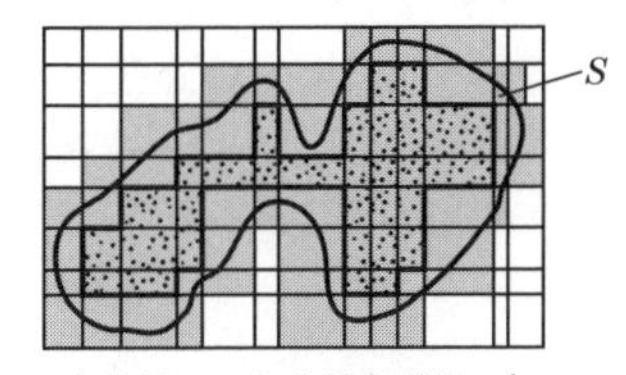

点を打ってある長方形が J'
カゲをつけている長方形が J''

図 III

なお，S に完全に含まれている‘タイル’が 1 つもないときもある．たとえば S が 1 点とか，線分のときは，その場合である．そのときは $\underline{S}(\mathscr{G}) = 0$ とおく．

分点の数を増し，タイルを細かくする

分点

$$\mathscr{G}:\begin{cases}a=x_0<x_1<\cdots<x_n=b\\c=y_0<y_1<\cdots<y_m=d\end{cases}$$

の間に，さらに分点を加えることを $\mathscr{G}$ を細分するという．たとえば，x_0 と x_1 の間にいくつかの分点 $x_0<\tilde{x}_1<\cdots<\tilde{x}_k<x_1$，$y_0$ と y_1 の間にいくつかの分点 $y_0<\tilde{y}_1<\cdots<\tilde{y}_l<y_1$ を加えるのも $\mathscr{G}$ の1つの細分である．もちろん細分というときには，各々の x_i と x_{i+1}，y_j と y_{j+1} の間に分点を加えるのである．

$\mathscr{G}$ の細分を $\tilde{\mathscr{G}}$ とすると，$\tilde{\mathscr{G}}$ からつくられる‘タイル’の方が，$\mathscr{G}$ からつくられるタイルより細かい‘タイル’となる．したがってひとつひとつの $\mathscr{G}$-タイルは，$\tilde{\mathscr{G}}$-タイルによって分割されて細分される．内側から S にタイルを貼るときには，$\mathscr{G}$-タイルを用いるより，$\tilde{\mathscr{G}}$-タイルを用いた方が，一層広い範囲に貼れることになる (職人さんが大きなタイルでは貼りきれなかった部屋の隅の部分を，タイルを割って貼っている情景を想像してほしい)．このことから

$$\underline{S}(\mathscr{G})\leqq\underline{S}(\tilde{\mathscr{G}})$$

が成り立つことがわかる．

同様に考えると，外側から貼るときには，S からはみ出ている部分は，$\tilde{\mathscr{G}}$-タイルを使った方が小さくなっていることがわかり，したがって

$$\overline{S}(\tilde{\mathscr{G}})\leqq\overline{S}(\mathscr{G})$$

となる．

このことからさらに，2つの分点 $\mathscr{G},\mathscr{G}'$ が与えられたとき，いつでも

$$\boxed{\underline{S}(\mathscr{G})\leqq\overline{S}\,(\mathscr{G}')\qquad(**)}$$

が成り立つことがわかる．すなわちどんなタイルを用いても，内側から測った S の (近似的な) 面積は，外側から測った S の (近似的な) 面積より小さいのである．

これを示すには，$\mathscr{G}$ の分点と $\mathscr{G}'$ の分点を2つ併せた分点によって得られる細分を $\tilde{\mathscr{G}}$ としてみるとよい．$\tilde{\mathscr{G}}$ は $\mathscr{G}$ の細分にもなっているし，$\mathscr{G}'$ の細分にもなっている．したがって上に述べたことから

$$\underline{S}(\mathscr{G})\leqq\underline{S}(\tilde{\mathscr{G}}),\quad\overline{S}(\tilde{\mathscr{G}})\leqq\overline{S}\,(\mathscr{G}')$$

である．一方，$(*)$ により

$$\underline{S}(\tilde{\mathscr{G}})\leqq\overline{S}(\tilde{\mathscr{G}})$$

である．この3つの不等号を併せてみると，$(**)$ が成り立つことが示された．

面　　積

S を平面上の有界な集合とする．分点 $\mathscr{G}$ をいろいろにとったとき，$\underline{S}(\mathscr{G})$ という値全

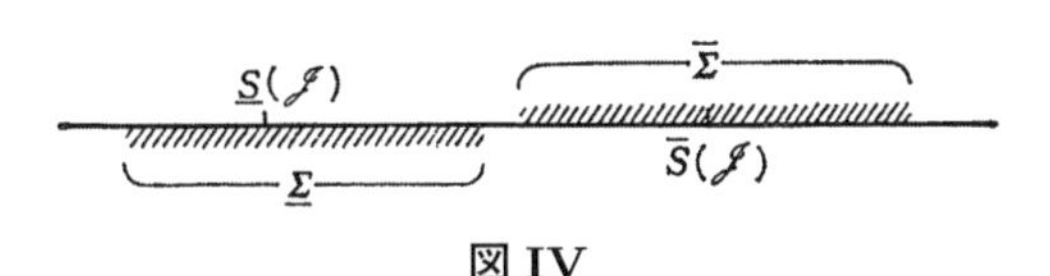

図 IV

体のつくる数直線上の集合を $\underline{\Sigma}$ で表わし，同様に $\overline{S}(\mathscr{G})$ 全体の集合を $\overline{\Sigma}$ で表わす．

上に述べた (**) は，$\underline{\Sigma}$ に含まれるどの数 $\underline{S}(\mathscr{G})$ をとっても，$\overline{\Sigma}$ よりは左にあるということである．したがって $\underline{\Sigma}$ と $\overline{\Sigma}$ の占める数直線上の位置関係は図 IV のようになっている．

特に $\underline{\Sigma}$ は上に有界な集合であり，$\overline{\Sigma}$ は下に有界な集合である．したがって実数の連続性から $\sup \underline{\Sigma}$，$\inf \overline{\Sigma}$ が存在する．そこで

$$|S|_* = \sup \underline{\Sigma}, \quad |S|^* = \inf \overline{\Sigma}$$

とおいて，$|S|_*$ を S のジョルダン内測度，$|S|^*$ を S のジョルダン外測度という．

【定義】 $|S|_* = |S|^*$ のとき，S は (ジョルダンの意味で) 面積確定の図形であるという．このとき

$$|S| = |S|_* = |S|^*$$

とおいて，$|S|$ を S の面積，または S のジョルダン測度という．

最後の部分で，少し訂正を加えてある．『解析入門 30 講』では，$|S|_*$，$|S|^*$ をそれぞれ S の内部面積，外部面積とかいたが，測度論の立場では，上のようにジョルダン内測度，ジョルダン外測度といった方がよい．面積のところでも，(ジョルダンの意味で) とつけ加えた．ジョルダンの意味で面積が確定しなくても，これから述べるルベーグの意味で面積が確定することがあるからである．ジョルダンの意味で面積をもつ集合を，ジョルダン可測な集合ともいう．

Tea Time

質問　ジョルダン測度のもつ基本的な性質とは何ですか．

答　それは有限加法性と平行移動に関する不変性である．

有限加法性とは，互いに共通点のない有限個の集合 $S_1, S_2, \ldots, S_n$ がそれぞれ面積をもつならば，和集合 $S_1 \cup S_2 \cup \cdots \cup S_n$ も面積をもち

$$|S_1 \cup S_2 \cup \cdots \cup S_n| = |S_1| + |S_2| + \cdots + |S_n| \qquad (\sharp)$$

が成り立つという性質である．

これを示すには次のようにするとよい．まず

$$|S_1 \cup S_2 \cup \cdots \cup S_n|^* \leqq |S_1|^* + |S_2|^* + \cdots + |S_n|^*$$

はつねに成り立っていることを注意する．なぜなら，$S_1, S_2, \ldots, S_n$ をそれぞれおおっている長方形を全部集めるとそれらは $S_1 \cup S_2 \cup \cdots \cup S_n$ をおおっている．したがって特に $|S_i|^*$ の値に近づくような S_i $(i = 1, 2, \ldots, n)$ のおおい方に注目し，そのような長方形を集めて極限移行してみると，上の不等式が成り立つことがわかる．そこで，各 S_i は面積をもち，かつ互いに共通点がないとすると

$$\begin{aligned} |S_1 \cup S_2 \cup \cdots \cup S_n|^* &\leqq |S_1|^* + |S_2|^* + \cdots + |S_n|^* \\ &= |S_1|_* + |S_2|_* + \cdots + |S_n|_* \quad (|S_i|^* = |S_i|_* \text{ による}) \\ &= |S_1 \cup S_2 \cup \cdots \cup S_n|_* \quad (\text{共通点がないから}) \end{aligned}$$

一方，$|S_1 \cup S_2 \cup \cdots \cup S_n|^* \geqq |S_1 \cup S_2 \cup \cdots \cup S_n|_*$ は明らかだから，これで，上の第 1 式から第 2 式へ移るとき等号が成り立ち，結局，$S_1 \cup S_2 \cup \cdots \cup S_n$ は面積をもち，$(\sharp)$ が成り立つことが示されたことになる．

平行移動による不変性とは，平行移動

$$(x, y) \longrightarrow (x + a,\ y + b)$$

によって，面積確定の図形は，やはり面積確定の図形へと移り，このとき面積は変わらないことをいう．このことは，長方形の面積が平行移動で不変なことから明らかであろう．

質問　ふつう区間 $[a, b]$ で定義された関数 $f(x)(\geqq 0)$ の定積分 $\int_a^b f(x)dx$ を，このグラフと，x 軸と $x = a$，$x = b$ で囲まれた図形の面積と定義しますが，この場合の面積はジョルダンの意味の面積ですか．

答　そうである．区間 $[a, b]$ を有限個の区間に分割し，各区間上で関数を定数におきかえて，階段状のグラフの面積を求めてそれによってグラフの面積を近似する方法 (区分求積法！) は，ちょうどジョルダンの面積の考えに対応している．

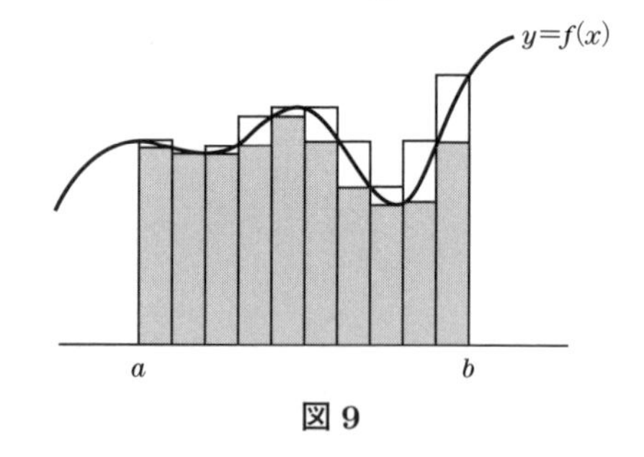

図 9

第 5 講

ルベーグ外測度

テーマ

- ◆ 平面上の有界な集合を可算個の長方形でおおってみる.
- ◆ ルベーグ外測度——可算個の長方形の面積の和の下限
- ◆ 外測度のもつ基本性質
- ◆ 長方形の外測度と面積の一致
- ◆ (Tea Time) ルベーグについて

可算個の長方形でおおう

第 1 講からの話の流れの中で見てみると，前講のジョルダン測度の説明のときに示した『解析入門 30 講』からの図 III は，内と外から有限個の長方形を用いて近似している様子しか描かれていないので，測り方が少し粗いと感じられたのではないだろうか．この測り方では，少し複雑な図形の面積は求められないかもしれないという気がしてくる．

私たちは最初ジョルダン外測度の方に注目し，これをもっと精密な測り方に変えるところから話をはじめていくことにしよう．すなわち，私たちは平面の有界な集合 S の測度を測るのに，単に有限個の長方形で S をおおうだけではなくて，可算個の長方形で S をおおうことを考える．以下で長方形 I というのは，ジョルダン測度のとき用いたと同じように

$$I = \{(x, y) \mid a \leqq x < b,\ c \leqq y < d\}$$

の形で表わされるものをいう．

そこで，平面上に与えられた有界集合 S に対し，S をおおう可算個の長方形 $I_1, I_2, \ldots, I_n, \ldots$ をとる：

$$S \subset \bigcup_{n=1}^{\infty} I_n \tag{1}$$

このとき

$$\sum_{n=1}^{\infty} |I_n| \tag{2}$$

を考察する．$|I_n|$ とかいたのは，長方形 I_n のふつうの意味での面積であって，少しペダンティックにいえば，ジョルダンの意味での I_n の面積である．

コメント

S をおおう長方形 I_n $(n = 1, 2, \ldots)$ の中には，空集合 ϕ が含まれてもよいことにする．こうすると有限個の長方形によるおおい方も考察の中に入ってくることになる．ただし ϕ の面積は 0，すなわち $|\phi| = 0$ とおく．

また $I_1, I_2, \ldots, I_n, \ldots$ の中には同じものもあってもよいし，また互いに重なり合ってもよいとする．しかし次のことは注意しておこう．いま

$$J_1 = I_1, \quad J_2 = I_2 \backslash I_1, \quad J_3 = I_3 \backslash I_1 \cup I_2, \quad \ldots,$$
$$J_n = I_n \backslash I_1 \cup I_2 \cup \cdots \cup I_{n-1}$$

とおく．J_n は，I_n から $I_1 \cup I_2 \cup \cdots \cup I_{n-1}$ に属する点を除いたものである．したがって $J_1, J_2, \ldots, J_n, \ldots$ には共通点はない．このとき，J_n 自身は長方形とは限らないが，図 10 を見てもわかるように，J_n は有限個の長方形に分割される．一方

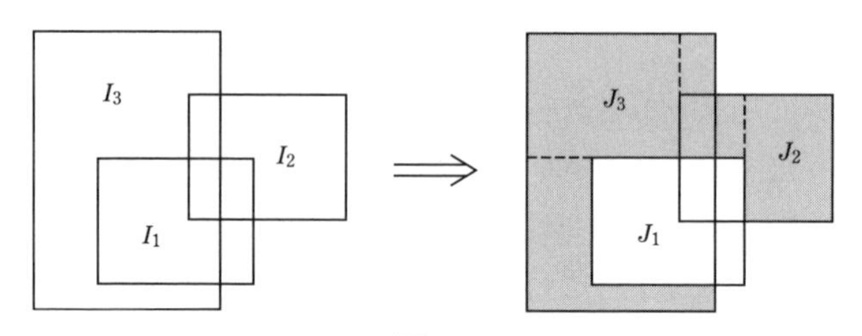

図 10

$$\bigcup_{n=1}^{\infty} I_n = \bigcup_{n=1}^{\infty} J_n$$

$J_1, J_2, \ldots, J_n, \ldots$ は，最初に与えられた $I_1, I_2, \ldots, I_n, \ldots$ から，互いの重なり目を除いて得られたものだといってよい．全体がおおっている場所は同じ場所であるが，しかし面積の総和については，明らかに

$$\sum_{n=1}^{\infty} |I_n| \geqq \sum_{n=1}^{\infty} |J_n|$$

が成り立つ (左辺は，重なっている部分の面積が繰り返し加えられている).

これからは，ジョルダン外測度のときと同じように，S のおおい方 (1) をいろいろとったときの，(2) の下限に注目するから，実際上は $\{I_n\}$ を $\{J_n\}$ におきかえて，S をおおう長方形には互いに共通点がないと考えてもよいのである．

(2) の下限に注目するということはどのようなことか，ここで少し述べておこう．複雑な形をした土地の区画 S にタイルを敷きつめようとする．このとき，区画の中にはそのまま残しておかなくてはならないような小さな穴などが一杯あると，まず区画全体をタイルでおおって，次に少しずつ S からはみ出しているところを除いていった方が効率がよい (このとき，タイルは透明であると仮定しなくてはいけないかもしれない)．$\{J_1, J_2, \ldots, J_n, \ldots\}$ は，この作業の，ある段階におけるタイルの配置を示していると考えられる．(2) の下限に近づくとき，可算無限個のタイルが使えるということは，複雑な形をした場所に作業が進んでいくにつれ，どんどん細かくタイルを打ち砕いて，形に合わすようにタイルをとりかえていくことができるということである．たとえで強調してみれば，分子よりも，原子核よりも素粒子よりもっともっと細かくタイルを砕いて，はみ出している部分からいわば無限の細かさのタイルまでも除くことができることを意味している．この状況は，実際は，前講の図 III の，外を囲んでいる有限個の長方形を見ているだけではなかなか類推のきかないものである．

ルベーグ外測度

【定義】 S を平面の有界な集合とする．S をおおう可算個の長方形 $I_1, I_2, \ldots, I_n, \ldots$ を，いろいろにとったとき，

$$\sum_{n=1}^{\infty} |I_n|$$

の下限を S のルベーグ外測度，または単に外測度といい

$$m^*(S)$$

で表わす．

すなわち

$$\boxed{m^*(S) = \inf \sum_{n=1}^{\infty} |I_n|}$$

ここで下限は $S \subset \bigcup_{n=1}^{\infty} I_n$ をみたす長方形列 $\{I_1, I_2, \ldots, I_n, \ldots\}$ のすべてをわたる．

上に注意したように，$m^*(S)$ を定義するためには，実際は S をおおう共通点のない長方形の系列を考えておけば十分である．

ルベーグ外測度は次の基本的な性質をもつ．

(i)　$0 \leqq m^*(S) < \infty$;　$m^*(\phi) = 0$

(ii)　$S \subset T$ ならば $m^*(S) \leqq m^*(T)$

(iii)　$S_1, S_2, \ldots, S_l, \ldots$ を有界な集合列とする．和集合 $\bigcup_{l=1}^{\infty} S_l$ もまた有界ならば

$$m^*\left(\bigcup_{l=1}^{\infty} S_l\right) \leqq \sum_{l=1}^{\infty} m^*(S_l)$$

【証明】　(i)　$0 \leqq m^*(S)$ は明らかである．$m^*(S) < \infty$ のことは，S が有界であり，したがって S をおおう長方形が存在することからわかる (この長方形を I_1 とし，$I_2 = I_3 = \cdots = \phi$ とするとよい)．$m^*(\phi) = 0$ は，コメントで述べたように，$|\phi| = 0$ とおいたことからの帰結である．

(ii)　T をおおう長方形の系列 $\{I_1, I_2, \ldots, I_n, \ldots\}$ は，必ずまた S をおおっていることに注意するとよい．

(iii)　正数 ε を任意にとる．外測度の定義から，

$$S_l \subset {I_1}^{(l)} \cup {I_2}^{(l)} \cup \cdots \cup {I_n}^{(l)} \cup \cdots$$

で，かつ

$$\sum_{n=1}^{\infty} |{I_n}^{(l)}| < m^*(S_l) + \frac{\varepsilon}{2^l} \tag{3}$$

をみたすものが存在する (たとえば $\{{I_n}^{(l)}; n = 1, 2, \ldots\}$ を共通点のないようにとっておけば，S_l からはみ出た部分の面積の総和が $\frac{\varepsilon}{2^l}$ を超えないような，タイルの敷きつめ方がある！)．このとき

$$S_1 \cup S_2 \cup \cdots \cup S_l \cup \cdots \subset \bigcup_{l=1}^{\infty} \bigcup_{n=1}^{\infty} {I_n}^{(l)}$$

となり，したがって $\{{I_n}^{(l)}; l, n = 1, 2, \ldots\}$ は，可算個の長方形による $\bigcup_{l=1}^{\infty} S_l$ の1つのおおい方を与えている．したがって

$$\begin{aligned} m^*\left(\bigcup_{l=1}^{\infty} S_l\right) &\leqq \sum_{l=1}^{\infty} \sum_{n=1}^{\infty} |{I_n}^{(l)}| \\ &< \sum_{l=1}^{\infty} \left\{ m^*(S_l) + \frac{\varepsilon}{2^l} \right\} \quad \text{((3) による)} \end{aligned}$$

$$= \sum_{l=1}^{\infty} m^*(S_l) + \varepsilon$$

ε はいくらでも 0 に近くとれるから，このことは (iii) が成り立つことを示している．∎

なお (iii) で特に．$S_3 = S_4 = \cdots = \phi$ にとると，

$$\text{(iii)}' \quad m^*(S_1 \cup S_2) \leqq m^*(S_1) + m^*(S_2)$$

が成り立つことに注意しよう．

長方形の外測度

次のことは当り前そうにみえるかもしれないが，やはり証明を要することである．

任意の長方形 I に対して
$$m^*(I) = |I|$$

【証明】 まず I 自身，I をおおっている長方形なのだから，系列 $\{I, \phi, \phi, \ldots\}$ を考えてみると

$$m^*(I) \leqq |I| \tag{4}$$

は明らかである．

逆の不等号が成り立つことを証明しよう．任意に正数 ε をとったとき，

$$I \subset \bigcup_{n=1}^{\infty} J_n; \quad \sum_{n=1}^{\infty} |J_n| < m^*(I) + \varepsilon \tag{5}$$

をみたす長方形の系列 $\{J_n; n = 1, 2, \ldots\}$ は存在する．J_n 自身は開集合ではないが，J_n のまわりを少し広げて，開長方形 $J_n{}'$ をつくり

$$|J_n{}'| < |J_n| + \frac{\varepsilon}{2^n} \quad (n = 1, 2, \ldots)$$

とできる (図 11(a))．一方，I を少し縮めて，I の中に含まれる閉長方形 I' をつくって

$$|I| < |I'| + \varepsilon$$

とできる (図 11(b))．

このとき

$$I' \subset \bigcup_{n=1}^{\infty} J_n{}' \qquad (\text{開被覆！})$$

であるが，I' は有界閉集合だから，コンパクト性により，$J_n{}'$ $(n=1,2,\ldots)$ の中の有限個で，すでに I' をおおうことができる．すなわち十分大きい N をとると

$$I' \subset \bigcup_{n=1}^{N} J_n{}'$$

が成り立つ．ゆえに

$$\begin{aligned} |I| - \varepsilon < |I'| \leqq \sum_{n=1}^{N} |J_n{}'| &\leqq \sum_{n=1}^{\infty} |J_n{}'| \\ &< \sum_{n=1}^{\infty} \left\{ |J_n| + \frac{\varepsilon}{2^n} \right\} \\ &= \sum_{n=1}^{\infty} |J_n| + \varepsilon \\ &< m^*(I) + 2\varepsilon \quad ((5) \text{ による}) \end{aligned}$$

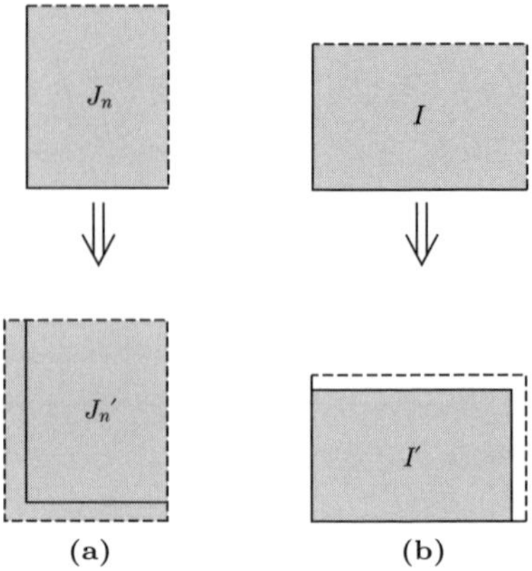

図 11

したがって結局

$$|I| < m^*(I) + 3\varepsilon$$

が得られた．ε は任意でよかったから，これで

$$|I| \leqq m^*(I)$$

が示されたことになる．(4) と合わせて，ここで等号が成り立つことが証明された． ∎

$\bigcup_{n=1}^{\infty} J_n$ は I をおおっているのだし，さらに必要ならば J_n $(n=1,2,\ldots)$ は互いに共通点がないと仮定してもよいのだから，$|I| \leqq \sum_{n=1}^{\infty} |J_n|$ は自明であり，したがって右辺の下限をとって $|I| \leqq m^*(I)$ は当り前のことであると思われる読者も多いのではなかろうか．しかし，どんな先まで $J_1, J_2, \ldots, J_N$ をとっても，$J_1 \cup J_2 \cup \cdots \cup J_N$ だけでは I をおおっていないという場合もある．それは I の右辺，または上辺 (そこは開いている！) に近づくにつれ，しだいに小さくなっていくような被覆 $I = \bigcup_{n=1}^{\infty} J_n$ $(J_n \subset I)$ がつくれるからである．このような被覆に対しては，すべての N について

$$\bigcup_{n=1}^{N} J_n \subset I$$

だから，$N \to \infty$ にしてみても，最終的にここから結論されるのは $m^*(I) \leqq |I|$ だけである．この難しい論点を避けるためには，上のように I を，閉長方形 I' におき

かえて，そこに有限被覆性の性質を用いてみることが，どうしても必要となったのである．なお，数学史的にも，ルベーグに先立って測度論の考察をはじめたボレルが，有界閉集合のもつ有限被覆性という性質を，はじめてはっきりと認識せざるをえなかったのは，この状況においてであった．

平行移動による不変性

平面上の点を (a,b) だけ平行移動する変換 τ は

$$\tau : (x,y) \longrightarrow (x+a,\ y+b)$$

で与えられる．

外測度は平行移動で不変である．すなわち

$$m^*(\tau(S)) = m^*(S)$$

このことは

$$S \subset \bigcup_{n=1}^{\infty} I_n \Longleftrightarrow \tau(S) \subset \bigcup_{n=1}^{\infty} \tau(I_n)$$

と，$|\tau(I_n)| = |I_n|$ $(n=1,2,\ldots)$ からわかる (図 12).

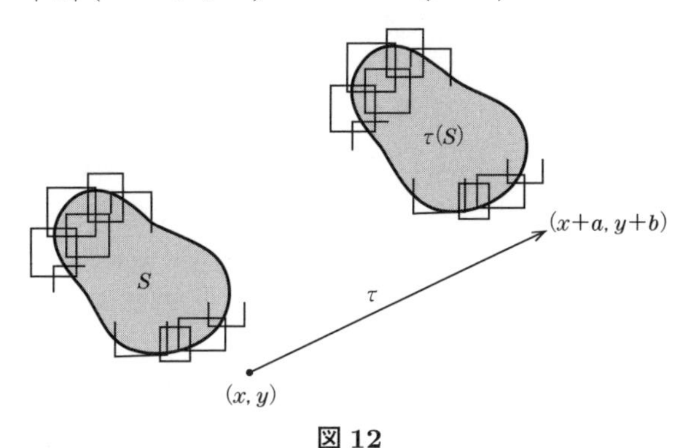

図 12

Tea Time

質問 ルベーグとはいつ頃の数学者で，どんな人だったのですか．

答 まずルベーグのフルネームは Henri Léon Lebesgue である．Lebesgue の発

音を日本語に移しきれないので，ルベーグ，ルベーク，ルベッグ，ルベックといろいろに表わされる．本書では，『数学辞典』(岩波書店) にならって，ルベーグと表記した．

ルベーグ

ルベーグは1875年に，フランスのボーベに生まれ，1894年から1897年の間，高等師範学校で学んだ．ナンシーの高等中学校，ランヌ大学 (1902–1906)，ポアチェ大学 (1906–1910) で教えた後，1910年からソルボンヌ大学で教えることになった．1921年，コレージュ・ド・フランス教授に任命され，その翌年，科学学士院会員に選出された．没年は1941年である．

ボイヤーは『数学の歴史』(朝倉書店) の中で次のように述べている．

‘しかし，1902年にナンシー大学で受理された彼の卒業論文は，実質上，積分学を再編成するという非常に非凡なものであった．ルベーグの研究は当時の積分の考え方から非常にかけ離れていたことから，カントルと同じように彼もはじめは外からの批判と内なる自己不信との両方に責めさいなまされた．しかし彼の考え方の価値はしだいに認められ，やがて彼は1910年にソルボンヌ大学の教師に任命されている．しかしながら，ルベーグは“学派”をつくることも，自分の開拓した分野に熱中することもなかった．ルベーグの積分の概念はそれ自体一般化の際だった例であったが，かれは「一般的理論に還元されてしまうと，数学は内容のないたんなる美しい形式となってしまう．そしてそれはすぐに死にたえてしまう」ことを恐れたのであった．しかしその後の数学の発展は，一般化のもたらす弊害に対してルベーグが抱いた恐れが根拠のないものであったことを示しているように思われる．’

この最後に述べられているルベーグの中道を歩もうとする思想と，それに対するボイヤーの評語の当否については，これからの数学の歩みをもう少し見ないといけないような気もしている．

第 6 講

ルベーグ内測度

テーマ
- ◆ 内側から測ってみようとする試み
- ◆ 内測度——補集合の外測度
- ◆ 内測度の性質
- ◆ ルベーグ可測な集合
- ◆ 零集合

内側から測る

第 4 講で，ジョルダンが面積概念を定式化するために，内側と外側から，有限個の長方形で図形を近似して，それらの面積の極限値を考察したことを述べた．前講では，この中で特に外側から近似していく考えだけに注目して，有限個の長方形を可算無限個の長方形におきかえて，ルベーグ外測度の概念を得た．そうすると，誰でも，今度は内側に含まれる可算個の長方形を用いて，図形を内側から測っていくことも自然なことだと考えるだろう．

ところが，図形の内部に含まれる長方形という考えにあまりこだわるのは，適当でない場合もあるのである．そのことを説明してみよう．いま

$$J = [0,1] \times [0,1] = \{(x,y) \mid 0 \leqq x \leqq 1,\ 0 \leqq y \leqq 1\}$$

とおく．J は，原点を 1 つの頂点とする，1 辺の長さが 1 の正方形である．J に含まれる有理点全体の集合を $\tilde{Q}$ とする：

$$\tilde{Q} = \{(x,y) \mid 0 \leqq x \leqq 1,\ 0 \leqq y \leqq 1,\ x \text{ と } y \text{ はともに有理数}\}$$

$\tilde{Q}$ は可算個の点からなる集合で，J の中に稠密に含まれている．第 3 講では，区間 $[0,1]$ に含まれる有理数の集合 Q が，長さの総和がいくらでも小さくとれる可算個の区間に含まれ，したがって Q は測度 0 であると結論した．それと同様の議

論で，$\tilde{Q}$ をルベーグ流に外から測ったとき

$$m^*(\tilde{Q}) = 0$$

を示すことができる．

したがって，(平面の場合にはまだはっきりした定義を与えていないが) $\tilde{Q}$ は測度0の集合である．

そこで，J から $\tilde{Q}$ を除いた集合を S とおこう：

$$S = J - \tilde{Q}$$

J の測度 (面積) は1であり，$\tilde{Q}$ の測度は0ならば，当然，S の測度は1として測られなければならないだろう．ということは，'内側から測ってみても' S の測度は1であると考えなくてはならないことを意味している．

ところが，S の内部に含まれているような長方形は，1つもないのである．なぜなら，S の点を含む長方形を1つとると，必ずその中に $\tilde{Q}$ の点——S の外部の点——が含まれてしまっているからである ($\tilde{Q}$ の稠密性！)．

たとえていえば，S の部屋の床は細かい穴だらけで，穴をふさがないようにタイルを貼れといわれても，どんな小さいタイルをもってきてもこの要求には応えられないのである．

したがって，ジョルダン測度の単なるアナロジーで，S の測度を内側から測ろうとしても，'測れない' という答を出すか，あるいはそのようなタイルは1つもない (空集合！) という意味で，'測度0である' といわなくてはならなくなる．だが，S の測度を測るのにこのようなことでは測度の理論はこの先行きづまってしまうだろう．

内　測　度

ここは少し見方を変えた方がよい．S の内側から測った測度も1であろうと予想するのは，J から S を除いた残りの $\tilde{Q}$ の測度が0だからである．$\tilde{Q}$ の測度が0と結論できるのは，第3講で Q の測度が0であることを示したと同様の議論で，任意の正数 ε に対して

$$\tilde{Q} \subset \bigcup_{n=1}^{\infty} I_n; \quad \sum_{n=1}^{\infty} |I_n| < \varepsilon \tag{1}$$

となる長方形列 $\{I_n\}(n=1,2,\ldots)$ がとれるからである．簡単のため，$I_n \subset J$ のようにとっておくことにしよう．このとき

$$J - \bigcup_{n=1}^{\infty} I_n \subset S \qquad (2)$$

であって，このことは，J から I_n $(n=1,2,\ldots)$ というタイルの小片をはがしてしまうと，残った部分はすべてSに属しているということである (図 13).

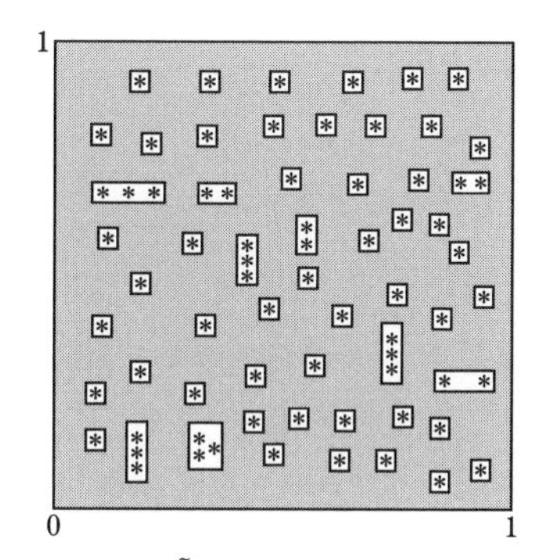

$*$ は $\tilde{Q}$ の点を表わす．
実際は稠密に分布している．
$*$ を除いた部分が S である．

図 13

(1) で，$\varepsilon \to 0$ とすると，$\sum_{n=1}^{\infty} |I_n| \to 0$ $(= m^*(\tilde{Q}))$ となるが，このとき (2) の左辺はしだいに S の内部から S へと近づいていく．このとき (2) は正方形 J から，可算個のタイルを除いた図形で S を内部から近似しているのだ，という描像が浮かび上がってくる．

(1) で $\varepsilon \to 0$ となるような区間列の極限移行を，(2) で測度に移して述べてみると

$$|J| - \inf \sum_{n=1}^{\infty} |I_n| = |J| - m^*(\tilde{Q}) = 1 - 0 = 1$$

となる．私たちはこれを S の測度を内側から測ったものだと考える．そして S の内測度 $m_*(S)$ は

$$m_*(S) = |J| - m^*(\tilde{Q})$$

で与えられ，これが1であるということにするのである．

そうすると

$$m^*(S) = m_*(S) = 1$$

となり，S を外側から測った測度も，内側から測った測度も一致して，S は‘測度1をもつ’と結論してよいことになるだろう．

この考えにならって，一般に平面の有界集合 S に対して，S の内測度を次のように定義する．

【定義】 平面の有界集合 S が与えられたとき，S を内部に含む長方形 J を1つと

り，S の内測度を

$$m_*(S) = |J| - m^*(J \cap S^c)$$

によって定義する．

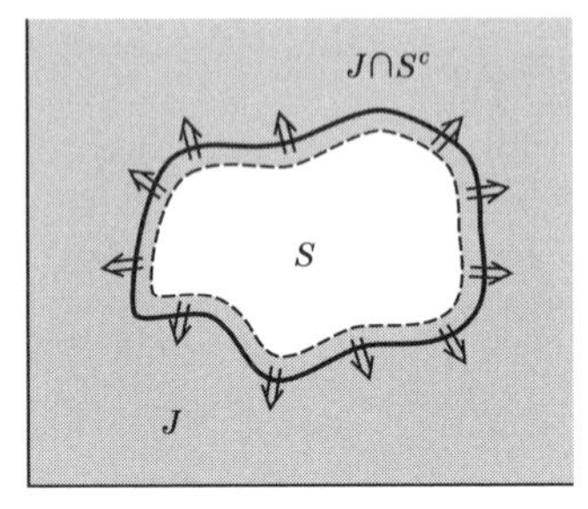

S の内部にある破線と矢印は，$J \cap S^c$ の外速度を測ることを示している．

図 14

ここで S^c は (平面全体で考えての) S の補集合を表わしている．したがって $J \cap S^c$ は，J の点で S に属さない点からなる集合である．いままで述べてきたいい方にならえば，$m_*(S)$ は，J の中で S に属さない部分をおおっているタイルを (究極的なところまで) とり除いてなお残った測度を，J の面積から引いたものである．

なお，内測度の定義では，S を含む長方形 J を1つとらなければならないが，実際は $m_*(S)$ の値は J のとり方によらない．すなわち別の J' をとっても $m_*(S)$ の値は変わらない．これは当然のことと思えるだろうし，また証明も容易である．

内測度の性質

内測度は次の性質をもつ．

(i)　$0 \leqq m_*(S) < \infty$

(ii)　$m_*(S) \leqq m^*(S)$

(iii)　$S \subset T$ ならば $m_*(S) \leqq m_*(T)$

(iv)　任意の長方形 I に対し $m_*(I) = |I|$

【証明】 (i) は明らかであろう．

(ii)　S を含む長方形 J をとると

$$J = S \cup (J \cap S^c) \quad \text{(共通点のない和)}$$

となる．したがって $m^*(J) = |J|$ に注意して，外測度をとると

$$|J| \leqq m^*(S) + m^*(J \cap S^c)$$

が成り立つ (前講 (iii)$'$ 参照)．この式から

$$m_*(S) = |J| - m^*(J \cap S^c) \leqq m^*(S)$$

が得られる.

(iii) T を含む長方形 J をとると, $S \subset T$ から, $J \cap S^c \supset J \cap T^c$ が成り立つ. 外測度の性質 (ii) により $m^*(J \cap S^c) \geqq m^*(J \cap T^c)$ が成り立つことに注意すると

$$\begin{aligned} m_*(S) &= |J| - m^*(J \cap S^c) \\ &\leqq |J| - m^*(J \cap T^c) = m_*(T) \end{aligned}$$

が成り立つ.

(iv) I を含む長方形として I 自身をとってみると

$$m_*(I) = |I| - m^*(I \cap I^c) = |I| - m^*(\phi) = |I|$$ ∎

ルベーグ可測な集合

そこでジョルダンの面積確定の定義にならう形で, 次の定義をおく.

【定義】 平面の有界な集合 S が

$$m^*(S) = m_*(S)$$

をみたすとき, S をルベーグ可測な集合, または単に可測集合という. S が可測集合のとき

$$m(S) = m^*(S) \quad (= m_*(S))$$

とおき, $m(S)$ を S のルベーグ測度, または単に測度という.

長方形 I に対しては $m^*(I) = m_*(I) = |I|$ が成り立つから, I は可測であって, I の測度は, ふつうの面積と一致している. また $m^*(S) = 0$ をみたす集合は, $m^*(S) \geqq m_*(S)$ により, 必然的に $m_*(S) = 0$ もみたすから可測である.

【定義】 $m^*(S) = 0$ をみたす集合を測度 0 の集合, または零集合という.

零集合はつねに可測であり, 特に空集合 ϕ は可測である. $m^*(S) = 0$ ということを, 外測度の定義に戻って述べ直すと, 次のようになる.

> S が零集合であるための必要かつ十分な条件は, 任意の正数 ε に対して, 可算個の長方形 $I_1, I_2, \ldots, I_n, \ldots$ が存在して
>
> (i) $S \subset \bigcup_{n=1}^{\infty} I_n$
>
> (ii) $\sum_{n=1}^{\infty} |I_n| < \varepsilon$

これは第 3 講で述べた零集合の定義を平面上で述べたことになっている.

Tea Time

質問　ルベーグの可測集合の定義は，抵抗もなく素直に受け入れられる気がしたのですが，第 4 講の Tea Time で述べられていたジョルダン測度の有限加法性と同様なことが成り立つかどうか考えてみようと思ったら，どうしてよいのかわからなくなってしまいました．私の理解が足りないのかもしれません．

答　ジョルダンの面積の考えを思い起こしながら，ルベーグの考えを追っていくと，可測集合の定義までは，割合自然にたどりつくが，この意味するものに眼を凝らして見ようとすると，急に立ち止まってしまう．それは数学の形式の中での極限移行に対して，直観が追いつかなくなるからであって，このことは測度論を学んだ人が誰しも一度は経験したことである．有限加法性の証明もすぐに証明できないようだという君の測度論に対する‘感触’は，むしろ正しいといってよいのである．

たとえば，1 辺が 1 の正方形 $J=\{(x,y)\mid 0\leqq x\leqq 1,\ 0\leqq y\leqq 1\}$ を共通点のない 4 つの集合

$S_1=\{(x,y)\mid x,\ y$ ともに有理数$\}$
$S_2=\{(x,y)\mid x$ は有理数，y は無理数$\}$
$S_3=\{(x,y)\mid x$ は無理数，y は有理数$\}$
$S_4=\{(x,y)\mid x,\ y$ ともに無理数$\}$

に分割してみよう．これらはすべて可測な集合であるが，これらはいわば稠密に入りまじっている．これに対して有限加法性

$$1=m(J)=m\left(S_1\right)+m\left(S_2\right)+m\left(S_3\right)+m\left(S_4\right)$$

を厳密に証明するにはどうしたらよいかと考えてみると，定義の裏に隠されているルベーグ測度の深さがわかるのである．集合論を学ばれた読者は，ここで S_4 をさらに，代数的な無理数と，超越数とによって分割してみたらどうなるかを考えてみると，事態の深刻さがわかるだろう．

質問　そうするとルベーグ可測な集合に対して有限加法性が成り立たない場合も

あるのですか.

答　有限加法性はつねに成り立つ．さらに第2講で直線上の場合に述べたような意味で完全加法性も成り立つ．ただ，これらを可測集合の定義から直接導くのはなかなか難しい．難しさの原因は，測度を測るのに極限概念を積極的に導入した点にあり，したがって可測集合の性質を調べるためには，極限という観点に立って見たときの平面上の点のつながり方を考察に加えなければならなくなるからである．もう少し数学的にいえば，外測度と内測度とから出発するルベーグ測度論の骨組みの中には，必然的に平面の部分集合の位相的な性質が加えられてくるということであり，その点がジョルダンの面積概念の中になかった新しい高みであるともいえるのである.

第 7 講

可 測 集 合
——ルベーグの構想——

テーマ

- ◆ ルベーグの学位論文
- ◆ 平面上の開集合と閉集合
- ◆ 開集合は，可算個の長方形の共通点のない和として表わされる．
- ◆ 開集合の測度
- ◆ 閉集合の可測性
- ◆ 可測な集合を，外からは開集合，内からは閉集合により挾み，その測度を近似していく．

ルベーグの学位論文

いままで述べてきたような測度論の思想，特に極限概念を測度の中に積極的にとり入れることによって，測度に対して完全加法性という性質を付与しようとする考えは，ルベーグが 1902 年に，28 歳の若さで著わした学位論文『Intégrale, Longueur, Aire』(積分，長さ，面積) の中ではじめて明らかにしたものである．この学位論文にみられるルベーグの思想は明確なものであるが，その思想の多くは，現在の精緻に完成した測度論からみれば，たったいま熔鉱炉からとり出されたばかりの，粗鉱の燃えさかる流れのように表現されている．このあふれんばかりの思想が精錬されて，数学の整備された形式として広く姿を現わしてくるには，10 年近くの歳月を要したようで，実際，1910 年代になって，カラテオドリやハウスドルフの努力で，簡明な測度論の理論構成が得られるようになったのである．

現在，測度論というと，大体このカラテオドリの定式化にしたがって述べられているようであり，それはまた集合論を基盤とする抽象数学の枠組にもしっくりと納まるのである．これについては次講から述べることにしよう．

前講で述べた可測集合の定義は，ルベーグの学位論文に負うものであり (実際はルベーグは，外測度や内測度の定義に，長方形を用いないで，いまとなってみると多少奇異な感がするが，三角形を用いている)，ルベーグはこの定義から出発して測度の完全加法性と測度論の大枠をすべて簡明に語っている．だが，この簡明にかかれた内容を，数学的に厳密に追ってみることは大変な努力と煩雑さが伴うようである．ルベーグは直線上の測度の考察を基礎においたようであるが，平面の場合には点のつながり方——部分集合のもつ位相的性質——が直線の場合にくらべてはるかに複雑になって，ルベーグが平面の場合に述べてある理論の大筋の見通しが，数学的になかなか捉えられないのである．実際，ルベーグが簡単そうにいっているところに，すぐに証明のつかないところもある．

以下では，1 つのお話として，前講の可測集合の定義からスタートして，ルベーグの考えを私なりに追ってみることにする．数学的にみて不備な点は，次講からの一般の測度論の展開の中で，改めてきちんと整えていく．

平面上の開集合，閉集合

前講の Tea Time でも述べたように，平面 $\boldsymbol{R}^2$ 上の測度論は，部分集合に近さの概念をとり入れないで議論するわけにはいかない．そのためごく基本的な概念——開集合，閉集合について述べておく．

平面上では 2 点 $\mathrm{P}(a,b)$, $\mathrm{Q}(c,d)$ の距離を

$$d(\mathrm{P},\mathrm{Q}) = \sqrt{(a-c)^2+(b-d)^2}$$

で定義する．

要するに，座標平面上の 2 点を物差しで測った長さのことである．距離については三角不等式

$$d(\mathrm{P},\mathrm{Q}) \leqq d(\mathrm{P},\mathrm{R}) + d(\mathrm{R},\mathrm{Q})$$

が成り立つが，これは三角形の 2 辺の和は他の 1 辺より大であるということであり，また点列 P_n $(n=1,2,\ldots)$ が P に近づく：$d(\mathrm{P}_n,\mathrm{P}) \to 0$ $(n\to\infty)$ は，直観的な意味で点列が近づくということである．

【定義】 平面の部分集合 O が開集合であるとは，O の任意の点 P に対して，適当な正数 ε をとると，P の ε-近傍 $V_\varepsilon(\mathrm{P})$ が存在して

$$V_\varepsilon(\mathrm{P}) \subset O$$

が成り立つことである．

ここで P の ε-近傍とは

$$V_\varepsilon(\mathrm{P}) = \{\mathrm{Q} \mid d(\mathrm{P},\mathrm{Q}) < \varepsilon\}$$

のことである．

開集合に対しては次の性質が基本的である．

(O1)　$O_1, O_2, \ldots, O_n, \ldots$ を開集合の系列とすると，$\bigcup_{n=1}^{\infty} O_n$ もまた開集合である．

(O2)　O_1, O_2 が開集合ならば，$O_1 \cap O_2$ もまた開集合である．

なお，(O2) を共通点のない場合にも成り立たせるために，次のことも開集合の定義に加えておくことにする．

(O3)　空集合は開集合である．

【定義】 平面の部分集合 F が閉集合であるとは，F の補集合 F^c が開集合のことである．

閉集合に対しては次の性質が基本的である．

(F1)　$F_1, F_2, \ldots, F_n, \ldots$ を閉集合の系列とすると，$\bigcap_{n=1}^{\infty} F_n$ もまた閉集合である．

(F2)　F_1, F_2 が閉集合ならば，$F_1 \cup F_2$ もまた閉集合である．

また，平面 $\boldsymbol{R}^2$ 全体は開集合だから，その補集合として

(F3)　空集合は閉集合である．

開集合，閉集合の例は図15で示しておいた．

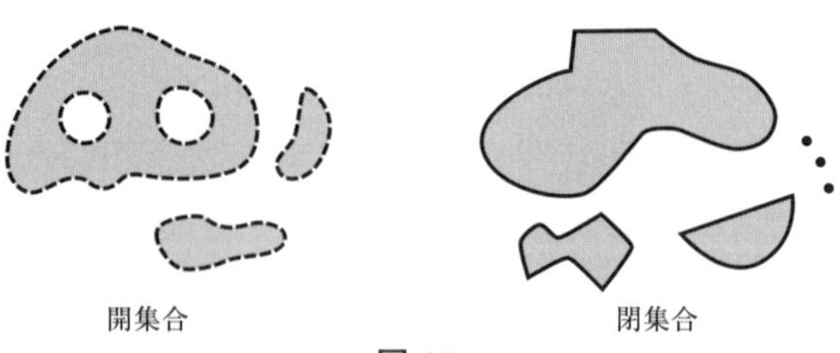

図 15

ルベーグの考察

これからの話は，測度論誕生当時の1つの雰囲気を伝えるもので，厳密なものではないが，問題の所在は示すことができると思う．部分集合が有界か，有界でないかなどということも，あまりこだわらないことにする．出発点は外測度と内測度が一致するとき可測とするという前講の定義である．

まず開集合のもつ次の性質に注目する．

> 任意の開集合は，可算個の長方形の和集合として表わすことができる．

この状況は図16で示しておいた．図からもわかるように，長方形として左側の辺と下の辺を含めたものをとっておくと，互いに共通点のない長方形の和として表わすことができる．ここで可算個の長方形の和として表わせることが重要である．有理点を中心として，辺の長さが有理数であるような長方形は全体で可算個であるが，これがすでにどの開集合も敷きつめるに必要なタイルを用意してくれているのである．

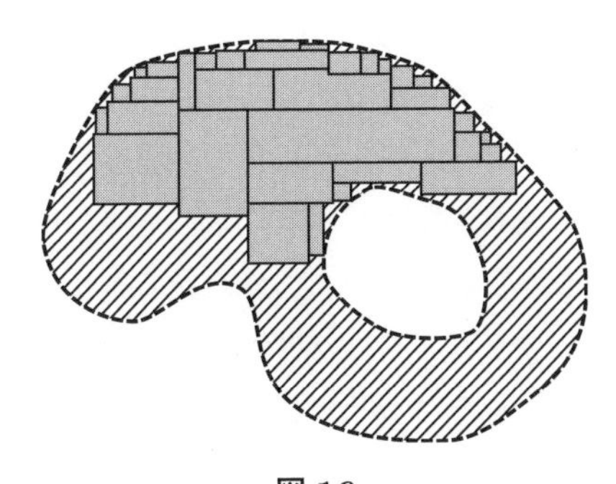

図16

したがって，外測度の定義を見ても，開集合 O が

$$O = \bigcup_{n=1}^{\infty} I_n \quad (\text{共通点なし})$$

と，長方形の和で表わされているならば，これはいわば‘面積最小のおおい方’であり，したがって

$$m^*(O) = \sum_{n=1}^{\infty} |I_n|$$

となるが，さらに O は可測であって

$$m(O) = \sum_{n=1}^{\infty} |I_n|$$

となるだろうと考えるのは自然なことである．

ここで当り前そうにみえても，実際はどうしても数学的な証明を要することがある．それは，上の $m(O)$ の値が，O を別の仕方で可算個の長方形に分割しても，同じ値となるという事実である．しかし，この事実こそ測度の完全加法性の正当性を裏づけるものだろう．この証明はここでは述べないが，1916 年に著わされたド・ラ・ヴァレ・プッサンのルベーグ積分に関する本の中では，この証明を与えることから出発している．さらにこの本では，ジョルダン測度では長方形を基本としてとったが，測度論では，開集合を基本にとるという立場に立って議論を進めている．

開集合が可測であると，閉集合もまた可測となる．この事情は図 17 からも察することができる．開長方形の内部に閉集合 F をおく．そうすると図 17 でカゲを付してある部分は開集合である．F の外側を囲む破線は，内側から見ると F の外測度を測る過程に現われた F を囲む図形の外縁と見える．しかし外側の O の方から見てみれば O の内測度を測る過程で現われた (O の外部 F をおおうタイルをはがして得られる) 図形とも見られる．また F の内部にある実線で囲まれた部分は，F の内測度を測る過程で現われた図形とも見えるし，また O の外測度を測る過程で現われた図形とも見える．

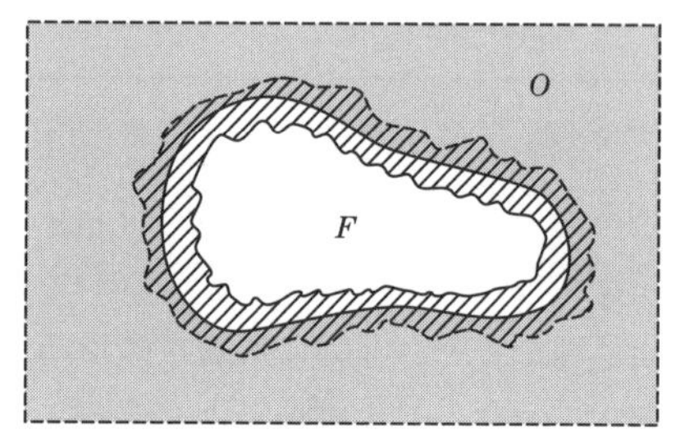

図 17

開集合 O が可測であるということは，外測度と内測度が一致することだから，直観的には斜線の部分の測度がいくらでも小さくなることを示している．しかしいま述べたことから，このことは同時にまた閉集合 F が可測であることも示しているのである．

部分集合 S が可測であるとは，条件 $m^*(S) = m_*(S)$ が成り立つことであった．内測度の定義を参照すると，この条件は，S を含む長方形 J を 1 つとったとき

$$m^*(S) = |J| - m^*\left(J \cap S^c\right)$$

すなわち

$$|J| = m^*(S) + m^*\left(J \cap S^c\right)$$

が成り立つということである．S を含む長方形 J の代りに，任意の長方形 J をと

り，J に含まれている S の部分 $J \cap S$ と，J に含まれている S の外の部分 $J \cap S^c$ に注目して，可測性の定義として改めて

‘すべての長方形 J に対して

(♯)　$|J| = m^*(J \cap S) + m^*(J \cap S^c)$

が成り立つ’

を採用することにすると，いま述べたことはまったく簡明になる．すなわちこの式は S と S^c に関して対称だから ($S^{cc} = S$ に注意！)

$$S \text{ が可測} \Longleftrightarrow S^c \text{ が可測}$$

を意味することになる．特にSとして開集合 O をとれば，閉集合 O^c は可測となる．

さて，S を可測集合とする．S の測度を $m(S)$ とすると

$$m_*(S) = m(S) = m^*(S)$$

である．

$m(S) = m^*(S)$ は次のことを述べている．任意に正数 ε を与えたとき，外測度の定義 (下限！) から，可算個の長方形 $I_1, I_2, \ldots, I_n, \ldots$ がとれて

$$S \subset \bigcup_{n=1}^{\infty} I_n, \quad \sum_{n=1}^{\infty} |I_n| - \frac{\varepsilon}{2} < m^*(S) \tag{1}$$

となる．第5講図11(a)で示したように，I_n を少し広げて開長方形 ${I_n}'$ をつくって

$$|{I_n}'| < |I_n| + \frac{\varepsilon}{2^{n+1}}$$

とできる．

$$O = \bigcup_{n=1}^{\infty} {I_n}'$$

とおくと，開集合の性質 (O1) により O は開集合で，

$$S \subset O$$

また O は可測だから，$m(O) = m^*(O)$ であるが，一方

$$\begin{aligned} m^*(O) &\leqq \sum_{n=1}^{\infty} |{I_n}'| \leqq \sum_{n=1}^{\infty} \left(|I_n| + \frac{\varepsilon}{2^{n+1}}\right) \\ &= \sum_{n=1}^{\infty} |I_n| + \frac{\varepsilon}{2} < m(S) + \varepsilon \quad ((1) \text{ による}) \end{aligned}$$

したがって結局，任意の正数 ε に対して

$$S \subset O, \quad m(O) - m(S) < \varepsilon \tag{2}$$

をみたす開集合 O が存在することが示された．

$m(S)=m_*(S)$ に対して同様の考察をしてみると，今度は，任意の正数 ε に対して，

$$F\subset S,\quad m(S)-m(F)<\varepsilon \qquad (3)$$

をみたす閉集合 F が存在することがわかる．可測集合に対しては $m(O)-m(S)=m(O-S)$，　$m(S)-m(F)=m(S-F)$ が成り立つことが知られているから，いま述べたことはまとめて次のようになる (図 18).

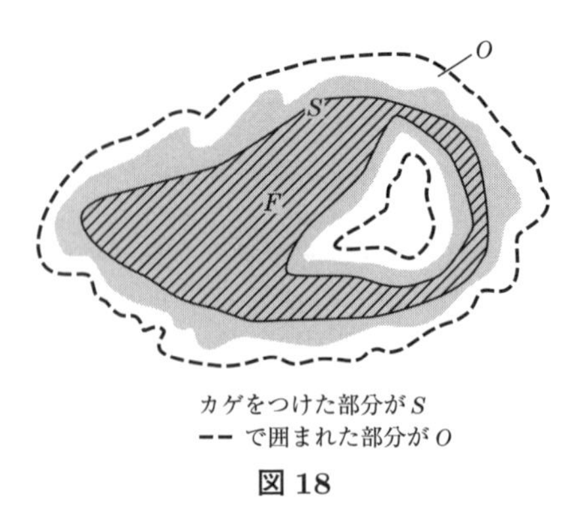

カゲをつけた部分が S
-- で囲まれた部分が O

図 18

> S を可測集合とすると，任意の正数 ε に対して次の性質をみたす開集合 O，閉集合 F が存在する：
>
> $$F\subset S\subset O\;;\quad m(O-S)<\varepsilon,\quad m(S-F)<\varepsilon$$

すなわち，可測集合 S は，外からは開集合，内からは閉集合によって，サンドウィッチのように挟みこまれるのである．(2) と (3) で $\varepsilon\to 0$ として，このサンドウィッチを外と内から押していったら，最後に S が絞り出されてくるだろうか？

いま $\varepsilon=1,\ \frac{1}{2},\ \frac{1}{3},\ \ldots,\ \frac{1}{n},\ \ldots$ ととって，実際外の方からは押しつぶし，内の方からは広げて，S を絞っていってみよう．すなわち

$$S\subset O_n\;;\quad m\left(O_n-S\right)<\frac{1}{n}$$

$$F_n\subset S\;;\quad m\left(S-F_n\right)<\frac{1}{n}$$

となる開集合 O_n，閉集合 F_n をとって，外から押しつぶした究極の集合

$$G=\bigcap_{n=1}^{\infty}O_n$$

内から広げていった究極の集合

$$H=\bigcup_{n=1}^{\infty}F_n$$

をとる (図 19)．このとき，G と H も実は可測集合となって

$$H\subset S\subset G$$

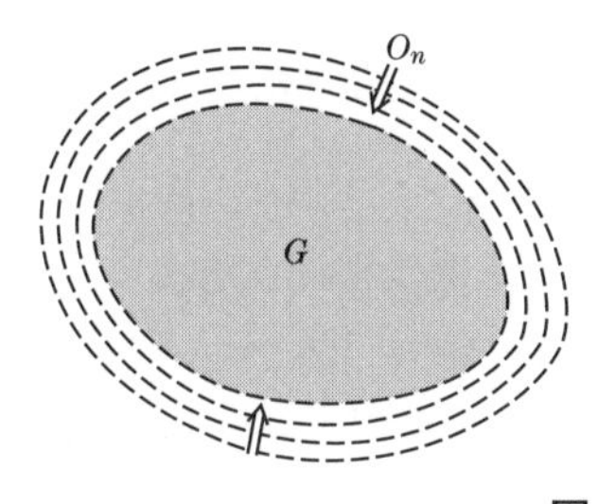

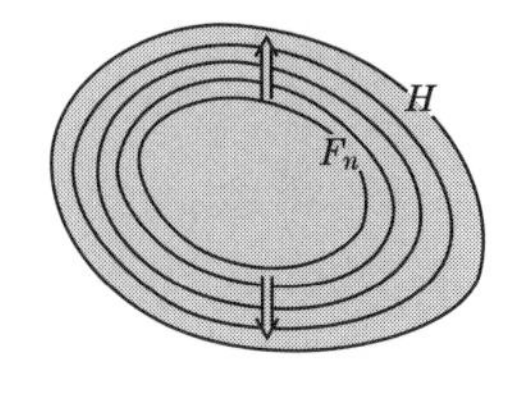

図 19

となるが

$$G - S, \quad S - H$$

は，一般には零集合として残るのである．

このように測度の立場で，可測集合を絞っていくと，ついに，S の外側と内側に，S の周囲をとり囲むような謎めいた零集合が残ってくるのである．可測集合 S は，外からは開集合，内からは閉集合で近づけるが，S 自身の究極の姿は，結局は残された零集合の中に隠されている．

これが，ルベーグが学位論文で明らかにした，可測集合の姿であった．可測集合のもつこの姿は，いまも変わらない．ということは，零集合というものに，もうこれ以上どう近づいてよいかわからないということである．零集合は，測度 0 という厚いヴェールの中に閉じこめられて，かたくなな沈黙を守っている．

Tea Time

質問　ここでのお話では，完全加法性のことについては，あまりはっきり述べられなかったようですが，それはどのように考えるのでしょう．

答　講義の中でも述べたように，開集合の測度を，可算無限個のタイルに分けたときのタイルの面積の総和として定義できるという中に，すでに完全加法性を包みこんだ測度論の構想がある．このことからまず，開集合の系列 $\{O_n\}$ $(n = 1, 2, \ldots)$ に共通点がなければ

$$m\left(\bigcup_{n=1}^{\infty} O_n\right) = \sum_{n=1}^{\infty} m(O_n) \quad (\text{完全加法性！})$$

が得られる．一方，任意の可測集合は，測度だけみる限り，開集合によって外から近似される．したがって可測集合に対しても完全加法性が成り立つことが予想されるだろう．これがたぶん，1890 年代にボレルからルベーグへと継承された最初の考えのようであった．もちろんこれを厳密に示すには，内測度の考えを経由して，内側から閉集合で近づけるという考えも必要となる．しかし，次講でみるように測度論の理論構成は，カラテオドリの思想にしたがってもう一段高いところまで上っていき，完全加法性は位相的な考察の外でまず得られるということになったのである．

質問　いままでは有界な集合だけを述べられてきましたが，有界でない集合 S に対しては，可測性と測度をどのように定義するのですか．

答　原点を中心として 1 辺が長さ $n\ (=1, 2, \ldots)$ の正方形を I_n とすると

$$I_1 \subset I_2 \subset I_3 \subset \cdots \subset I_n \subset \cdots \longrightarrow \boldsymbol{R}^2$$

となる．このとき，すべての n に対して $S \cap I_n$ が可測のとき S は可測であるといい，このとき S の測度を $m(S) = \lim_{n\to\infty} m(S \cap I_n)$ により定義するのである．

第 8 講

カラテオドリの構想

テーマ
- ◆ルベーグの意味での可測性
- ◆カラテオドリの意味での可測性
- ◆2つの可測性の比較
- ◆$\boldsymbol{R}^k$ の場合
- ◆集合と外測度を跳躍台とする抽象的な測度論への飛躍

ルベーグの意味での可測性

第5講，第6講で述べた平面 $\boldsymbol{R}^2$ 上の測度の考えはルベーグによるが，この構想の基本にあるものは，可算個のタイルを用いて集合をおおうことである．有界な集合 S が可測であるという，第6講で述べた条件

$$m^*(S) = m_*(S) \tag{1}$$

は，比較的自然に認められるだろう．内測度の定義に戻ると，この式は

$$m^*(S) = |J| - m^*(J \cap S^c)$$

とかける．ここで J は S を含む長方形である．あるいは移項して，S が可測であるという条件は次の式で与えられるといってもよい：

$$|J| = m^*(S) + m^*(J \cap S^c) \tag{2}$$

この式で注意することは，S が可測であるという条件が，外測度だけで表わされていることである．(2) が成り立つことを，この講では特にルベーグの意味で可測であるということにしよう．

カラテオドリの意味での可測性

$\boldsymbol{R}^2$ の有界な集合 S に対して，ルベーグの意味で可測である，などという言葉

を用いた以上，読者は当然，別の可測の定義もあるのだろうと感じられるだろう．実際，次のような可測性の定義もある．

【定義】 S を $\boldsymbol{R}^2$ の部分集合とする．すべての $E \subset \boldsymbol{R}^2$ に対して，つねに

$$m^*(E) = m^*(E \cap S) + m^*(E \cap S^c) \tag{3}$$

が成り立つとき，S をカラテオドリの意味で可測という．

ここで E や S が有界でないと，$m^*(E) = +\infty$ となったり，右辺の各項も $+\infty$ となったりするが，ここではそのような細かい論点には立ち入らないで話を進めることにしよう．詳しいことは，第 9 講で述べる．

(2) と (3) を見くらべてみると，(2) の中に現われている長方形 J は，(3) では任意の集合 E におきかわっている．実際，(3) で，特に E として S を含む長方形 J をとってみると，

$$m^*(J) = |J|, \quad J \cap S = S$$

が成り立つから，この場合 (3) は (2) となる．

したがって，カラテオドリの可測性の条件 (3) は，ルベーグの可測性の条件 (2) にくらべて，はるかに強い条件を S に課していることになる．読者は，たとえば長方形 I が 1 つ与えられたとき，この I がカラテオドリの意味で可測といえるかどうか，少し立ち止まって考えてみられるとよいのである．私たちはこのとき，どんな集合 E をとっても

$$m^*(E) = m^*(E \cap I) + m^*(E \cap I^c)$$

が成り立つかどうかを確かめなくてはならない！

2 つの可測性

(2) は (1) を単にかき直したものだから，(2) で述べているルベーグ可測性は，その深い意味を別とすれば，ひとまず納得できることである．それに反し，(3) のカラテオドリの意味で可測であるという性質は，一体，何を述べているのか，すぐには捉えにくい．

図 20 で，ルベーグ式とカラテオドリ式で，可測性の判定がどのように違うかを説明してみよう．図 20 の左に図示してある図形 S が可測かどうかをみるには，ルベーグ式では図の上に示してあるように長方形 J をとる．このとき S が可測で

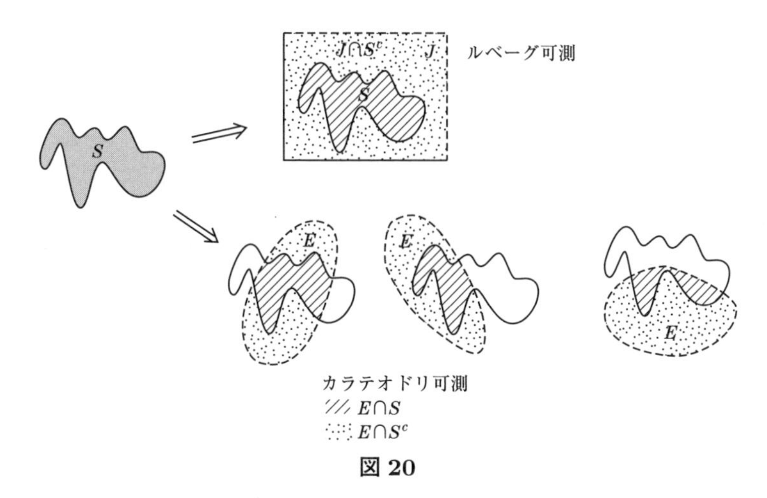

図 20

あり，したがって $|J|$ が，$m^*(S)$ と $m^*(J \cap S^c)$ の和となるということは，大体次のことが成り立つことと考えてよい．S と $J \cap S^c$ をそれぞれ別々に (可算個の) タイルでおおうと，S の境界線上に沿って，この 2 つのタイルの重なる場所が出てくる．ここではタイルの面積は 2 重に数えられている．したがって S と $J \cap S^c$ をおおうこれらのタイルの面積の総和が究極には $|J|$ に近づいていくということは，この重なり目のタイルの面積の総和がしだいに 0 に近づいていくことを意味している．

一方，図 20 の下の方を見るとわかるように，カラテオドリ式では，集合 E をいろいろにとって，E で S を‘切断したとき’，似たようなことが $E \cap S$ と $E \cap S^c$ の接するところで成り立っているかどうかをみようとしている．すなわち (3) は，$m^*(E)$ の値に (究極的には) 達する可算個のタイルによる E のおおい方は，$E \cap S$ と $E \cap S^c$ を別々にタイルでおおうようなおおい方で達せられるのだろうかと聞いているのである！

図 20 を見ても一目瞭然であろうが，カラテオドリ式の方がルベーグ式よりもはるかに立ち入って，S の‘可測性’を調べようとしている．だが，測度論の理論がすべて完成した暁に，次の不思議な定理が成立していることが明らかとなった．

【定理】 $\boldsymbol{R}^2$ の有界な集合 S が，ルベーグの意味で可測ならば，カラテオドリの意味でも可測である．

このことは，ルベーグの意味の可測性と，カラテオドリの意味の可測性が完全に同じことを述べていることを示している．この定理の証明は第13講で与える．

カラテオドリ (Constantin Carathéodory) は1873年ベルリンで生まれた．両親はギリシャ人であった．父親はベルギーでオスマン帝国大使をしていた．1895年ベルギーの École Militaire を卒業後，オスマン帝国とエジプトで技術者として働いた．この間，約1年半の間，アスワンとアシュートでダムの建設に従事した．カラテオドリにとって，ナイルの川の流れは親しかったのである．カラテオドリは，数学を研究しようと考えた当時のことを想起して，次のように記している．'私の家族と古くからのギリシャの友人たちに，未来に対して多くの可能性をもつ安泰な地位を捨てて，おかしなことという以上に，ロマンティックな私の性向にしたがって，その赴くままにしてみたいという計画を打ち明けた．私自身は，私の計画が成功するとも，稔りをもたらすとも確信をもっていたわけでもなかった．私はただ，数学に没頭できる職業だけが，私の人生をみたしてくれるだろうという固定観念にとりつかれてしまったのである．' このあと，彼はベルリン大学とゲッチンゲン大学で学ぶことになる．そしてそこでの等角写像の研究や，実関数の研究は大きな稔りを数学の上にもたらした．

一般の $\boldsymbol{R}^k$ の場合

少しずつ一般的な設定へと移行していきたいのであるが，その前にここでは，上に述べたことを，平面 $\boldsymbol{R}^2$ から一般の k 次元ユークリッド空間 $\boldsymbol{R}^k$ にまで拡張しておこう．

$\boldsymbol{R}^k$ の半開区間 I とは

$$
\begin{aligned}
I &= [a_1, b_1) \times [a_2, b_2) \times \cdots \times [a_k,\ b_k) \\
&= \left\{(x_1, x_2, \ldots, x_k) \mid a_1 \leqq x_1 < b_1,\ a_2 \leqq x_2 < b_2,\ \ldots,\ a_k \leqq x_k < b_k\right\}
\end{aligned}
$$

と表わされる集合のことである．I の '体積' $|I|$ を

$$
|I| = (b_1 - a_1) \times (b_2 - a_2) \times \cdots \times (b_k - a_k)
$$

によって定義する．

$\boldsymbol{R}^k$ の部分集合 S が与えられたとき，S を可算個の半開区間でおおう被覆

$$
S \subset \bigcup_{n=1}^{\infty} I_n
$$

を考え，このような被覆をいろいろにとったときの下限として

$$m^*(S) = \inf \sum |I_n|$$

とおく．$m^*(S)$ を S のルベーグ外測度という．

$\boldsymbol{R}^k$ の有界な集合 S に対して，S を含む $\boldsymbol{R}^k$ の‘半開区間’J をとったとき，

$$|J| = m^*(S) + m^*(J \cap S^c)$$

が成り立つならば，S をルベーグの意味で可測な集合であるという．

また，任意の $E \subset \boldsymbol{R}^k$ に対して

$$m^*(E) = m^*(E \cap S) + m^*(E \cap S^c)$$

が成り立つとき，S をカラテオドリの意味で可測な集合であるという．

このとき，一般に次の定理が成り立つ (証明は第 13 講で与える)．

【定理】 $\boldsymbol{R}^k$ の有界な集合 S が，ルベーグの意味で可測ならば，カラテオドリの意味でも可測である．

カラテオドリの構想

カラテオドリは次のような構想を立てた．

いま【定理】を認めるならば，集合 A $(\subset \boldsymbol{R}^k)$ のルベーグ可測性とは，外測度によって

すべての $E \subset \boldsymbol{R}^k$ に対し　$m^*(E) = m^*(E \cap A) + m^*(E \cap A^c)$

という性質で与えられるものである．ここに現われているものは，$\boldsymbol{R}^k$ の部分集合 E と，外測度 m^* という概念だけである．少なくとも表面上は，ジョルダン以来 (あるいは5000年来！) 引きついできた，タイルの面積や，‘半開区間’の体積などという概念は消えてしまった．可測性は，幾何学的な表象の奥にある裸の姿を示しつつあるようみえる．

もちろん，読者は，それは見かけ上のことであって，外測度 m^* の構成の中で，タイルの面積や‘半開区間’の体積は用いられているではないかと指摘されるだろう．しかし，考えてみれば，タイルの面積とか，‘半開区間’の体積などといっても，それ自身最初は定義することによって導入したものであった．したがって

'外測度' そのものを今度は最初の出発点に公理としておくという考えもありうるのではなかろうか.

カラテオドリは, たぶん, 可測性のこの定式化を凝視した. そこに見えてきたのは, ユークリッド空間の姿ではなくて, 抽象的な集合と, それが '外測度' によって律せられ, 測度という概念を生む姿だった. カラテオドリが, これを凝視した時期は1910年を少し過ぎた頃であり, 数学は, 集合論を背景とした新しい抽象的な構造を求める方向へと模索をはじめているときに当たっていた. カラテオドリは, もし集合 X の各部分集合 A に, 外測度とよばれる数 $m^*(A)$ が与えられ, これがある性質をみたすことをあらかじめ規定しておくならば, 可測性を上の式で定義することにより, 抽象的な集合 X の上に測度論も, さらに積分論も構成していくことができると予想したのである.

そこにとり出された思想は次のようなものであるといってよいかもしれない. 測度論とは, 集合が与えられたとき, その部分集合の大きさをいかに測るかという理論であり, この理論を織る糸は, まず外測度の投入によって与えられる. そして理論の目標は部分集合の可算列が与えられたとき, その極限移行の様子を, '測度' を通して, 実数の極限概念にいかに投影していくかということにある.

カラテオドリのこの思想は, 現在では次のようにまとめられる：

(i)　集合 X が与えられている.

(ii)　X の各部分集合 A に, 外測度 $m^*(A)$ とよばれる '数' が対応し, これはある性質をみたすとする.

(iii)　このとき $A \subset X$ が可測であるとは, すべての $E \subset X$ に対して

$$m^*(E) = m^*(E \cap A) + m^*\left(E \cap A^c\right)$$

が成り立つこととする.

(iv)　この抽象的な枠組の中から, '完全加法性' をもつ測度論を組み立てることができる.

この抽象的な測度論のライトに照らされて, 具体的な $\boldsymbol{R}^k$ 上のルベーグ積分論の骨組みも明るく浮かび上がってくるのである.

カラテオドリによる理論構成がどのようなものであったかを述べることは, 次講からの主題となる.

Tea Time

質問　これは質問というより感想のようなものですが，僕には，面積概念を集合論の枠の中で捉えようとしたカラテオドリの発想が本当に驚くべきことに思いました．あとで説明していただけるのでしょうが，測度の場合の完全加法性のような性質を，外測度の段階で何か賦与しておこうとすると，それはどんな性質となるのでしょうか．集合の可算列の和に対するある性質を外測度に対する与件としておくことが必要なことに思えるのです．

答　最初の感想については，私も同様な驚きに近い感じをもっている．抽象化という数学のプロセスは，成功すればするほど数学の形式によくなじむから，私たちはすぐになれて，ごく自然なものに思えてくる．しかしこれはコロンブスの卵というべきなのだろう．平面上の図形をじっと見て面積を考えている限り，抽象的な高みへと，この概念をもち上げることなど，思いもつかぬことである．カラテオドリの構想を促したものは，やはりルベーグ積分が，もはや図形としての直観の到達しえないような，$\boldsymbol{R}^k$ の奇妙で複雑な部分集合にまで測度を与えたことにあったのだろう．このような部分集合に与えられた測度というのは，すでに具象的なというより，どこか抽象へと走らす動機を内蔵していたに違いない．

質問の後半については，次講で示すように，測度の性質として要請する中に，

$$m^*\left(\bigcup_{n=1}^{\infty} A_n\right) \leqq \sum_{n=1}^{\infty} m^*(A_n)$$

のような弱い形ではあるが，極限に関するある性質を加えてあるのである．この弱い形が，可測集合に限ると，測度の完全加法性という性質を生むのである．

第 9 講

カラテオドリの外測度

テーマ

- ◆ $\pm\infty$ の導入とその演算規約
- ◆ カラテオドリの外測度の定義
- ◆ カラテオドリの外測度の例
- ◆ 可測集合の定義
- ◆ ボレル集合体

∞ の演算規約

この講と次講では，前講で述べたカラテオドリの構想が，数学の形式の中で，どのような完全な形で実現されるものかを見ようと思う．平面の場合を考えても，面積 ∞ のような図形はいくらでもある．したがって，一般論を展開する際，外測度とか測度のとる値も，単に実数とするだけではなく，$+\infty$ もとるとしておかなくては都合が悪いことが多い．

そのため，これからは，実数にさらに $+\infty$，$-\infty$ という‘記号’をつけ加えて考えることにする．このつけ加えられた‘記号’の演算については，次の規約をみたすものとする：

実数 a に対し

$$
\begin{aligned}
&(+\infty)+a=+\infty, && (-\infty)+a=-\infty \\
&(+\infty)\times a=+\infty \quad (a>0), && (+\infty)\times a=-\infty \quad (a<0) \\
&(-\infty)\times a=-\infty \quad (a>0), && (-\infty)\times a=+\infty \quad (a<0) \\
&(+\infty)\times 0=0, && (-\infty)\times 0=0
\end{aligned}
$$

ただし，左辺は演算の順序を交換しても成り立つとする．また

$$(+\infty)+(+\infty)=+\infty, \quad (-\infty)+(-\infty)=-\infty$$

$$\lim(+\infty) = +\infty, \quad \lim(-\infty) = -\infty$$

しかし，$(+\infty)-(+\infty)$，$(-\infty)-(-\infty)$ は定義しない．

また任意の実数 a に対し

$$-\infty < a < +\infty$$

とする．$+\infty$ は単に ∞ とかくことが多い．

このような規約で，$\pm\infty$ を積極的に使おうというのは，ごく日常的なたとえでいえば，無限に大きな土地に，さらに $5\,\mathrm{m}^2$ の土地を加えても除いても，やはり面積は無限大であるというような状況もつねに考慮しておきたいからである．

カラテオドリの外測度

まず，定義からはじめよう．

【定義】 集合 X の各部分集合 A に対し，$\boldsymbol{R} \cup \{+\infty\}$ の値 $m^*(A)$ を対応させる対応 m^* が与えられて，それが次の規則をみたすとき，この対応 m^* を，X の上のカラテオドリ外測度，または簡単に外測度という．

(C1)　$0 \leqq m^*(A) \leqq +\infty$, $m^*(\phi) = 0$

(C2)　$A \subset B$ ならば $m^*(A) \leqq m^*(B)$

(C3)　$m^*\left(\bigcup_{n=1}^{\infty} A_n\right) \leqq \sum_{n=1}^{\infty} m^*(A_n)$

この (C1), (C2), (C3) は，第 5 講で述べたルベーグ外測度の性質 (i), (ii), (iii) (34 頁) に注目して，それを測度論の抽象的構成の出発点においたのである (ルベーグ外測度の場合，$+\infty$ が入っていなかったのは，もちろん考察を有界な部分集合に限っていたからである)．

抽象的な概念には例があった方がよいだろう．

【例 1】 X を無限集合とする．このとき

$$m^*(A) = \begin{cases} A \text{ に含まれる元の個数}, & A \text{ が有限集合のとき} \\ \infty, & A \text{ が無限集合のとき} \end{cases}$$

とおくと，m^* は X の上の外測度となる．

【例 2】 $\boldsymbol{N} = \{1, 2, 3, \ldots\}$ を自然数の集合とし，N の有限部分集合 A に対し，$|A|$ により A の元の数を表わすとする．このとき

$$m^*(A) = \begin{cases} |A|, & A\text{ が偶数個の元からなるとき} \\ |A|+1, & A\text{ が奇数個の元からなるとき} \\ \infty, & A\text{ が無限集合のとき} \end{cases}$$

とおくと，m^* は $\boldsymbol{N}$ の上の外測度となる (これを実際確かめてみるのは，よい演習問題となるだろう).

【例 3】　$\boldsymbol{R}^k$ のルベーグ外測度

$\boldsymbol{R}^k$ のルベーグ外測度の定義は前講で与えてある．これが実際 (C1), (C2), (C3) をみたし，したがってカラテオドリ外測度となることは，第5講で $\boldsymbol{R}^2$ の場合に示した考えをそのまま適用するとよい.

【例 4】　直線上のルベーグ・スチルチェス外測度

$y=\varphi(x)$ を数直線 $\boldsymbol{R}^1$ 上で定義された単調増加な関数とする (連続性は必ずしも仮定しない)．このとき任意の半開区間 $I=[a,b)$ に対し

$$|\varphi(I)| = \varphi(b-0) - \varphi(a)$$

とおく．ここで $\varphi(b-0) = \lim_{x \to b-0} \varphi(x)$ (左からの極限！) である．そこで $\boldsymbol{R}^1$ の任意の部分集合 S に対し

$$m_\varphi{}^*(S) = \inf \sum_{n=1}^{\infty} |\varphi(I_n)|$$

とおく．ここで下限は S をおおう可算個の半開区間列 $\{I_1, I_2, \ldots, I_n, \ldots\}$ 全体をわたる．$m_\varphi{}^*$ は $\boldsymbol{R}^1$ 上のカラテオドリ外測度を与える．これを φ から得られたルベーグ・スチルチェス外測度という．$\varphi(x)=x$ のときが，ちょうどルベーグ外測度となっている.

可測集合の定義

前講で述べたように，この外測度の定義から出発して，カラテオドリは大胆に次のように可測集合の概念を導入した.

【定義】　集合 X の上に外測度 m^* が与えられているとする．このとき $A \subset X$ が可測であるとは，すべての $E \subset X$ に対して

$$m^*(E) = m^*(E \cap A) + m^*(E \cap A^c)$$

が成り立つことである.

カラテオドリがこのような定義を考えた背景については，すでに前講で述べたので，ここでは繰り返さない．読者は，測度論の舞台が，ユークリッド空間 $\boldsymbol{R}^k$ から，集合概念に支えられた抽象数学へと，ここではっきりと転換されたことを感じ取られるとよいのである．

この可測性の定義は，次のように見かけ上少し弱い形で述べてもよいことを注意しておこう．

> $A \subset X$ が可測
> $\Longleftrightarrow$ すべての $E \subset X$ に対し
> $$m^*(E) \geqq m^*(E \cap A) + m^*(E \cap A^c) \qquad (1)$$
> が成り立つ．

実際，外測度の条件 (C3) を

$$E = (E \cap A) \cup (E \cap A^c) \cup \phi \cup \phi \cup \cdots$$

に適用してみると，$m^*(\phi) = 0$ に注意して

$$m^*(E) \leqq m^*(E \cap A) + m^*(E \cap A^c)$$

が得られる．したがって (1) が成り立つときには

$$m^*(E) = m^*(E \cap A) + m^*(E \cap A^c)$$

となって，A は可測となるのである．

私たちは，これから，A が可測であるという条件を (1) の形で述べることが多い．

ボレル集合体

次講では，集合 X に外測度 m^* が与えられたとき，可測な集合全体がどのような性質をもつかを明らかにしたいのだが，その前に部分集合の集まり——部分集合族——に関する 1 つの一般的な定義を述べておこう．

【定義】 集合 X の部分集合族 $\mathfrak{B}$ が次の条件をみたすとき，$\mathfrak{B}$ をボレル集合体または σ-加法族をつくるという．

(B1) $\mathfrak{B}$ は少なくとも 1 つの部分集合を含む．

(B2)　$A \in \mathfrak{B} \Longrightarrow A^c \in \mathfrak{B}$

(B3)　$A_n \in \mathfrak{B}\ (n = 1, 2, \ldots) \Longrightarrow \bigcup_{n=1}^{\infty} A_n \in \mathfrak{B}$

> $\mathfrak{B}$ をボレル集合体とする．このとき
>
> (i)　$X, \phi \in \mathfrak{B}$
>
> (ii)　$A, B \in \mathfrak{B} \Longrightarrow A \cup B,\ A \cap B,\ A \backslash B \in \mathfrak{B}$
>
> (iii)　$A_n \in \mathfrak{B}\ (n = 1, 2, \ldots) \Longrightarrow \bigcap_{n=1}^{\infty} A_n \in \mathfrak{B}$

【証明】　(i)　$\mathfrak{B}$ に含まれている集合を1つとり，それを A とする ((B1) による)．(B2) により $A^c \in \mathfrak{B}$．したがって

$$X = A \cup A^c \in \mathfrak{B}$$

したがってまた $\phi = X^c \in \mathfrak{B}$．

(ii)　$A, B \in \mathfrak{B}$ とする．このとき

$$A \cup B = A \cup B \cup B \cup B \cup \cdots \in \mathfrak{B} \quad \text{((B3) による);}$$

したがって $A^c, B^c \in \mathfrak{B}$ に注意して

$$A \cap B = (A^c \cup B^c)^c \in \mathfrak{B} \quad \text{(ド・モルガンの規則)}$$

また

$$A \backslash B = A \cap B^c \in \mathfrak{B}$$

(iii)　$A_n \in \mathfrak{B}\ (n = 1, 2, \ldots)$ から，${A_n}^c \in \mathfrak{B}$．したがって

$$\bigcap_{n=1}^{\infty} A_n = \left(\bigcup_{n=1}^{\infty} {A_n}^c \right)^c \in \mathfrak{B} \quad \text{(ド・モルガンの規則と (B3))}$$

∎

次の命題はすぐあとで用いる．

> ボレル集合体の条件 (B1)，(B2)，(B3) は，(B1)，(B2) および次の (B3′)，(B3″) が成り立つことと同値である．
>
> (B3′)　$A, B \in \mathfrak{B} \Longrightarrow A \cap B \in \mathfrak{B}$
>
> (B3″)　$A_n \in \mathfrak{B}\ (n = 1, 2, \ldots)$ を互いに共通点のない集合列とすると $\bigcup_{n=1}^{\infty} A_n \in \mathfrak{B}$

【証明】　(B1)，(B2)，(B3) $\Longrightarrow$ (B1)，(B2)，(B3′)，(B3″) が成り立つことは明らかである ((B3′) は上の (ii) から)．

したがって逆に (B1), (B2), (B3′), (B3″) $\Longrightarrow$ (B3) を示せば十分である．$\{A_n\}(n=1,2,\ldots)$ を $\mathfrak{B}$ からとった任意の集合列とする．

$$B_1 = A_1, \quad B_2 = A_2 \backslash A_1 = A_2 \cap {A_1}^c, \quad \ldots,$$

$$B_n = A_n \backslash A_1 \cup A_2 \cup \cdots \cup A_{n-1} = A_n \cap {A_1}^c \cap {A_2}^c \cap \cdots \cap {A_{n-1}}^c, \quad \ldots$$

とおくと，(B2), (B3′) から各 $B_n \in \mathfrak{B}$ $(n=1,2,\ldots)$ である．一方，$B_1, B_2, \ldots, B_n, \ldots$ は共通点のない集合列で

$$\bigcup_{n=1}^{\infty} B_n = \bigcup_{n=1}^{\infty} A_n$$

だから，(B3″) により，$\bigcup_{n=1}^{\infty} A_n \in \mathfrak{B}$ が結論されて，(B3) が成り立つ．∎

Tea Time

質問　カラテオドリのような立場でみると，1 つの集合の上にもいろいろな外測度が入るわけですね．

答　どの本でも，その点をあまり強調してはいないようだが，実際はそうなのである．たとえば，集合論でよく知られているように，$\boldsymbol{R}^2$ から $\boldsymbol{R}^1$ への 1 対 1 対応がある——$\boldsymbol{R}^2$ と $\boldsymbol{R}^1$ はともに濃度 $\aleph$ である！　この対応を Φ としよう．このとき，$\boldsymbol{R}^2$ の部分集合 A, B に対し

$$A \subset B \Longrightarrow \Phi(A) \subset \Phi(B)$$

である．また

$$\Phi\left(\bigcup_{n=1}^{\infty} A_n\right) = \bigcup_{n=1}^{\infty} \Phi(A_n)$$

である．したがって，$\boldsymbol{R}^1$ のルベーグ外測度 m^* を用いて，

$$m_{\Phi}{}^*(A) = m^*(\Phi(A))$$

とおくと，$m_{\Phi}{}^*$ が $\boldsymbol{R}^2$ の上の外測度を与えていることはすぐに確かめられる．たとえば (C3) は

$$\begin{aligned} m_{\Phi}{}^*\left(\bigcup_{n=1}^{\infty} A_n\right) &= m^*\left(\Phi\left(\bigcup_{n=1}^{\infty} A_n\right)\right) \\ &= m^*\left(\bigcup_{n=1}^{\infty} \Phi(A_n)\right) \\ &\leqq \sum_{n=1}^{\infty} m^*(\Phi(A_n)) = \sum_{n=1}^{\infty} m_{\Phi}{}^*(A_n) \end{aligned}$$

によって成り立つ．

しかし $m_\Phi{}^*$ が，たとえば正方形の上でどんな値をとるかなどは全然わからない．$m_\Phi{}^*$ は，いわば‘気持ちの悪い’外測度である．抽象的な設定へと踏みきるということは，抽象数学の大袋の中に，このような数学的対象もすべて一緒にして詰めこんだことを意味している．

質問　$m_\Phi{}^*$ のようにして外測度が得られるならば，X と Y を濃度の等しい集合として，X の方に外測度 m^* が与えられていれば，Y から X への1対1対応 Ψ を選ぶたびに，いまの説明のようにして，Y 上の外測度 $m_\Psi{}^*$ が得られることになります．こんなに自由に外測度がつくられると，カラテオドリの構想も，かえって何かむなしいような気がしますが．

答　カラテオドリの理論の独創性は，測度論の抽象化にあったのだが，カラテオドリの意図したものは，そうすることによって $m_\Psi{}^*$ のような外測度も，すべて測度論の対象に加え，それらをルベーグ測度と同じレベルにおいて数学を展開することにはなかったと思われる．カラテオドリは，測度論を抽象化することによって，集合の可算列のつくる極限的な様相が測度を通して，数直線上の極限の様相としてはっきりと捉えられ，またその仕組みに明るく透明な見通しが得られると考えたのだろうと思う．

第10講

可測集合族

テーマ
- ◆ 可測集合全体はボレル集合体をつくる.
- ◆ その証明
- ◆ 可測集合の測度
- ◆ 完全加法性
- ◆ 測度の完備性

可測集合全体はボレル集合体をつくる

集合 X の上に外測度 m^* が与えられているとする．このとき，$A \subset X$ が可測となる条件は，前講の (1) で与えられている．この講では，前講の話を引きつぐ形で，まず可測集合全体を考えたとき，それが必然的にボレル集合体をつくることを示したい．すなわち次の定理の証明からスタートすることにしよう．

【定理】 集合 X の上に外測度 m^* が与えられているとする．このとき，m^* に関して可測な集合全体はボレル集合体をつくる．

【証明】 m^* に関して可測な集合全体のつくる集合族を $\mathfrak{M}$ とおく．すなわち

$$\mathfrak{M} = \{A \mid \text{すべての } E \subset X \text{ に対して} \\ m^*(E) \geqq m^*(E \cap A) + m^*(E \cap A^c)\}$$

である．$\mathfrak{M}$ が，すぐに上に述べたボレル集合体の条件 (B1), (B2), (B3′), (B3″) をみたすことを示そう．

(B1) をみたすこと：　可測の条件式に入れてみれば $\phi \in \mathfrak{M}$ は明らかである．

(B2) をみたすこと：　$A \in \mathfrak{M}$ とする．$A^c \in \mathfrak{M}$ を示すには，任意の $E \subset X$ に対して

$$m^*(E) \geqq m^*(E \cap A^c) + m^*(E \cap (A^c)^c)$$

が成り立つことをみればよいが，$A^{cc} = A$ だから，これは $A \in \mathfrak{M}$ からの帰結である．

(B3$'$) をみたすこと：　$A, B \in \mathfrak{M}$ とする．

$$\begin{aligned} m^*(E) &\geqq m^*(E \cap A) + m^*(E \cap A^c) \quad (A \in \mathfrak{M} \text{ による}) \\ &\geqq \{m^*(E \cap A \cap B) + m^*(E \cap A \cap B^c)\} + m^*(E \cap A^c) \quad (B \in \mathfrak{M} \text{ による}) \\ &= m^*(E \cap A \cap B) + \{m^*(E \cap A \cap B^c) + m^*(E \cap A^c)\} \\ &\geqq m^*(E \cap A \cap B) + m^*(E \cap (A \cap B)^c) \end{aligned}$$

この最後の式へ移るところで，関係

$$(A \cap B)^c = (A \cap B^c) \cup A^c$$

と，外測度の条件 (C3) (63 頁) を用いている．はじめと終りの式を見ると $A \cap B \in \mathfrak{M}$ が成り立つことがわかる．

(B3$''$) をみたすこと：　$A_n \in \mathfrak{M}$ $(n = 1, 2, \ldots)$ を互いに共通点のない $\mathfrak{M}$ の集合列とする．

$$A = \bigcup_{n=1}^{\infty} A_n$$

とおく．E を X の任意の部分集合とする．

$$E \cap A = \bigcup_{n=1}^{\infty} (E \cap A_n)$$

に注意すると，外測度の条件 (C3) により

$$m^*(E \cap A) \leqq \sum_{n=1}^{\infty} m^*(E \cap A_n)$$

か成り立つ．したがって $A \in \mathfrak{M}$ を示すには

$$m^*(E) \geqq \sum_{n=1}^{\infty} m^*(E \cap A_n) + m^*(E \cap A^c) \tag{1}$$

を示せば十分である．

そこで

$$S_k = \bigcup_{n=1}^{k} A_n$$

とおく．$S_k \subset A$, ${S_k}^c \supset A^c$ である．したがって

$$m^*(E \cap {S_k}^c) \geqq m^*(E \cap A^c)$$

である．いま $k = 1, 2, \ldots$ に対して，不等式

$$(*)_k:\ m^*(E) \geqq \sum_{n=1}^{k} m^*\left(E \cap A_n\right) + m^*\left(E \cap {S_k}^c\right)$$

が成り立つことが証明されたとしよう．そうするとここで $k \to \infty$ とすることにより，

$$\begin{aligned} m^*(E) &\geqq \sum_{n=1}^{\infty} m^*\left(E \cap A_n\right) + \lim_{k\to\infty} m^*\left(E \cap {S_k}^c\right) \\ &\geqq \sum_{n=1}^{\infty} m^*\left(E \cap A_n\right) + m^*\left(E \cap A^c\right) \end{aligned}$$

が得られ，望んでいた (1) が証明されたことになる．

以下 $(*)_k$ を k に関する帰納法で証明しよう．

(i) $k=1$ のとき： $S_1 = A_1 \in \mathfrak{M}$, ${S_1}^c = {A_1}^c$，したがって

$$\begin{aligned} m^*(E) &\geqq m^*\left(E \cap A_1\right) + m^*\left(E \cap {A_1}^c\right) \\ &= m^*\left(E \cap A_1\right) + m^*\left(E \cap {S_1}^c\right) \end{aligned}$$

すなわち $(*)_1$ が成り立つ．

(ii) $(*)_k$ が成り立つとして，$(*)_{k+1}$ が成り立つこと： $(*)_k$ の式で特に $E = F \cap S_k$ (F は任意にとった部分集合) とおくと

$$\begin{aligned} m^*\left(F \cap S_k\right) &\geqq \sum_{n=1}^{k} m^*\left(\left(F \cap S_k\right) \cap A_n\right) + m^*(\phi) \\ &= \sum_{n=1}^{k} m^*\left(F \cap A_n\right) \end{aligned}$$

一方，外測度の条件 (C3) から

$$m^*\left(F \cap S_k\right) \leqq \sum_{n=1}^{k} m^*\left(F \cap A_n\right)$$

が成り立つから，結局

$$m^*\left(F \cap S_k\right) = \sum_{n=1}^{k} m^*\left(F \cap A_n\right) \tag{2}$$

が，任意の $F \subset X$ に対して成り立つことがわかった．特に $(*)_k$ に対して，この結果を代入してみると，$(*)_k$ の右辺は $m^*\left(E \cap S_k\right) + m^*\left(E \cap {S_k}^c\right)$ となり

$$S_k \in \mathfrak{M}$$

がわかる．

この事実を用いて $(*)_{k+1}$ を導くことにしよう．

$$
\begin{aligned}
m^*(E) &\geqq m^*(E \cap A_{k+1}) + m^*(E \cap {A_{k+1}}^c) \qquad (A_{k+1} \in \mathfrak{M} \text{ による}) \\
&\geqq m^*(E \cap A_{k+1}) + \{m^*(E \cap {A_{k+1}}^c \cap S_k) + m^*(E \cap {A_{k+1}}^c \cap {S_k}^c)\} \\
&\hspace{20em} (S_k \in \mathfrak{M} \text{ による}) \\
&= m^*(E \cap A_{k+1}) + m^*(E \cap S_k) + m^*(E \cap {S_{k+1}}^c) \\
&\hspace{12em} (A_{k+1} \text{ は } A_1, \ldots, A_k \text{ と交わらないから}) \\
&= m^*(E \cap A_{k+1}) + \sum_{n=1}^{k} m^*(E \cap A_n) + m^*(E \cap {S_{k+1}}^c) \quad ((2) \text{ による}) \\
&= \sum_{n=1}^{k+1} m^*(E \cap A_n) + m^*(E \cap {S_{k+1}}^c)
\end{aligned}
$$

これは $(*)_{k+1}$ にほかならない．

これですべての k に対して $(*)_k$ が成り立つことが示されて，(B3$''$) が成り立つことがわかり，同時に定理の証明が完了した． ∎

可測集合の測度

【定義】 $A \in \mathfrak{M}$ に対し

$$m(A) = m^*(A)$$

とおき，m を測度という．

すなわち，可測集合に対しては，最初に与えられている外測度をそのまま測度として採用しようというのである．ルベーグ測度の場合を考えてみても，可測な集合に対しては，測度は外測度 (と内測度) に等しいとしたのだから，この定義は自然である．しかし，私たちのいまの立場は幾何学的な表象を一切欠いているから，定義の仕方は自然なものとしても，この定義が，私たちが望んでいる測度に関する基本的な要請‘完全加法性’をもたらしてくれるかどうかは，少しも明らかなことではないのである．少し見方を変えれば，もしこの理論構成の過程で完全加法性が成り立つならば，それは抽象的な設定の中から生まれてきた可測性と測度の概念の正当性を保証するものであるといってもよいだろう．次の定理はその意味で決定的である．

【定理】 可測集合上に与えられた測度は完全加法的である．

すなわち

> **[完全加法性]**　$A_1, A_2, \ldots, A_n, \ldots$ を互いに共通点のない可測集合列とすると
> $$m\left(\bigcup_{n=1}^{\infty} A_n\right) = \sum_{n=1}^{\infty} m(A_n)$$
> が成り立つ．

【証明】　$A = \bigcup_{n=1}^{\infty} A_n$ とおく．証明には，$\mathfrak{M}$ が (B3″) をみたすことの証明の中で示した (1)：

$$m^*(E) \geqq \sum_{n=1}^{\infty} m^*(E \cap A_n) + m^*(E \cap A^c)$$

を用いる．この式は任意の $E \subset X$ で成り立つから，特に $E = A$ に適用すると

$$m^*(A) \geqq \sum_{n=1}^{\infty} m^*(A_n) + m^*(\phi) = \sum_{n=1}^{\infty} m^*(A_n)$$

が成り立つ．

一方，外測度の条件 (C3) から逆向きの不等号

$$m^*(A) = m^*\left(\bigcup_{n=1}^{\infty} A_n\right) \leqq \sum_{n=1}^{\infty} m^*(A_n)$$

が成り立つ．この 2 つを合わせて，さらに $m^*(A_n) = m(A_n)$，$m^*(A) = m(A)$ と表わすと ($A_n, A \in \mathfrak{M}$ ！)

$$m(A) = \sum_{n=1}^{\infty} m(A_n)$$

が得られた．■

測度の完備性

カラテオドリ外測度から導かれた可測集合族 $\mathfrak{M}$ には，完備性とよばれている次の強い性質が成り立っている．

> **[完備性]**　$A \in \mathfrak{M}$，$m(A) = 0$ ならば，すべて $S \subset A$ に対して $S \in \mathfrak{M}$ が成り立つ．

外測度の条件 (C2) を見ると，このとき $m(S)=0$ となる．すなわち，完備性とは，測度 0 の集合 A の部分集合はすべて測度 0 の集合として，可測集合の中に加えてあるということである．

【証明】 $S \subset A$ をみたす S をとる．任意の $E \subset X$ に対して $E \cap S \subset E \cap A \subset A$. したがって外測度の条件 (C2) により

$$0 \leqq m^*(E \cap S) \leqq m^*(A) = m(A) = 0$$

となり，$m^*(E \cap S) = 0$ である．一方，$E \supset E \cap S^c$ から $m^*(E) \geqq m^*(E \cap S^c)$. この 2 つを合わせて

$$m^*(E) \geqq m^*(E \cap S) + m^*(E \cap S^c)$$

が得られる．したがって $S \in \mathfrak{M}$ である． ∎

Tea Time

質問　外測度から導かれる測度は完全加法的であるということが示されたわけですが，そうするとこの結果をルベーグ外測度に使ってみると，ルベーグ測度は完全加法性をもつとはっきり結論してよいわけですね．

答　その通りなのだが，第 8 講で述べたようにカラテオドリ流の可測性の定義が，ルベーグが最初に与えたものより強くなっているので，ルベーグ外測度のときはこの 2 つは本質的には同じ定義を与えていることは確かめておかなくてはならない．これは第 13 講で与えるが，私たちはこれからは，ルベーグ測度は完全加法的であるということは，すでに確立したものとして話を進めていくことにしよう．

質問　可測集合全体はボレル集合体をつくるということですが，そうすると，$A_1, A_2, \ldots, A_n, \ldots$ が可測集合列とすると，これから勝手に部分列 A_{i_1}, $A_{i_2}, \ldots, A_{i_n}, \ldots$ をとって，和集合 $\bigcup A_{i_n}$，共通部分 $\bigcap A_{i_n}$，さらにこれらの補集合をつくると，また可測集合が得られます．部分列をいろいろにとると，このようにして得られた可測集合からまた新しい可測集合の列が生まれてきます．こ

の操作はどこまでもどこまでも続けられるように思います．可測集合というのは，構成的にどんどん生産されるものなのですね．

答　可測集合全体がボレル集合体になるということは，君のいうように，構成的に可測集合を求めていく道があることを示唆している．もちろん，新しく構成した可測集合がすでに前につくったものと一致していることもあるから，可測集合がどんどん増えていくとは一般にはいえない．

この講の最初に述べた定理は，このような可測集合の構成的な道を示していると考えられるが，次に述べた完備性の性質は，零集合の部分集合はすべて可測集合としてのみこんでしまうという，可測集合の存在に対する非構成的な方向を示している．零集合の中に一度にのみこまれてしまった，たくさんの可測集合の正体を私たちは探っていく手段はない．構成的と非構成的な２つの相反する道を，渾然と１つにして測度論ができ上がってくるが，それがいつまでも測度論に謎めいたヴェールをかぶせているような気がしてならないのである．

第 11 講

測度空間

テーマ

- ◆ 一層抽象的な設定へ
- ◆ 測度空間——集合 X, ボレル集合体 $\mathfrak{B}$, $\mathfrak{B}$ 上の完全加法的測度
- ◆ 有限個の集合演算と測度
- ◆ 増加列と減少列の極限
- ◆ 集合列の上極限と下極限
- ◆ ファトゥーの補題
- ◆ 集合列の極限と測度

はじめに

前講で，カラテオドリ外測度からつくられた可測集合上の測度は，完全加法性をもつことが示された．同時にまた，私たちはいつしか，さまざまな集合の部分集合族の上に，測度の概念が導入されるという感じをもつようになった．測度は，それ自身，十分な多様性をもつ数学の対象なのである．その意味では，本書の出発点にあった子どもの頃から親しかった面積概念より，私たちははるか遠くまで足を運んだことになる．たどりついたところは，数学の沃野であるといってよい．

この数学の沃野に立って，私たちはこれから積分論を築く道を進むことになるのだが，ここで本質的に必要とされる概念は，可測集合と，その上の完全加法的測度である．測度と積分の理論全体は，この 2 つの概念だけに基づいて構成した方がすっきりする．そのような立場に立ったとき．それでは外測度の理論をどのようにみるかということになるかもしれないが，たとえてみれば，外測度は，測度と積分の理論の沃野へたどりつく道を指し示していたともいえるのである．カラテオドリの理論がなかったならば，完全加法的測度などどこにあるか，またど

のようにして一般的に見出すものか，見当もつかなかったろう．しかしここまでくれば，むしろ外測度の概念を切り離し，よりいっそう抽象的な場所へと飛揚する方が，視点を高め，測度と積分の関係を明快なものとするかもしれない．

すなわち，私たちは，集合 X と，X の部分集合のつくるボレル集合体 $\mathfrak{B}$ と，$\mathfrak{B}$ 上で定義されている完全加法的測度だけを，自立した抽象概念として捉えたいのである．このような数学の志向は，20 世紀前半，特に 1910 年代から 20 年代へかけての抽象数学へ向けての気運の中で得られたものであったが，それは確かに大きな成功をおさめた．

測度空間の導入

【定義】 集合 X, および X の部分集合からなるボレル集合体 $\mathfrak{B}$ が与えられたとする．$\mathfrak{B}$ に属する各集合に実数を対応させる対応 m が，次の性質をみたすとき，m を $\mathfrak{B}$ 上の測度という．そして $\mathfrak{B}$ に属する集合を可測集合という．

(M1)　$A \in \mathfrak{B}$ に対し

$$0 \leqq m(A) \leqq \infty$$

ただし $m(\phi) = 0$ とする．

(M2)　$A_n \in \mathfrak{B}$ $(n = 1, 2, \ldots)$ を互いに共通点のない集合列とするとき

$$m\left(\bigcup_{n=1}^{\infty} A_n\right) = \sum_{n=1}^{\infty} m\left(A_n\right)$$

(M2) で述べられている性質を，測度の完全加法性という．

【定義】 集合 X, X の部分集合のつくるボレル集合体 $\mathfrak{B}$, および $\mathfrak{B}$ 上の測度 m が与えられたとき，測度空間が与えられたという．

測度空間を $X(\mathfrak{B}, m)$ のように表わす．特に $m(X) < +\infty$ のとき，有界な測度空間という．

測度空間は，英語 measure space をそのまま訳したものである．空間といっても抽象的な集合概念に根ざしているので，特に幾何学的なものを含んでいるわけではない．もっとも，‘広がり’を測るという感じが測度 m にひそんでいるようでもあり，これを幾何学的なものとして捉えるならば話は別である．

ルベーグ測度の場合には，$X=\boldsymbol{R}^k$，$\mathfrak{B}$ はルベーグ可測な集合全体のつくるボレル集合体，m はルベーグ測度からなる測度空間を考えることになる．

また任意の集合 X の上に与えられた最も簡単な測度空間の構造は，$\mathfrak{B}$ としては，空集合 ϕ と全空間 X の2つだけからなるボレル集合体をとり，測度としては $m(\phi)=0$，$m(X)=\infty$ をとったものである．

6つの元 $a_i\{i=1,2,\ldots,6\}$ からなる集合を X とする：$X=\{a_1,a_2,\ldots,a_6\}$．このとき $\mathfrak{B}$ としては，X のすべての部分集合のつくるボレル集合体をとり，測度としては

$$m(\{a_i\})=\frac{1}{6}\quad(i=1,2,\ldots,6)$$

とおいて，ここから加法性によって任意の部分集合に自然に決まる測度をとる．たとえば $m(\{a_1,a_3,a_4\})=\frac{3}{6}=\frac{1}{2}$ である．$m(X)=1$ である．この測度空間は，1つのさいころを振ったときの確率を示す数学的モデルを与えていると考える．

有限個の集合演算と測度

これから，測度空間 $X(\mathfrak{B},m)$ 上で集合演算と測度との関係を調べる．以下で現われる集合はすべて $\mathfrak{B}$ に属しているとする．

ここでの主な関心は集合列の極限にあるのだが，最初に有限個の集合演算と測度との基本的な関係について述べておこう．

(i)　$A_1,A_2,\ldots,A_n$ が互いに共通点をもたなければ

$$m\left(\bigcup_{i=1}^{n}A_i\right)=\sum_{i=1}^{n}m(A_i)\quad(\text{有限加法性})$$

(ii)　$A\subset B\Longrightarrow m(A)\leqq m(B)$

(iii)　$m(A\cup B)+m(A\cap B)=m(A)+m(B)$

【証明】　(i)　集合列 $A_1,A_2,\ldots,A_n,\phi,\phi,\ldots$ に (M2) を適用して，$m(\phi)=0$ に注意するとよい．

(ii)　A と $B-A$ に (i) を適用して

$$m(B)=m(A\cup(B-A))=m(A)+m(B-A)\geqq m(A)$$

(iii)　$A-A\cap B$，$B-A\cap B$，$A\cap B$ に (i) を適用して

$$m(A \cup B) = m(A - A \cap B) + m(B - A \cap B) + m(A \cap B)$$

また

$$m(A) = m(A - A \cap B) + m(A \cap B)$$
$$m(B) = m(B - A \cap B) + m(A \cap B)$$

が成り立つ．第 1 式から，第 2, 3 式を辺々引くと証明すべき式が得られる． ∎

増加列と減少列

集合の増加列 $A_1 \subset A_2 \subset \cdots \subset A_n \subset \cdots$ に対し

$$\lim_{n \to \infty} A_n = \bigcup_{n=1}^{\infty} A_n$$

とおく．

また集合の減少列 $A_1 \supset A_2 \supset \cdots \supset A_n \supset \cdots$ に対し

$$\lim_{n \to \infty} A_n = \bigcap_{n=1}^{\infty} A_n$$

とおく．

このとき次の結果が成り立つ．

(a)　集合の増加列 $A_1 \subset A_2 \subset \cdots \subset A_n \subset \cdots$ に対し

$$m\left(\lim_{n \to \infty} A_n\right) = \lim_{n \to \infty} m(A_n)$$

(b)　集合の減少列 $A_1 \supset A_2 \supset \cdots \supset A_n \supset \cdots$ に対し $m(A_1) < \infty$ のとき

$$m\left(\lim_{n \to \infty} A_n\right) = \lim_{n \to \infty} m(A_n)$$

【証明】　(a)　ある n で $m(A_n) = \infty$ となれば，前頁の (ii) から $m(\lim A_n) = \infty$ となるから，証明すべき式の両辺は ∞ となって，この場合成立する．したがって $m(A_n) < \infty$ $(n = 1, 2, \ldots)$ の場合を考えることにしよう．

$$\bigcup_{n=1}^{\infty} A_n = A_1 + \bigcup_{n=1}^{\infty} (A_{n+1} - A_n)$$

において，右辺は共通点のない和となっている (集合の和を表わすのに $+$ と $\cup$ を

併用している). 完全加法性によって

$$n\left(\lim_{n\to\infty} A_n\right) = m\left(\bigcup_{n=1}^{\infty} A_n\right) = m(A_1) + \sum_{n=1}^{\infty} m(A_{n+1} - A_n)$$
$$= \lim_{k\to\infty}\left\{m(A_1) + \sum_{n=1}^{k}\left(m(A_{n+1}) - m(A_n)\right)\right\}$$
$$= \lim_{k\to\infty} m(A_{k+1})$$

これで (a) が証明された. なお $m(A_{n+1} - A_n) = m(A_{n+1}) - m(A_n)$ とかき直したところに有限加法性 (i) を用いている.

(b)　$B_n = A_1 - A_n$ とおくと, $B_1 \subset B_2 \subset \cdots \subset B_n \subset \cdots$ となるから, (a) を適用して

$$m\left(\lim_{n\to\infty} B_n\right) = \lim_{n\to\infty} m(B_n) \tag{1}$$

が得られる. ここで

$$\lim_{n\to\infty} B_n = \bigcup_{n=1}^{\infty}(A_1 - A_n) = A_1 - \bigcap_{n=1}^{\infty} A_n \quad \text{(ド・モルガンの規則)}$$
$$\lim_{n\to\infty} m(B_n) = m(A_1) - \lim_{n\to\infty} m(A_n)$$

に注意すると (1) から

$$m(A_1) - m\left(\bigcap_{n=1}^{\infty} A_n\right) = m(A_1) - \lim_{n\to\infty} m(A_n)$$

が得られる. $m(A_1) < \infty$ により, 両辺から $m(A_1)$ を引くことができて

$$m\left(\lim_{n\to\infty} A_n\right) = m\left(\bigcap_{n=1}^{\infty} A_n\right) = \lim_{n\to\infty} m(A_n)$$

が成り立つ. ∎

減少列に対して, $m(A_1) < \infty$ の仮定をとり除くことはできない. 上の証明では, 単に $\infty - \infty$ の演算が認められないという形式的なところでこの制約が効いたようにみえるが, これでは印象が薄いだろう. たとえば $\boldsymbol{R}^2$ で $A_n = \{(x,y) | x \geqq n\}$ とおくと, A_n は図21で示したような減少列であり, $\bigcap_{n=1}^{\infty} A_n = \phi$ であるが, $m(A_n) = \infty$, $m(\phi) = 0$

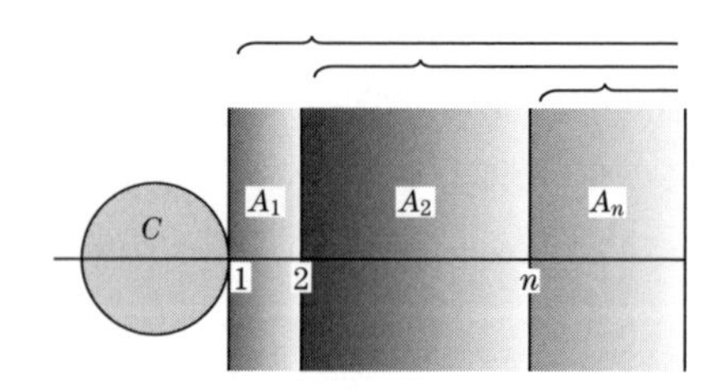

図 21

だから，(b) は成り立たない．この例で $\bigcap_{n=1}^{\infty} A_n$ が空集合となってしまうことに少し抵抗を感ずる人は，A_n の代りに $A_n{}' = A_n \cup C$ (C は原点中心，半径 1 の円) をとって考えるとよいかもしれない．このときは $\bigcap_{n=1}^{\infty} A_n{}' = C$ となる．

ついでに次のことも述べておこう．

(c)　任意の集合列 $A_1, A_2, \ldots, A_n, \ldots$ に対し

$$m\left(\bigcup_{n=1}^{\infty} A_n\right) \leqq \sum_{n=1}^{\infty} m(A_n)$$

【証明】　$B_1 = A_1, B_2 = A_2 \backslash A_1, \ldots, B_n = A_n \backslash A_1 \cup A_2 \cup \cdots \cup A_{n-1}, \ldots$ とおくと，$B_1, B_2, \ldots, B_n, \ldots$ には共通点がなく，$\bigcup B_n = \bigcup A_n$ である．$B_n \in \mathfrak{B}$ も注意しておいた方がよいかもしれない．したがって完全加法性により

$$m\left(\bigcup_{n=1}^{\infty} A_n\right) = m\left(\bigcup_{n=1}^{\infty} B_n\right) = \sum_{n=1}^{\infty} m(B_n) \leqq \sum_{n=1}^{\infty} m(A_n) \qquad \blacksquare$$

集合列の上極限と下極限

集合列 $A_1, A_2, \ldots, A_n, \ldots$ が与えられたとき

$$\overline{\lim}\, A_n = \bigcap_{n=1}^{\infty} \bigcup_{k=n}^{\infty} A_k$$

$$\underline{\lim}\, A_n = \bigcup_{n=1}^{\infty} \bigcap_{k=n}^{\infty} A_k$$

とおき，$\overline{\lim}\, A_n$ を $\{A_n\}$ の上極限集合，$\underline{\lim}\, A_n$ を下極限集合という．記号は $\limsup\ A_n$，$\liminf\ A_n$ を用いることもある．これらは $\{A_n\}$ から可算個の和集合と共通部分をとって得られているのだから，(A_n はすべて $\mathfrak{B}$ に属していると仮定してあるので) $\overline{\lim}\, A_n$，$\underline{\lim}\, A_n$ もまた $\mathfrak{B}$ に属している．

この定義を最初に見ただけでは何のことかよくわからないだろう．$\overline{\lim}\, A_n$ について説明しておこう．$x \in \overline{\lim}\, A_n$ ということは，どんな n をとってもつねに

$$x \in \bigcup_{k=n}^{\infty} A_k$$

が成り立つということである．$n = 1$ にとってみる．するとこのことは，x が $A_1, A_2, \ldots$ のどれかに含まれていることを示している．たとえば $x \in A_{n_1}$ とする．そこで次に $n = n_1 + 1$ にとってみると，今度は x は $A_{n_1+1}, A_{n_1+2}, \ldots$ のどれかに含まれていることになる．たとえば $x \in A_{n_2}$ とする．次に $n = n_2 + 1$ に

とってみると，同様にしてある n_3 で，$n_2 < n_3$，かつ $x \in A_{n_3}$ となるものが存在することがわかる．このようにして結局

$x \in \overline{\lim} A_n \Longleftrightarrow$ ある部分数列 $n_1 < n_2 < \cdots$ が存在して $x \in A_{n_s}$ $(s = 1, 2, \ldots)$

となることがわかる．

同じような考察で

$$x \in \underline{\lim} A_n \Longleftrightarrow \text{ある } n_0 \text{が存在して，} n \geqq n_0 \text{のとき } x \in A_n$$

となることがわかる．

あるいは，$\overline{\lim} A_n$ は無限の A_n に含まれている点からなり，$\underline{\lim} A_n$ は有限個を除いたすべての A_n に共通に含まれる点からなるといってもよい．

$$\overline{\lim} A_n = \underline{\lim} A_n \text{のとき，この集合列} \{A_n\} \text{は収束するといって}$$

$$\lim A_n = \overline{\lim} A_n = \underline{\lim} A_n$$

と表わす．すぐ確かめられるように，$\{A_n\}$ が増加列のときには $\lim A_n = \bigcup_{n=1}^{\infty} A_n$ となり，減少列のときには $\lim A_n = \bigcap_{n=1}^{\infty} A_n$ となる．これは，前節で $\lim A_n$ とかいたものと一致している．

上極限，下極限と測度との関係は次のように与えられる．

> (d)　$m(\underline{\lim} A_n) \leqq \underline{\lim}\, m(A_n)$
>
> (e)　$m\left(\bigcup_{n=1}^{\infty} A_n\right) < \infty$ のとき
>
> $$m(\overline{\lim} A_n) \geqq \overline{\lim}\, m(A_n)$$

【証明】　(d)　$B_1 = \bigcap_{k=1}^{\infty} A_k$, $B_2 = \bigcap_{k=2}^{\infty} A_k$,　$\ldots$,　$B_n = \bigcap_{k=n}^{\infty} A_k$,　$\ldots$ とおくと

$$B_1 \subset B_2 \subset \cdots \subset B_n \subset \cdots \longrightarrow \underline{\lim} A_n$$

$$B_n \subset A_n \quad (n = 1, 2, \ldots)$$

が成り立つ．(a) によって

$$\lim m(B_n) = m(\underline{\lim} A_n) \tag{2}$$

が成り立つ．一方，(ii) から

$$m(B_n) \leqq m(A_n) \quad (n = 1, 2, \ldots)$$

したがってこの両辺に現われた数列の下極限をとってみると，実数列に関する下

極限の性質から，

$$\lim m(B_n) = \underline{\lim}\, m(B_n) \leqq \underline{\lim}\, m(A_n)$$

が得られる．(2) と合わせて

$$m(\underline{\lim}\, A_n) \leqq \underline{\lim}\, m(A_n)$$

が示された．

(e)　$C_1 = \bigcup_{k=1}^{\infty} A_k$, $C_2 = \bigcup_{k=2}^{\infty} A_k$, $\ldots$, $C_n = \bigcup_{k=n}^{\infty} A_k$, $\ldots$ とおくと

$$C_1 \supset C_2 \supset \cdots \supset C_n \supset \cdots \longrightarrow \overline{\lim}\, A_n$$
$$C_n \supset A_n$$

が成り立つ．したがって (b) を用いると，上と同様にして証明することができる．　■

(d) と (e) を合わせて，次の形で述べたものはファトゥー (Fatou) の補題として引用されることが多い．

$m\left(\bigcup_{n=1}^{\infty} A_n\right) < \infty$ のとき $m(\underline{\lim}\, A_n) \leqq \underline{\lim}\, m(A_n) \leqq \overline{\lim}\, m(A_n) \leqq m\left(\overline{\lim}\, A_n\right)$

(d) と (e) を結ぶためにここで新たに用いたことは，実数列 $\{a_n\}$ に対してつねに $\underline{\lim}\, a_n \leqq \overline{\lim}\, a_n$ が成り立つという事実である．

集合列 $\{A_n\}$ が収束するときには，$\underline{\lim}\, A_n = \overline{\lim}\, A_n$ であり，ファトゥーの補題に現われた両端が一致する．したがってまたここですべて等号が成り立つことになり，特に $\lim m(A_n)$ が存在することがわかる．すなわち次の命題が成り立つ．

$m\left(\bigcup_{n=1}^{\infty} A_n\right) < \infty$ で，$\lim A_n$ が存在すれば $m(\lim A_n) = \lim m(A_n)$

このように完全加法性のもとでは，測度は極限移行に対してごく自然に振舞うのである．

Tea Time

質問　完全加法性が成り立つということを一度認めてしまうと，集合列の極限移行と測度の極限移行とが，あまりにも自然にすべて整合してしまうのでびっくりしてしまいました．測度論というのは難しいものだという話を聞いたこともありますが，この講を読む限り僕はあまり難しい気持ちはせず，むしろ自然な流れのように思いました．測度論の難しさは，あるとすればどこにあるのでしょう．

答　測度論は，完全加法性が測度における極限概念のとり入れ口であるということさえ認めてしまえば，あとは数学の整備された極限形式の中で理論は自然に流れていくといってよいのである．測度論に難しさがあるとすると，1つには，直観的な面積の考えから，数学の形式へと乗り移っていくところにあるのだろう．完全加法性をもつ測度——たとえばルベーグ測度——では，常識ではとても考えられないような複雑きわまりない図形が‘測度’をもつことになる．それはもはや‘面積’というような素朴な感じではとても納得しきれないものがある．君が，測度論を割合自然なものではないかと感じはじめたとしたら，それはいつしか数学の完成された形式の中で，測度を見る観点に立ったからだと思う．数学として，それはそれで十分であるといってよいのだが，前にも述べたように，極限概念を積極的にとりこんだことにより，測度論は零集合のような近づきにくい深淵を，理論の中に含むことにもなったのである．前講やこの講で述べたことは，いわばそのような深淵には触れない，抽象数学の立場からの測度論の俯瞰である．

第 12 講

ルベーグ測度

テーマ

- ◆ $\boldsymbol{R}^k$ 上のルベーグ測度空間——ルベーグ測度
- ◆ ルベーグ外測度の 1 つの性質
- ◆ '半開区間' の可測性と測度
- ◆ $\boldsymbol{R}^k$ の開集合と閉集合の可測性
- ◆ $\boldsymbol{R}^k$ のボレル集合——開集合，閉集合，G_δ 集合，F_σ 集合，...
- ◆ ボレル集合の可測性
- ◆ 等測包

$\boldsymbol{R}^k$ 上のルベーグ測度空間

$\boldsymbol{R}^k$ 上のルベーグ外測度の定義は，第 8 講 (59 頁) で与えてある．それにしたがえば，ルベーグ外測度 m^* は，$A \subset \boldsymbol{R}^k$ に対し

$$m^*(A) = \inf \sum_{n=1}^{\infty} |I_n|, \quad A \subset \bigcup_{n=1}^{\infty} I_n$$

として得られるものである (I_n は $\boldsymbol{R}^k$ の半開区間).

第 9 講で述べたように，このルベーグ外測度は $\boldsymbol{R}^k$ 上のカラテオドリの外測度となっており，したがって $A(\subset \boldsymbol{R}^k)$ が可測集合であることを，すべての $E \subset \boldsymbol{R}^k$ に対して

$$m^*(E) \geqq m^*(E \cap A) + m^*\left(E \cap A^c\right)$$

が成り立つことであると決めておくと，第 10 講で示したように，可測集合全体はボレル集合体をつくる．そして m^* は，この可測集合上で完全加法的な測度 m を与えている．

この講では，このようにして得られた可測集合全体のつくるボレル集合体と，完全加法的な測度 m から得られる $\boldsymbol{R}^k$ 上の測度空間——ルベーグ測度空間——

を考察する．

第8講での言葉づかいでは，ここで述べた可測集合は，$\boldsymbol{R}^k$ のカラテオドリの意味での可測集合とよぶべきものである．これが，有界な集合の場合，もともとのルベーグの意味での可測集合 (第7講参照) と一致するという第8講で述べておいた基本定理は，この講の結果を用いて，次講で証明することにする．この2つの可測性の一致を示すのは，かなり遠い道のりを必要とするのである．

ルベーグ外測度の1つの性質

$\boldsymbol{R}^k$ の2つの集合 A, B に対し

$$\mathrm{dist}(A,B) = \inf_{x\in A, y\in B} \mathrm{dist}(x,y)$$

とおく．ここで $x{=}(x_1,x_2,\ldots,x_k)$，$y{=}(y_1,y_2,\ldots,y_k)$ に対し，右辺の $\mathrm{dist}(x,y)$ は‘距離’$\sqrt{(x_1-y_1)^2+(x_2-y_2)^2+\cdots+(x_k-y_k)^2}$ を表わしている．このとき外測度に関し次の性質が成り立つ．

$$\boxed{\mathrm{dist}(A,B) > 0 \Longrightarrow m^*(A\cup B) = m^*(A) + m^*(B)}$$

【証明】　$\mathrm{dist}(A,B) = \rho\ (>0)$ とおく．

$$J_{s_1\cdots s_k} = \left[\frac{\rho}{3}s_1, \frac{\rho}{3}(s_1+1)\right) \times \cdots \times \left[\frac{\rho}{3}s_k, \frac{\rho}{3}(s_k+1)\right)$$

とおき，$s_1,\ldots,s_k$ を整数全体を動かしてみよう．このとき，$\boldsymbol{R}_k$ は $J_{s_1\cdots s_k}$ 全体によって，互いに重なり合うことなくおおわれる．$\boldsymbol{R}^k$ は1辺の長さが $\frac{\rho}{3}$ の‘半開区間’(タイル！) で完全に敷きつめられたのである．

任意の $\varepsilon>0$ に対して，$A\cup B$ の可算個の‘半開区間’による被覆 $A\cup B\subset\bigcup_{n=1}^{\infty} I_n$ を適当にとると，ルベーグ外測度の定義から

$$\sum_{n=1}^{\infty} |I_n| \leqq m^*(A\cup B) + \varepsilon$$

が成り立つ．そこで

$$\{I_n\cap J_{s_1\cdots s_k} \mid n=1,2,\ldots;\ s_i=0,\pm1,\pm2,\ldots\}$$

を考えると，これらは各 I_n を‘タイル’$J_{s_1\cdots s_k}$ で細分したものであって，再び $A\cup B$ の半開区間による可算個の被覆を与えている．この中で A と共通点のあ

るものだけをとり出し，その全体を $\{I_l{}^{(A)}\}, B$ と共通点のあるものだけをとり出し，その全体を $\{I_{l'}{}^{(B)}\}$ とおくと，$\{I_l{}^{(A)}\}$ に属する集合と，$\{I_{l'}{}^{(B)}\}$ に属する集合は，どの 2 つをとっても共通点がない．したがって

$$\begin{aligned} m^*(A) + m^*(B) &\leqq \sum_l |I_l{}^{(A)}| + \sum_{l'} |I_{l'}{}^{(B)}| \\ &\leqq \sum |I_n| \leqq m^*(A \cup B) + \varepsilon \end{aligned}$$

$\varepsilon > 0$ は任意でよかったから

$$m^*(A) + m^*(B) \leqq m^*(A \cup B)$$

がいえた．逆の不等号は外測度の条件からつねに成り立つから，これで命題は証明された． ∎

‘半開区間’ の可測性と測度

> ‘半開区間’
>
> $$I = [a_1, b_1) \times [a_2, b_2) \times \cdots \times [a_k, b_k)$$
>
> は可測である．

【証明】 任意に $E \subset \boldsymbol{R}^k$ をとったとき

$$m^*(E) = m^*(E \cap I) + m^*(E \cap I^c)$$

が成り立つことを示すとよい．十分小さい正数 ε をとって

$$I_\varepsilon = [a_1 + \varepsilon, b_1 - \varepsilon) \times [a_2 + \varepsilon, b_2 - \varepsilon) \times \cdots \times [a_k + \varepsilon, b_k - \varepsilon)$$

とおく．I_ε は I を ‘ε だけ’ 縮めたものである．このとき

$$\mathrm{dist}\,(E \cap I_\varepsilon, E \cap I^c) \geqq \varepsilon$$

したがって上に示したことから

$$m^*(E \cap (I_\varepsilon \cup I^c)) = m^*(E \cap I_\varepsilon) + m^*(E \cap I^c) \tag{1}$$

一方，$E = E \cap (I \cup I^c)$ に注意すると

$$\begin{aligned} E - E \cap (I_\varepsilon \cup I^c) &= E \cap (I \cup I^c) - E \cap (I_\varepsilon \cup I^c) \\ &\subset I - I_\varepsilon \end{aligned}$$

が成り立つから，$\varepsilon \to 0$ のとき

$$0 \leqq m^*(E) - m^*(E \cap (I_\varepsilon \cup I^c)) \leqq m^*(I - I_\varepsilon) \longrightarrow 0$$

また，$\varepsilon \to 0$ のとき

$$0 \leqq m^*(E \cap I) - m^*(E \cap I_\varepsilon) \leqq m^*(I - I_\varepsilon) \longrightarrow 0$$

したがって (1) で $\varepsilon \to 0$ とすると

$$m^*(E) = m^*(E \cap I) + m^*(E \cap I^c)$$

が得られた. ∎

‘半開区間’ I の測度 $m(I)$ については，次の結果 (当然期待される結果！) が成り立つ.

> $I = [a_1, b_1) \times [a_2, b_2) \times \cdots \times [a_k, b_k)$ に対し
>
> $$m(I) = |I| = (b_1 - a_1) \times (b_2 - a_2) \times \cdots \times (b_k - a_k)$$

この証明は，第5講で，長方形 I の外測度 $m^*(I)$ が面積 $|I|$ に等しいことを示したのとまったく同様の方法でできるので，ここでは繰り返さない. 証明の要点は，I を少し縮めて ‘閉区間’ をつくり，そこに有限被覆性を使うことにある.

$\boldsymbol{R}^k$ の開集合と閉集合

第7講で，平面 $\boldsymbol{R}^2$ の場合に開集合，閉集合のことを述べたが，一般の $\boldsymbol{R}^k$ に対しても，まったく同様にして，開集合，閉集合の概念を導入することができ，これらに対しても平面の場合と同様な性質が成り立つ. 特に

> $\boldsymbol{R}^k$ の任意の開集合は，可算個の ‘半開区間’ の和として表わすことができる.

【定理】 開集合，閉集合は可測である.

【証明】 ‘半開区間’ は可測である. したがって ‘半開区間’ の可算和として表わされる開集合は可測である (可測集合全体はボレル集合体をつくっているから). したがってまた，開集合の補集合として表わされる閉集合もまた可測である. ∎

任意の開集合 O は，互いに共通点のない可算個の‘半開区間’の和として

$$O = \bigcup_{n=1}^{\infty} I_n \quad (\text{共通点なし})$$

と表わせるが，測度の完全加法性と，$m(I_n) = |I_n|$ により，このとき開集合 O の測度 $m(O)$ は

$$m(O) = \sum_{n=1}^{\infty} |I_n|$$

で与えられる (ここで改めて第 7 講を見直されるとよいかもしれない).

さて，上の定理によって，開集合，閉集合は可測集合であることがわかったのだから，したがって開集合，閉集合から出発して，可算個の和集合をつくったり，可算個の共通部分をとったりして得られる集合はまたすべて可測集合となる．このようにして得られた集合に対して，さらにこれらの操作を，何回も何回も——可算回——繰り返して得られる集合も，またすべて可測集合となる.

このことについて，節を変えて少し述べてみよう.

$\boldsymbol{R}^k$ のボレル集合

開集合の可算個の和集合は開集合であるが，開集合の可算個の共通部分は必ずしも開集合になるとは限らない．たとえば，閉区間 [0, 1] をとったとき，閉集合 [0, 1] は

$$[0,1] = \bigcap_{n=1}^{\infty} \left(-\frac{1}{n}, 1+\frac{1}{n}\right)$$

と，可算個の開区間の共通部分として表わされてしまう.

同じように 1 点 $\{x\}$ は閉集合であるが

$$\{x\} = \bigcap_{n=1}^{\infty} \left(x-\frac{1}{n}, x+\frac{1}{n}\right)$$

と可算個の開区間の共通部分として表わされる.

一方，閉集合の可算個の共通部分は閉集合であるが，閉集合の可算個の和集合は必ずしも閉集合になるとは限らない．たとえば

$$(0,2) = \bigcup_{n=1}^{\infty} \left[\frac{1}{n}, 2-\frac{1}{n}\right]$$

となり，開区間 (0, 2) は，可算個の閉区間の和集合として表わされる.

もちろん，閉集合の可算個の共通部分としても，閉集合の可算個の和集合としても表わされない集合もたくさん存在する．たとえば有理数全体の集合は，そのような集合の例であって，すぐあとに述べる定義にしたがえばこの集合は $G_{\delta\sigma}$ 集合となっている.

【定義】　可算個の開集合の共通部分として表わされる集合を G_δ 集合という．可算個の閉集合の和集合として表わされる集合を F_σ 集合という．

すなわち，$G = \bigcap_{n=1}^{\infty} O_n$ と表わされる集合が G_δ 集合である．$O_1 = O_2 = \cdots = O_n = \cdots$ ととると，開集合はすべて G_δ 集合となる．また任意の閉集合 F は，

$$F = \bigcap_{n=1}^{\infty} V_n(F)$$

$\left(V_n(F)\right.$ は F の $\frac{1}{n}$-近傍$\left.\right)$ と表わされるからやはり G_δ 集合である．しかし G_δ 集合はそれ以外にもたくさんの集合を含んでいる．

なお G_δ の δ は，共通部分のドイツ語 Durchschnitt の頭文字 D に対応するギリシャ字 δ を借用したのだろう．また F_σ の σ は，和 Summe の頭文字 S に対応するギリシャ字 σ を借用したのだろう．

G_δ 集合の可算個の和集合をとると，この集合は一般には，G_δ 集合でも，F_σ 集合でもない．このような集合を $G_{\delta\sigma}$ 集合という．同様に，F_σ 集合の可算個の共通部分として表わされる集合を $F_{\sigma\delta}$ 集合という．

δ は可算列の共通部分をとることを象徴的に表わしていると考え，σ は可算列の和集合をとることを象徴的に表わしていると考えると，同様にして次々に

$$G_{\delta\sigma\delta}\text{集合},\ F_{\sigma\delta\sigma}\text{集合},\ G_{\delta\sigma\delta\sigma}\text{集合},\ F_{\sigma\delta\sigma\delta}\text{集合},\ \ldots \tag{2}$$

という部分集合に関する概念が得られてくる．これらは $\boldsymbol{R}^k$ の部分集合族をつくり，これらの部分集合族は実際次々と新しい集合を産出していく．

さらに (2) に対応する部分集合族の系列から，勝手に可算個の集合をとって，和集合と共通集合をとると，一般にはまた新しいタイプの集合が得られる．

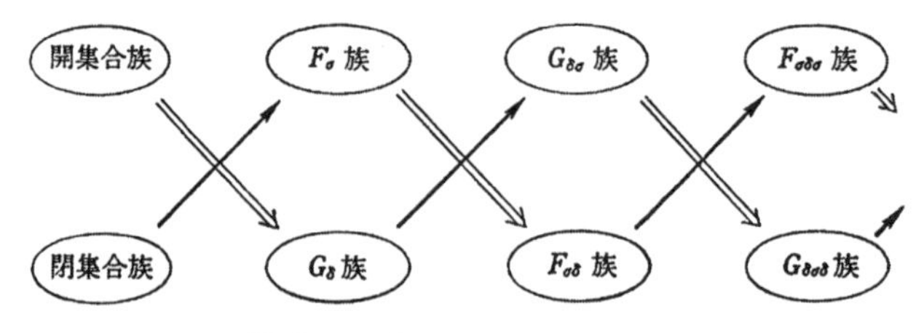

図 22

このような操作はどこまでも——高々2級の順序数に相当するところまで——続けていくことができる．

このようにして得られる $\boldsymbol{R}^k$ の部分集合を，$\boldsymbol{R}^k$ のボレル集合という．ボレル集合は，すでに可測であることが知られている開集合と閉集合から，可算個の和と共通部分をとるという操作を高々可算回繰り返して得られるのだから，これらはすべて可測集合である．すなわち次の定理が成り立つ．

【定理】 $\boldsymbol{R}^k$ のボレル集合はすべて可測である．

ボレルはルベーグとほぼ同時代の人であるが，ルベーグの先生筋に当たり当時現われたばかりのカントルの集合論にいちはやく共鳴したフランスの解析学者である．ボレルはこのような集合演算の操作によって，開集合と閉集合から段階的に $\boldsymbol{R}^k$ の部分集合が生産されてくる模様に注目した．このように段階的に得られていく部分集合はしだいに複雑さの度合を増すのだろうが，そのような複雑さは，面積概念の最初に出会った幾何学的な感じからくる複雑さとは，まったく異なった様相を示している．いわば濃霧に閉ざされて視界のきかない $\boldsymbol{R}^k$ の部分集合族の中に少しずつ上へ上へと足場だけを築いていくようなものである．ただこの足場にしたがって上っていけばボレル集合の測度は，完全加法性を用いて，原理的には段階的に測っていくことができる（‘δ-集合’（！）を測るには，内測度のときの考えのように，この集合を含む開集合をとって，この開集合に関する補集合——‘σ-集合’（！）——を測るとよい）．

数学史の上では，ボレルはルベーグに先立って，このような‘構成的な測度論’の考えを提示していたのである．

等　測　包

次の定理を証明しよう．

【定理】 S を $\boldsymbol{R}^k$ の部分集合で $m^*(S) < \infty$ をみたすものとする．このとき次の性質をもつ G_δ 集合 G が存在する：

$$S \subset G, \quad m^*(S) = m(G)$$

【証明】 各 $l = 1, 2, \ldots$ に対し，S をおおう可算個の半開区間の系列 $I_1{}^{(l)}, I_2{}^{(l)}, \ldots$ $I_n{}^{(l)}, \ldots$ で

$$\sum_{n=1}^{\infty} |I_n{}^{(l)}| < m^*(S) + \frac{1}{2l}$$

をみたすものがある．このとき $I_n{}^{(l)}$ を少し広げ，開区間 $\tilde{I}_n{}^{(l)}$ にとり直して，しかもなお

$$\sum_{n=1}^{\infty} |\tilde{I}_n{}^{(l)}| < m^*(S) + \frac{1}{l}$$

をみたすようにできる．それには，$|\tilde{I}_n{}^{(l)}| < |I_n{}^{(l)}| + \frac{1}{2^{n+1}}\frac{1}{l}$ が成り立つ程度 $I_n{}^{(l)}$ を広げておくとよい．

そこで

$$O_l = \bigcup_{n=1}^{\infty} \tilde{I}_n{}^{(l)}$$

とおくと，O_l は開集合で $S \subset O_l$ である．したがって

$$G = \bigcap_{l=1}^{\infty} O_l$$

とおくと，G は G_δ 集合で，$S \subset G \subset O_l \ (l = 1, 2, \ldots)$，$G$，$O_l$ は可測であることに注意して，外測度をとってみると

$$m^*(S) \leqq m(G) \leqq m(O_l) \leqq \sum_{n=1}^{\infty} |\tilde{I}_n{}^{(l)}| < m^*(S) + \frac{1}{l}$$

$l \to \infty$ としてみると

$$m^*(S) = m(G)$$

が成り立っていることがわかる．

【定義】　G を S の等測包という．

等測包という言葉は，S の外測度の値に達するような G_δ 集合 G によって，S が包みこまれていることを示唆している．したがって特に S を可測集合とすると

$$m(S) = m(G)$$

となり，この式は $N = G - S$ とおくと，N が零集合のことを示している．すなわち次のことがいえる．

> S を可測集合とし，$m(S) < \infty$ とすると，S は適当な G_δ 集合 G と，零集合 N によって
>
> $$S = G - N$$
>
> と表わされる．

Tea Time

質問 有界でない集合や，$m^*(S) = \infty$ となる集合は，集合演算から測度を通して実数の演算へと移るとき，'禁忌' $\infty - \infty$ が登場することもあるようで扱いにくそうです．こういう集合はどう扱うのでしょう．

答 $B_1, B_2, \ldots, B_n, \ldots$ を原点中心，半径 n の球とすると，$B_1 \subset B_2 \subset \cdots \subset B_n \subset \cdots \to \boldsymbol{R}^k$ となる．S が可測ならば，$S \cap B_n$ $(n = 1, 2, \ldots)$ は可測であって，$m(S \cap B_n) < \infty$，かつ

$$\lim_{n\to\infty} S \cap B_n = S, \quad \lim_{n\to\infty} m\,(S \cap B_n) = m(S)$$

だから，S の測度論的な様相は，$S \cap B_n$ の極限的な様相として捉えることができる．S が可測でないときには，$S \cap (B_{n+1} - B_{n-1})$ の等測包をつないでいくことで，やはり，S の測度論的な様相をかなり捉えることができるだろう．

第 13 講

可測集合の周辺

テーマ

◆ ルベーグ測度における 2 つの可測性の一致
◆ 等測核
◆ $\boldsymbol{R}^k$ の有界な集合は，等測包と等測核によって挟まれる．
◆ 有界な可測集合の場合，等測包と等測核の差は零集合である．
◆ 面積と測度
◆ ジョルダンの意味で面積確定となる条件

2 つの可測性の一致

ルベーグ測度について，'何もかも' 話が滑らかに進んだのは，可測性の定義をカラテオドリのものに採用しておいたからである．古典的なルベーグによる可測性の定義は，ジョルダンによる面積の考えのごく自然な拡張として，外測度 $m^*(S)$ と内測度 $m_*(S)$ の一致として与えられていた (第 6 講)．カラテオドリの可測性の定義は，数学的な設定としては，高い山へ一気に駆け上ったようなものであったが，'面積' という図形に密着した幾何学的な感触はそこには失われてしまったといってよい．ルベーグとカラテオドリによるこの 2 つの可測性の定義が一致するということを示すことは，ルベーグ測度論に対して 2 つの方向からくる流れ——面積概念のもつ重みと，集合演算のもつ軽み——を合流させることになるだろう．次の定理は第 8 講ですでに述べた定理を再記したものである．

【定理】 S を $\boldsymbol{R}^k$ の有界な集合とする．このとき S がカラテオドリの意味で可測であることと，ルベーグの意味で可測であることは，同じことである．

【証明】 S がカラテオドリの意味で可測であるとは，すべての $E \subset \boldsymbol{R}^k$ に対して

$$m^*(E) = m^*(E \cap S) + m^*(E \cap S^c)$$

が成り立つことである．すでに第 8 講 (2) で注意したように，E として S を含む長方形 J をとると，この式は $m^*(S) = m_*(S)$ を示している．すなわち S はルベーグの意味で可測である．

逆に，S がルベーグの意味で可測であったとする．すなわち，S を内部に含む長方形 J をとったとき

$$m^*(S) = m_*(S) = |J| - m^*(J \cap S^c) \tag{1}$$

が成り立っているとする．

S の等測包を G, $J \cap S^c$ の等測包を $\tilde{G}$ として，

$$K = J \cap \tilde{G}^c \tag{2}$$

とおく．K, G は可測な集合であって

$$K \subset S \subset G$$

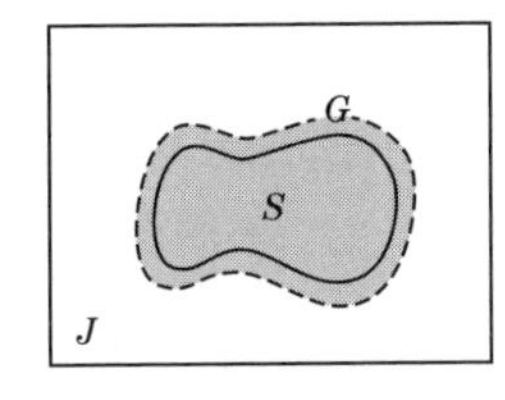

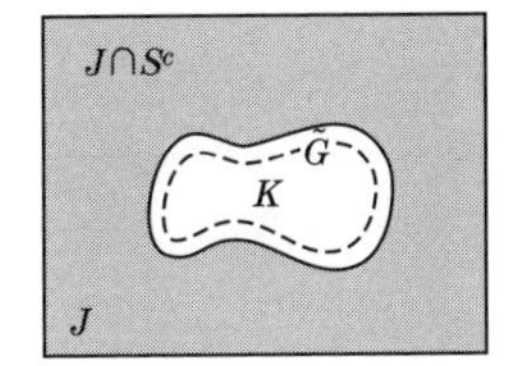

図 23

となる (図 23 参照)．

$$J = K \cup (J \cap K^c) \quad (\text{共通点なし})$$

により

$$\begin{aligned} m(K) &= m(J) - m(J \cap K^c) \\ &= |J| - m(\tilde{G}) \\ &= |J| - m^*(J \cap S^c) \end{aligned}$$

が得られる．したがって (1) と，G が S の等測包であることを用いると

$$m(K) = m^*(S) = m(G)$$

となり，これから $m(G - K) = 0$ のことがわかる．

したがって $S - K \subset G - K$ により，$S - K$ もまた零集合である．S は

$$S = K \cup (S - K)$$

と，2 つの可測集合の和として表わされるから，S は (カラテオドリの意味で) 可測である． ∎

等　測　核

この定理の証明から，もう 1 つの事実も導いておきたい．まず上の定理の証明の中に現われた K は，

$$m(K) = m_*(S)$$

をみたしている．さらに F_σ 集合となっていることも注意しておこう．実際，(2) で，$\tilde{G} = \bigcap O_n$ と表わしておくと，$\tilde{G}^c = \bigcup {O_n}^c$ となり，$\tilde{G}^c$ は F_σ 集合である (J は F_σ 集合であることは容易にわかる)．

【定義】　K を S の等測核という．

可測集合の表示

上の定理の証明から次のことが示された．

> S を有界な可測集合とする．S の等測包を G，等測核を K とすると
>
> $$K \subset S \subset G$$
>
> であって，$G - K$ は零集合である．

すなわち，任意の有界な可測集合 S は，F_σ 集合 K に適当な零集合を加えても得られるし，また G_δ 集合 G から零集合を除いても得られる．この事実は，ルベーグ可測な集合のもつ測度論的な様相は，G_δ, F_σ の段階でほぼ完全に捉えられることを示している．しかし可測集合が集合として示す，それ以上の複雑さは，すべて零集合というカテゴリーの中に納められてしまったのである．

なお，$G = \bigcap O_n$ (O_n は開集合)，$K = \bigcup F_n$ (F_n は閉集合) として表わされているが，ここで $O_1 \supset O_2 \supset \cdots$，$F_1 \subset F_2 \subset \cdots$ と仮定してもよい (たとえば必要ならば，$O_1, O_1 \cap O_2, \ldots$ を改めて $O_1, O_2, \ldots$ と考え，$F_1, F_1 \cup F_2, \ldots$ を改めて

$F_1, F_2, \ldots$ と考えるとよい)．したがって，上に述べたことを途中の段階で述べれば次のようになるだろう．S を有界な可測集合とする．このとき任意の正数 ε に対して，ある開集合 G_n, ある閉集合 F_n が存在して

$$F_n \subset S \subset G_n, \quad m(G_n - F_n) < \varepsilon$$

となる．これは第 7 講で述べたことに再び戻ってきたことになる．

面積と測度

S を $\boldsymbol{R}^k$ の有界な集合とする．ジョルダンのように，有限個の半開区間だけを用いて，S を外側からと，内側からおおって，その面積の極限として，S を外からと，内から測ったとき，それはルベーグ測度の観点を見たとき，一体何を測ったことになっていたのだろうか．ジョルダン流に，S を外側から測った面積は，S のジョルダン外測度 $|S|^*$ であり，内側から測った面積はジョルダン内測度 $|S|_*$ である (第 4 講参照)．実は次の命題が成り立つ．

> S の閉包を $\bar{S}$, S の内点の集合を S° とすると
>
> $$|S|^* = m(\bar{S})$$
> $$|S|_* = m\left(S^\circ\right)$$

S の閉包 $\bar{S}$ とは，S に S の集積点をすべてつけ加えて得られる集合のことであって，S を含む最小の閉集合となっている．また S° は，S に含まれる最大の開集合のことである．

たとえば，$\boldsymbol{R}^2$ の (辺も含めた) 正方形 J の中に含まれる有理点の集合を S とすると，$\bar{S} = J$ であり，$S^\circ = \phi$ である．上に述べてあることによると，このとき S が面積をもたなかった理由は，ルベーグ測度の観点からは $\bar{S}$ と S° のギャップにあったということになる．

【証明】 まず $|S|^* = m(\bar{S})$ のことを示そう．

S をおおう有限個の長方形を $I_1, I_2, \ldots, I_n$ とすると，$S \subset I_1 \cup I_2 \cup \cdots \cup I_n$ の両辺の閉包をとって

$$\bar{S} \subset \bar{I}_1 \cup \bar{I}_2 \cup \cdots \cup \bar{I}_n$$

となる (ここで，閉包についての関係式 $\overline{A \cup B} = \bar{A} \cup \bar{B}$ を用いている)．各 $\bar{I}_i$ は‘閉区間’であり，$|\bar{I}_i| = |I_i|$．すなわち S をおおうタイルは，(ふちも入れれば) 同時に $\bar{S}$ もおおっているのである．このことから

$$|S|^* = \inf \sum_{i=1}^{n} |I_i| = \inf \sum_{i=1}^{n} \left|\bar{I}_i\right| = |\bar{S}|^* \tag{3}$$

が得られる．

一方，$\bar{S}$ をおおう可算個の開区間 $J_1, J_2, \ldots, J_n, \ldots$ をいろいろにとって，その面積の総和の下限をとると，$\bar{S}$ の外測度 (= $\bar{S}$ の測度) が得られる：

$$m(\bar{S}) = \inf \sum_{n=1}^{\infty} |J_n| \tag{4}$$

$\bar{S}$ は有界な閉集合で，したがって，(必要ならば，各 J_i をごく少し広げて開区間にとり直しておくことにより) コンパクト性によって，$J_1, J_2, \ldots, J_n, \ldots$ の中の有限個のものですでにおおわれている．すなわち，自然数 N を十分大きくとると

$$\bar{S} \subset J_1 \cup J_2 \cup \cdots \cup J_N$$

となっている．したがって

$$m(\bar{S}) \leqq |J_1| + |J_2| + \cdots + |J_N| \leqq \sum_{n=1}^{\infty} |J_n|$$

となる．(4) と見くらべて，

$$m(\bar{S}) = \inf \sum_{i=1}^{n} |J_i|$$

となることがわかる．ここで下限は，$\bar{S}$ をおおう，有限個の区間列をいろいろにわたってとられたものである．このことは，(3) と合わせると証明すべき結果

$$m(\bar{S}) = |\bar{S}|^* = |S|^*$$

を与えている．

次に $|S|_* = m(S^\circ)$ を示すには，内測度を導入したときと同様の考えで，S を内部に含む区間 J をとると

$$|S|_* = |J| - |J \cap S^c|^*$$

と表わせることに注意する．一方

$$S^\circ = J - \overline{J \cap S^c}$$

したがって

$$m(S^\circ) = |J| - m(\overline{J \cap S^c})$$

が成り立つから，いま証明したばかりの結果を，$J \cap S^c$ に適用するとよい． ∎

$\boldsymbol{R}^k$ の有界な集合 S が (ジョルダンの意味で) 面積をもつとは，$|S|^* = |S|_*$ が成り立つことであった．したがって，上の結果から次の定理が証明されたことになる．

【定理】 $\boldsymbol{R}^k$ の有界な集合 S が面積をもつための必要かつ十分な条件は

$$m(\bar{S} - S^\circ) = 0$$

が成り立つことである．

このことは昔からあった面積概念によって面積を測ろうとするとき，障害となるものは何であったかを端的に示している．'図形' S を外からジョルダン流に測っていくとき，私たちが測れるのは実際は $\bar{S}$ までであって，S の内部にまで細かく立ち入って測れないのである．また，S の内側から測っていくときには，S° までしか測れないのである．たとえでいってみると，芝生でおおわれた土地で，芝の生えていない黒い土の部分 S だけ測ろうとしても，有限個のタイルでこの黒い土をおおってみると，結局，土地全部，すなわち $\bar{S}$ をおおってしまう．一方，黒い土だけをおおえるタイルが貼れるのは，せいぜい，芝生のはげた部分，S° だけなのである．

Tea Time

質問 具体的に平面上に図形が与えられたとき，ふつうこの面積を求めよというときには，タイルを貼ったり，あるいは，多角形で内と外から近似しながら，面積の近似値を求めていきます．しかし，これはジョルダンの意味で面積確定の図形の場合にしか通用しないようですね．ジョルダンの意味では面積はないが，ルベーグの意味で可測であるような図形が与えられたとき，この測度を具体的に求めるにはどうしたらよいのですか．もちろん具体的に求めるといっても，しだいに測度のよい近似値へと近づく方法があるかということですが．

答 これはルベーグ測度の本質へと立ち入っていく質問だと思う．平面上に１つの有界な，ごくふつうの図形が与えられたとき，この面積 (ジョルダンの意味での) を求めようとすれば，平面を逐次細かくタイルに分けて，この図形の中に含まれているタイルの総面積を求めるという計算を続けていけばよい．たとえば連続関数 $f(x)$ のグラフのつくる図形のように，具体的な表示で図形が与えられていれば，コンピュータのプログラムにこの操作を入れておけば，しばらくするとコンピュータは驚くような精度で面積の近似値を算出してくれるだろう．

しかし，ルベーグ測度のときには，たとえ図形 S が具体的に表示されていても，S のルベーグ測度 $m(S)$ を近似していくアルゴリズムはないようである．たとえば，少し複雑な形をした連続関数 $f(x)$ に対しては，開集合 $S=\{x|\alpha<f(x)<\beta\}$ は一般には面積をもたないが (次講参照)，このとき $m(S)$ の近似値をどんどん求めていくようなアルゴリズムはないようである．$f(x)$ の与える情報は，$m(S)$ を求めるのに無力であるという妙なことが起きる．その理由は，$m(S)$ を求めるために，まず S を無限個のタイルでおおう (このタイルの中には，原子核の大きさよりも小さくなっていくような微細な無限個のタイルもありうる——この状況を想像してほしい)．大体，このようなおおい方をどうやって与えるのだろう．いずれにしても，無限個のタイルで何でもよいから S をおおって，その面積の和が下限に近づくように，タイルを貼りかえていかなくてはならない．だが，このような貼りかえをどのようにしてよいかは，有限の操作では決定できないのである．無限個のピースを使ったジグソー・パズルで，全部ピースを使ったあとでどこか貼り間違いがあると知ったとき，たとえば，100 回とか 1000 回ピースを入れかえれば貼り直しができるという保証はどこにもないだろう．その意味で，ルベーグ測度を与えるようなアルゴリズムはないといってよい．

質問　そうするとルベーグ測度の理論というのは，‘測度’は求められないが，‘測度’は存在しているという理論なのでしょうか．

答　この質問に明確に答えてある本はあまりないようである．私の考えでは，そういってよいのだと思う．

大体，‘長さ’とか‘面積’とかいう概念は，いままでも繰り返して述べてきたように，極限概念としてはじめて捉えられるものである．たとえば 1 辺が 1 の正方形の対角線の長さ $\sqrt{2}$ も，半径 1 の円の面積 π も，誰もその最後まで小数展開を試みて，その実在を確信したわけではない．私たちに存在すると確信させたものは，幾何学的な直観と，それを保証する近似のアルゴリズムである．

ルベーグ測度は，さらに高度に，‘面積’の中にある極限概念をとり出して，二重に極限操作を行なう——無限個のタイルでおおい，次に面積の和の下限へ移る——という形で抽象化してしまうことにより，素朴な幾何学的直観も，また測度を近似するアルゴリズムも理論の中から消し去ってしまったのである．そのような理論構成に対しては，ルベーグ積分は，空漠とした観念的な世界へと，数学の枠組を移してしまったのではないかという批判の生ずる余地もあるかもしれない．実際，このような批判を最初に自覚した人は，この積分論の創始者ルベーグその人であったと思われる．しかし，数学の世界の中だけで見る限り，20 世紀前半の数学を通してルベーグ積分は数学の形式によって堅固に支えられ，整備された大きな理論体系を形づくったのである．このルベーグ積分に大きくよりかかりながら発展した 20 世紀の解析学が，将来，数学史の中でどのように位置づけられるか，それはまた別の問題である．

第 14 講

測度論の光と影

テーマ

- ◆ 面積をもたない開集合
- ◆ 連続関数 $f(x)$ が 2 つの値の間を変動するような，変数 x のつくる集合の大きさを測る.
- ◆ 可測集合全体は，濃度 $2^{\aleph}$
- ◆ 濃度 $\aleph$ をもつ零集合が存在する.
- ◆ 零集合とは——ボレルの定理 (逆理？)
- ◆ 非可測集合と選択公理

はじめに

前講の Tea Time でも述べたように，ルベーグの創った測度論は，本来その内部に深い抽象性を蔵しているのであるが，その抽象性こそ，数学の形式を一気に高みへともち上げ，20 世紀数学の礎石を築き上げることになったものである. 20 世紀前半の数学を特徴づけるものとして，抽象数学の発展がある．代数学や位相空間はその先鋒を切ったのであるが，そこでは抽象性そのものが活動の源泉となった．しかし，解析学は 19 世紀までに完成した揺るがしがたい形式と問題意識の中にあって，抽象化は最も難しいものと考えられていたようである．その抽象化を促進させたのは，ルベーグの測度論と積分論であり，その中にあった抽象性は，関数空間を通して，解析学にまったく新しい視点を与えることになったのである.

この講では，ルベーグの測度論の達した高い尾根に当たる明るい日差しと，極限概念の積極的導入によって背負わなければならなくなった影の部分について少し述べてみよう.

開集合，連続関数，測度

古典的な面積概念——ジョルダン測度——に限るだけでは，数学的にみて十分でなく，とり扱いにくい点がいろいろあったが，その 1 つには，開集合，閉集合が一般には面積をもたないということにあった．

前講で与えた面積をもつための判定条件を用いて，実際面積をもたない開集合の例をつくってみよう (この構成の考え方は第 3 講ですでに述べたものと同じである)．長さ 1 の辺をもつ正方形 S の中の有理点を $\{r_1, r_2, \ldots, r_n, \ldots\}$ とする．1 より小さい正数 ε を任意に 1 つとる．r_n を中心として，半径 $\frac{\varepsilon}{2^n}$ の円の内部を V_n とする．V_n は開集合で r_n の近傍となっている．

$$O = \bigcup_{n=1}^{\infty} V_n$$

とおくと，O は r_n $(n = 1, 2, \ldots)$ をすべて含む開集合で，したがって $\bar{O} \supset S$ である．ゆえに

$$m(\bar{O}) \geqq m(S) = 1$$

一方，

$$m(O) \leqq \sum_{n=1}^{\infty} m(V_n) = \sum_{n=1}^{\infty} \frac{\varepsilon}{2^n} = \varepsilon$$

したがって

$$m(\bar{O} - O) \geqq 1 - \varepsilon > 0$$

となって，O は面積をもたない．

開集合，閉集合は一般には面積をもたないが，カントルの点集合以来，解析学にとっては最も基本的な部分集合の概念を与えていると考えられるようになった．開集合，閉集合が，解析学と結びつく最初の場所は次のようなところである．いま，$y = f(x)$ を $\boldsymbol{R}^k$ 上で定義された連続関数とする．このとき任意の実数 a, b $(a < b)$ に対し

$$O_{a,b} = \{x \mid a < f(x) < b\}$$

$$F_{a,b} = \{x \mid a \leqq f(x) \leqq b\}$$

とおくと，$O_{a,b}$ は開集合，$F_{a,b}$ は閉集合となる．逆に任意に開集合，閉集合をとったとき，適当な連続関数をとることにより，それぞれを上のような形で表わすこともできる．

したがって，$f(x)$ が a から b までの間の値を変動するような x の‘総量’を測りたいとき，$O_{a,b}$，$F_{a,b}$ の大きさが測れなくては困るのである．しかし，ジョルダン流のふつうの面積概念では，もうここで立ち止まってしまう．

たとえば，ある時間における地球上の点 x における気温を $f(x)$ と表わすと，気温が 5°C 以上，20°C 以下の面積は一般には測れないのである．そのことは，砂粒 1 つとってみても，日の当たる側と，そうでない場所で温度が違い，したがって地表の温度分布は非常に微妙なものであることを考えれば，むしろ当然かもしれない．

連続関数を一般的な設定でとり扱うとき，開集合 $O_{a,b}$, 閉集合 $F_{a,b}$ のような集合の大きさを測りたいという要求はしばしば生じ，そのためにルベーグ測度の導入は是非とも必要であったといってよい．しかし，開集合の大きさを測るというときには，測度の完全加法性の考えが自ら入ってきて，開集合，閉集合を測ろうという測度に対する要求は，必然的にボレル集合すべても測れるように理論の枠を広げてしまうのである．

可測集合全体のつくる集合の濃度

$\boldsymbol{R}^k$ の可測集合は，さまざまな，想像を絶するような複雑な部分集合を含んでいるが，それらすべては測度の観点からは，G_δ 集合 (等測包！) と零集合により表わされるということは，測度論の立脚点を明らかにしているという意味で，明るい日差しの中にある結果である．ここで注意を喚起しておきたいことは，G_δ 集合という部分集合のカテゴリーは，位相的な開集合という概念から出発して得られたものであったということである．これは集合と測度というまったく抽象的な測度論の枠組から見るときは，その外にある概念といってよい．可測集合のもつ測度論的な深い性質は，測度 0 という，これ以上はもう測りようもない集合の中にすべて納められてしまった．ここに測度論の示す奇妙なトーンがある．

この点にもう少し説明を加えておこう．可測集合 S は

$$S = G - N \tag{1}$$

と，G_δ 集合 G と，零集合 N によって表わされている．逆にこの形で表わされている集合は，もちろんすべて可測である．

ここで少し，集合論から濃度に関する情報を借用してくることにしよう．開集合，閉集合全体のつくる集合の濃度は，連続体の濃度 $\aleph$ である ($\aleph$ は実数全体のつくる集合の濃度である)．G_δ 集合全体のつくる集合の濃度も $\aleph$ である．より一般に，ボレル集合全体のつくる集合の濃度も $\aleph$ である．したがって，(1) で，零集合 N をとめて，G_δ 集合 G の方だけをいろいろに動かしたとき (このとき $G \supset N$ と限らなくなるから，記号は $G \setminus N$ とした方がよくなる)，この形で現われてくる可測集合全体のつくる集合の濃度は，やはり $\aleph$ である．

ところが，$\boldsymbol{R}^k$ の部分集合全体のつくる集合の濃度は $2^{\aleph}$ であって，これは $\aleph$ より大きいことが知られている．それでは可測集合全体の濃度は，ボレル集合全体よりはるかに大きい，この $2^{\aleph}$ まで達しているのかどうかが問題となる．

これを解くには，今度は (1) に現われている零集合 N の方に注目しなくてはならない．

そこで次のことを注意する．

連続体の濃度をもつ零集合 N が存在する．

【証明】 $k \geqq 2$ のときには，$\boldsymbol{R}^k$ の中で

$$\{0\} \times \boldsymbol{R}^1 \times \boldsymbol{R}^1 \times \cdots \times \boldsymbol{R}^1$$

は，連続体の濃度をもつ零集合となっている．$k = 1$ のときは，第 3 講で述べたカントル集合 C がその例となっている． ∎

ルベーグ測度は，外測度から導かれた測度だから，第 10 講で述べた意味で完備性をもっている．したがって上の零集合 N のすべての部分集合が可測となる．もちろんこれらは零集合である．N の濃度は $\aleph$ だから，このようにして得られる可測集合全体のつくる集合の濃度は，連続体の濃度を超えて $2^{\aleph}$ となる．

したがって次の結果が示された．

【定理】 $\boldsymbol{R}^k$ の可測集合全体は，濃度 $2^{\aleph}$ をもつ．

いままでの説明からわかるように，可測集合 S が 1 つ与えられたとき，可測集合のカテゴリーの中での S の本質的な意味でのヴァリエーション——$2^{\aleph}$ のヴァ

リエーション——は，S にさまざまな零集合を添加することにより得られるのである！

たとえば，S の等測包を G, 等測核を K とし，零集合 $G-K$ が連続体の濃度をもつ場合を考えてみよう．このとき，外からは G, 内からは K によってサンドウィッチされたところには，S だけではなく，S にさまざまな零集合をつけ加えたり，除いたりして得られる $2^{\aleph}$ だけの可測集合が存在しているのである．これらの集合の示す多様さは恐るべきものであるといってよいのだが，測度で測ってみれば，これらの集合の測度はすべて $m(S)$ に等しいという答が戻ってくるだけである．これらの集合の複雑さや多様さは，もはや測度で測るわけにはいかない．それは測度論のもたらした，一種の‘集合の平坦化’といってよい働きであり，それによって測度論は広い成功を克ちとったといってよいのだが，同時に零集合を，日の当たらない影の部分へと追いやったのである．

零　集　合

日の当たらない影の部分にひしめいている零集合とはどんなものであろうか．N が零集合であるということは，定義に戻れば，任意の正数 ε に対して高々可算個の半開区間列 $I_1, I_2, \ldots, I_n, \ldots$ で

(i)　$N \subset \bigcup_{n=1}^{\infty} I_n$

(ii)　$\sum_{n=1}^{\infty} |I_n| < \varepsilon$

をみたすものがとれるということである．見たところ定義は簡単そうであるが，現実に集合が与えられたとき，その集合が零集合になるかどうか，ふつうの感じでは捉えにくいということもあるのである．それは，私たちの感覚ではどうしても有限個の半開区間を用いておおう状況しか想定できず，無限に多くのごく微小な半開区間でおおったところ，N の点が細かくより分けられて，その総面積が ε 以下に納まるという状況が，納得しきれないこともあるからである．

このような例として，$\boldsymbol{R}^1$ の場合であるが，ボレルによる正規数の概念を述べてみよう．いま $0<\xi<1$ をみたす実数 ξ を

$$\xi = 0.a_1a_2a_3\cdots a_n\cdots$$

と 10 進無限小数展開する．このとき 0, 1, 2, ..., 9 がこの小数展開の中に現われ

る頻度が最も平均していると考えられるのは

$$\lim_{N\to\infty}\frac{Z_N(i)}{N}=\frac{1}{10},\quad i=0,1,2,\ldots,9 \tag{2}$$

が成り立つときだろう．ここで $Z_N(i)$ は，ξ の小数点以下 N 位までの展開で i が現われる回数を示す．(2) が成り立つ実数 ξ を，基底 10 に関する単純正規数という．このような正規数に関する深い研究はいろいろあるが，ここではボレルがこれに関して最初に与えた‘不思議な定理’を，最も簡単な形で述べておこう．

【ボレルの定理】　区間 (0, 1) に属する実数は，零集合を除くと，基底 10 に関する単純正規数となる．

この定理の不思議さは，私たちは実数を無限小数展開したときに，$0,1,2,\ldots,9$ が不規則に並ぶ方がふつうだと考えているからによる．平均頻度が同じようになる実数などむしろ特殊なものだと思っている．しかし，私たちのこのような感じ方とはちょうど正反対のことをボレルの定理は伝えている．無限小数展開をしたときに，$0,1,2,\ldots,9$ が不規則に並ぶような実数全体は，測度 0 の集合の中に納めることができるのである！

ボレルの定理は，1909 年に発表されたものであるが，発表当時からこの定理の奇妙さは数学者の関心を引いたようで，‘ボレルの逆理’として引用されることもあったようである．私たちが，$0,1,2,\ldots,9$ を勝手に並べていくとき，その過程で平均頻度が一定していないようにすることは容易なことである．たとえば 1 を 100 個続けてかいて，次に 2 を 1 つかくようなことを繰り返していくとよい．これを見る限り，実際の無限小数展開で $0,1,2,\ldots,9$ の現われる頻度は，ほとんどの場合アト・ランダムであると推量する方が自然ではないか．ボレルの定理など，数学の形式が案出した逆理として葬った方がよいのではないか．

しかし数学者からの釈明は，無限小数展開の果てで測った平均頻度と，零集合を測る無限細分の測り方の中に，‘逆理’成立の由来があったのだというだろう．いわば直観の到達しえないところを見ようとして，無限を測る 2 つのプリズムを重ねたところ，光は思いもかけなかった方向に屈折し，逆理として私たちの眼に映じてきたのである．

このような定理を見ると，直観的な感じだけで零集合は小さいものだと感ずるのは適当でないようである．零集合とはどのようなものなのかは，確かに興味のあることである．しかしその姿は全体としていまでも謎に包まれている．シェルピンスキは，連続体仮設を仮定したときに数直線 $\boldsymbol{R}^1$ 上の零集合がどのような性質をもつかを調べ，そのいくつかを明らかにしたが，その結果は零集合のもつ謎をますます深めるようなものであった (これについて関心のある読者は筆者の『無限からの光芒』(日本評論社) のシェルピンスキの章を参照されたい).

非可測集合

$\boldsymbol{R}^k$ の可測集合全体のつくる集合の濃度が $2^{\aleph}$ であって，これは濃度だけを見る限り，$\boldsymbol{R}^k$ の部分集合全体の濃度と一致しているのだから，一体，可測でない集合は存在しているのか，もし存在しているとすると，それはどのようにして構成されるのかということが当然問題となる.

1905 年に，ヴィタリははじめて $\boldsymbol{R}^1$ 上に非可測集合の存在することを示した．この構成の過程で，ヴィタリは，'連続体濃度の空でない集合族 $\{A_\alpha\}_{\alpha\in\Gamma}$ ($A_\alpha \neq \phi$; Γ の濃度は $\aleph$) が与えられたとき，各 A_α からいっせいに代表元を選んで，代表元の集合を考えることができる' という形で，有名な選択公理を用いた (選択公理については『集合への 30 講』(朝倉書店) を参照していただきたい)．ヴィタリが実際考察したのは，実数 $\boldsymbol{R}$ を (加群として) 有理数 $\boldsymbol{Q}$ によって同値類に類別したときの，各同値類 A_α であった．すなわち，各 A_α は，適当な実数 a によって $a + r$ ($r \in \boldsymbol{Q}$) と表わされる数全体からなる．この各 A_α から選んだ代表元の集合 E が，奇妙な集合をつくるのである．ヴィタリは，mod 1 で考えることによって，$\boldsymbol{R}^1$ から $[0,1)$ へと移行して，E がそこでは非可測集合の姿をとって現われることを示したのである.

その後，非可測集合はいろいろ構成されたが，不思議なことにそこではつねに連続体濃度の集合族に対する選択公理が用いられていた．このような選択公理を用いての存在証明というのは，論理的には存在が演繹されるが，現実には存在が確認されていないという妙な結論へと導くことになる．そのため，長い間，選択公理を用いないで，何とか非可測集合を見出すことができないかと，模索されたのであろうが，それらはすべて不成功に終った.

不成功に終った理由は，1970 年になってスロバリーによって明らかにされた．スロバリーによれば，非可算個の集合族に対する選択公理を容認しないような数学の公理系の中では，$\boldsymbol{R}^k$ のすべての部分集合が可測であるとしても，何の矛盾も生じないのである．

連続体濃度の集合族に対して選択公理を認めると，その論理的な帰結として有名なバナッハ・タルスキの逆理が導かれてくる．バナッハ・タルスキの逆理とは，半径1の球を適当に有限個に細分して組み立て直すと，半径2の球が得られるというものである．したがって論理的には完全に同値ではないとしても，ルベーグ測度に対して非可測集合を認めることは，バナッハ・タルスキの逆理を認めることと，ほぼ同じ認識のレベルにあるといってよい．これは妙なことである．

最近では，非可算個の集合族に対する選択公理は否定するが，ふつうの解析学は大体支障なく進められるような公理系も得られているという．数学はほぼ一世紀にわたって，選択公理の驚きから醒めきらなかったのかもしれない．そろそろ選択公理の驚き，あるいは幻術から解放されて，すべての集合は可測であるという明快な立場に立って展開する解析学が登場してもよいのではなかろうか．

Tea Time

質問　零集合の‘大きさ’は，常識的には測りがたいというボレルの定理は，測度の深淵をのぞくようで非常に面白いと思いました．そのときふと感じたのですが，最近のようにさまざまな情報が，コンピュータを通して数値として表わされるようになると，これらの情報のもたらす量を測りたい気がしてきます．しかし数直線上に移してみると，これらはすべて有限小数で，測度0の集合となってしまいます．私たちのもつすべての情報を測度0としてしまって，測度論では一体何を測っていることになるのでしょうか．

答　これは数学の中だけ見ている限りでは提示されてこない深刻な問題である．問題の根源は数直線という数学モデルの設定にかかっている．数直線は本来連続量に対するモデルである．いずれ近い将来，離散的な量をいかに測るか，またそれをいかに解析すべきかという問題が，はっきりした形をとって現われてくるのではないかと思われるが，いまの私には何とも答えられない．ただ，君の質問の意味するものを繰り返し考えているだけである．

第 15 講

リーマン積分

テーマ
- ◆ 積分と面積
- ◆ リーマン積分
- ◆ リーマン積分可能な関数——連続関数，単調増加関数
- ◆ リーマン積分可能な条件——不連続点の集合が測度 0

積分と面積

微分・積分で次のことはよく知られている．

‘$y=f(x)$ を区間 $[a,b]$ で定義された連続関数とする．$f(x) \geqq 0$ とする．このとき $f(x)$ の a から b までの定積分

$$\int_a^b f(x)dx$$

とは，a から b までの f のグラフのつくる図形

$$S=\{(x,y) \mid a \leqq x \leqq b, \quad 0 \leqq y \leqq f(x)\} \tag{1}$$

の面積のことである．’

この定積分の定義では，‘面積’ についてはよく知っているものとしている．‘面積’ についての素朴な捉え方でも，ふつうの場合は紛らわしいことは何も生じないのだから，これで特に問題が起きることはないのである．実際，ジョルダンのように厳密な意味で面積概念を見直してみても，$f(x)$ が連続ならば，S は必ず面積をもつことが示される．このことについてはすぐあとで触れることにしよう．

リーマン積分

しかし，面積概念がジョルダンのように確定したならば，何も関数 f が連続と

仮定しなくとも，f のグラフのつくる図形 S が面積確定のとき，f は定積分可能であるといってその面積の値を f の定積分と定義してよいわけである．

このことを正確に述べるために，以下 $f(x)$ は，区間 $[a,b]$ で定義された関数であって，適当な正数 M をとると

$$0 \leqq f(x) \leqq M \quad (\text{有界性！})$$

をみたしているとする．このとき次の定義をおく．

【定義】 関数 f のグラフのつくる図形 S が (ジョルダンの意味で) 面積確定のとき，f はリーマン積分可能であるといい，S の面積を

$$\int_a^b f(x)dx$$

と表わす．これを f の a から b までの定積分という．

f のグラフのつくる図形 S とは，(1) で与えてある範囲を指す．S が面積確定とは，S のジョルダン外測度 $|S|^*$ と，ジョルダン内測度 $|S|_*$ が一致することであった．$|S|^*$，$|S|_*$ は，いまの場合，次のようにして求めればよいことが知られている．区間 $[a,b]$ に任意に分点をとって

$$a = x_0 < x_1 < x_2 < \cdots < x_i < x_{i+1} < \cdots < x_n = b$$

とする．このとき

$$\left.\begin{aligned} M_i &= \sup_{x_i \leqq x < x_{i+1}} f(x) \\ m_i &= \inf_{x_i \leqq x < x_{i+1}} f(x) \end{aligned}\right. \qquad (i = 0, 1, 2, \ldots, n-1)$$

とおくと，

$$|S|^* = \inf \sum_{i=0}^{n-1} M_i \,(x_{i+1} - x_i) \tag{2}$$

$$|S|_* = \sup \sum_{i=0}^{n-1} m_i \,(x_{i+1} - x_i) \tag{3}$$

となる．ここで (2) と (3) の下限 inf と上限 sup は，区間 $[a,b]$ にいろいろな分点をとったときの inf と sup である．実際は Max $(x_{i+1} - x_i) \to 0$ (分点の最大幅 $\to 0$！) となるように分点を細かくしていくと，(2) と (3) の Σ は，それぞれ inf と sup の値に近づいていくことが知られている．これはダルブーの定理とよばれているものである．

したがって，上の定義は次のようにいってもよい．

> (2) と (3) が一致するとき，f はリーマン積分可能である．

あるいは $|S|^* \geqq |S|_*$ はつねに成り立つことに注意すると

> $\mathrm{Max}\,(x_{i+1} - x_i) \to 0$ のとき
> $$\sum_{i=0}^{n-1} (M_i - m_i)(x_{i+1} - x_i) \longrightarrow 0 \tag{4}$$
> が成り立つならば，f はリーマン積分可能である

といってもよい．なお，区間 $[a, b]$ で有界な関数 $f(x)$ (必ずしも $\geqq 0$ と仮定していない) に対しては，この条件が成り立つことをリーマン積分可能の条件とするのである．

数学史の上からいえば，順序は逆であって，定積分の定義の方が先で，面積の方があとである．リーマンによって，上に述べた定積分の定義がはじめて明確にとり出されたのは 1854 年のことであった．当時，不連続関数が解析学の中にしだいに登場するようになって，それまでの素朴な面積概念では定積分を把握しきれなくなってきたという状況が背景にあったようである．解析学者の関心はまず関数の取扱いにあったから，定積分の定義がまず確定したが，これからさらに一般の図形の面積をいかに測るかというところへと問題意識が移行するには，このあと 30 年から 40 年の時間を要したのである．そこにジョルダン，ボレル，ルベーグという系譜が続いていくことになる．

リーマン積分可能な関数

これはすぐ上に述べたことであるが，定理の形で示しておこう．

【定理】　区間 $[a, b]$ で連続な関数は，リーマン積分可能である．より一般に，区間 $[a, b]$ で有限個の不連続点を除いて連続な関数は，リーマン積分可能である．

【証明】　$f(x)$ を区間 $[a, b]$ で連続な関数としよう．このとき，$f(x)$ は次の性質 (一

様連続性！）をもつことが知られている：どんなに小さい正数 ε をとっても，正数 δ を適当にとりさえすれば，

$$\left|x-x'\right|<\delta \Longrightarrow \left|f(x)-f(x')\right|<\varepsilon$$

が成り立つ．

したがって区間 $[a,b]$ の分点 $a=x_0<x_1<x_2<\cdots<x_n=b$ の分点の幅 $x_{i+1}-x_i$ をすべて δ 以下にとると，各 $[x_i,x_{i+1})$ における f の‘振幅’ M_i-m_i は，$M_i-m_i \leqq \varepsilon$ をみたす．したがって (4) の左辺はいまの場合

$$\sum(M_i-m_i)(x_{i+1}-x_i) \leqq \varepsilon\sum(x_{i+1}-x_i)=\varepsilon(b-a)$$

となり，$\delta\to 0$ とすると，$\varepsilon(b-a)\to 0$ となって，$f(x)$ がリーマン積分可能であることがわかる．

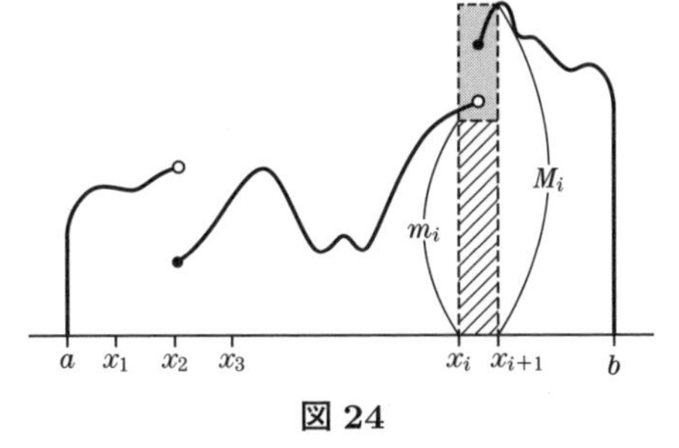

図 24

$f(x)$ が有限個の不連続点を除いて連続なときには，図 24 からもわかるように，不連続点を囲む，十分面積の小さい長方形をとることができる．したがって不連続点における面積への影響を，極限においては 0 とすることができる．したがって，f のグラフがつくる図形は面積確定となり，このときも f はリーマン積分可能となる． ■

【定理】 区間 $[a,b]$ で単調増加な関数はリーマン積分可能である．

【証明】 単調増加の関数を $f(x)$ とし，区間 $[a,b]$ に分点

$$a=x_0<x_1<x_2<\cdots<x_i<x_{i+1}<\cdots<x_n=b$$

をとる．このとき単調増加性から

$$M_i=\sup_{x_i\leqq x<x_{i+1}} f(x) \leqq f(x_{i+1})$$

$$m_i=\inf_{x_i\leqq x<x_{i+1}} f(x)=f(x_i)$$

が成り立つ．したがって

$$\delta=\operatorname*{Max}_{0\leqq i\leqq n-1}(x_{i+1}-x_i)$$

とおくと，(4) はいまの場合

$$\begin{aligned}\sum_{i=0}^{n-1}(M_i-m_i)(x_{i+1}-x_i) &\leqq \sum_{i=0}^{n-1}(f(x_{i+1})-f(x_i))(x_{i+1}-x_i)\\ &\leqq \delta\sum_{i=0}^{n-1}(f(x_{i+1})-f(x_i))=\delta(f(x_n)-f(x_0))\\ &=\delta(f(b)-f(a))\longrightarrow 0\ (\delta\to 0)\end{aligned}$$

によって成り立つ．したがって f はリーマン積分可能である． ∎

この定理で注意することは，単調増加関数ならば，たとえ不連続であっても，リーマン積分可能であるという点にある．この事情は，あとで示す一般的な定理の観点にしたがえば，'単調増加関数の不連続点は高々可算個である' という事実に由来しているのである．

このあと述べる機会もないので，ここで奇妙な単調増加な連続関数——悪魔の階段——のことに触れておこう．その構成にはカントル集合 C を用いる (第 3 講参照)．カントル集合 C は，区間 $[0,1]$ を順次 3 等分を繰り返して細分していったとき，真中に現われる開区間をとり除いて究極的に残った集合である．C に属する数は，無限 3 進小数で展開したとき，0 と 2 だけが現われる数として特性づけられる．そこでいま C に属する数，たとえば

$$x=0.0222200202\cdots$$

に対しては，2 を 1 におきかえて得られる無限 2 進小数

$$\varphi(x)=0.0111100101\cdots$$

を対応させるという規則で，C から [0, 1] への対応を決めることができる．この対応で，C の構成の途中 [0, 1] から除かれた区間の両端点では，φ の値は等しくなっていることに注意しよう．たとえば最初の段階で，開区間 $\left(\frac{1}{3},\frac{2}{3}\right)$ が除かれたが，この両端点での φ の値は，

$$\begin{aligned}\varphi\left(\tfrac{1}{3}\right)&=\varphi(0.0222\cdots)\\ &=0.0111\cdots\left(=\tfrac{1}{2}\right)\\ \varphi\left(\tfrac{2}{3}\right)&=\varphi(0.2000\cdots)\\ &=0.1000\cdots\left(=\tfrac{1}{2}\right)\end{aligned}$$

となって等しい．したがって φ は，$\left(\frac{1}{3},\frac{2}{3}\right)$ の上では定数 $\frac{1}{2}$ に等しいとおくことにする．一般には，除かれた区間上では，φ の値は，両端点における φ の値

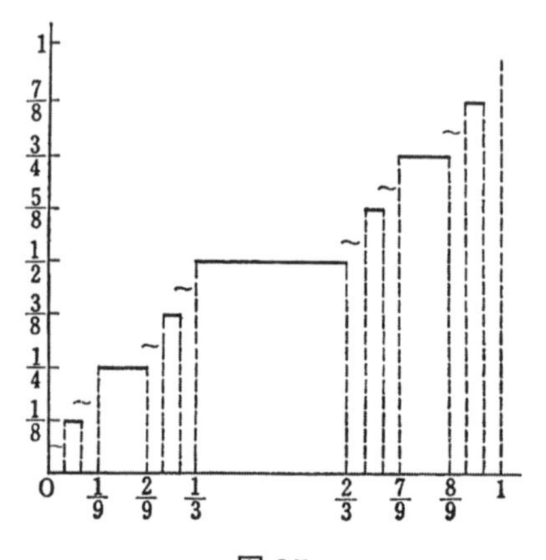

図 25

に等しいとして，φ の値を決めることにより，φ は $[0,1]$ 上の連続関数となる．これは図 25 を見た方がわかりやすい．

φ は，単調増加な連続関数であるが，φ の値が実際変化して 0 から 1 へと上っていくところは，カントル集合 C の上だけなのだから，それは眼に見えるようには図示できない．φ のグラフを階段と見ると，いつどこで上ったのか判然としないうちに，0 から 1 まで上りつめたことになる．この不思議さを，物理学者は '悪魔の階段' といっていい表わしているようである．物理学者は増加する状況が visible でないところに異様さを感ずるのかもしれないが，数学者はふつうこの関数を単にカントル関数として引用しているようである．

リーマン積分可能な条件

区間 $[a,b]$ で与えられた有界な関数 f が，リーマン積分可能となる 1 つの条件は，第 13 講の面積確定のための判定条件を用いれば次のように与えられる．

> 関数 $f(x)$ が区間 $[a,b]$ でリーマン積分可能となる必要十分条件は，f のグラフのつくる図形 S に対して $m\left(\bar{S}-S^\circ\right)=0$ が成り立つことである．

この判定条件に照して，単調増加関数 $f(x)$ が必ず積分可能となることは，次のようにも説明される．単調増加関数の不連続点は高々可算個であることが知られている．$f(x)$ の不連続点を $p_1, p_2, \ldots, p_n, \ldots$ とすると，$\bar{S}-S^\circ$ は，グラフ $C: y=f(x)$ と，各 p_i における '跳躍' を表わす y 軸に平行な線分 $L_i=\{(x,y)\,|\,x=p_i,\ f(p_i-0) \leqq y \leqq f(p_i+0)\}$ $(i=1,2,\ldots)$ からなる (この証明には f の単調増加性を用いる)．$C \cup \left(\bigcup_{i=1}^{\infty} L_i\right)$ の測度は明らかに 0 である．

しかし，この判定条件は，関数 $f(x)$ の挙動から直接積分可能性が判定できるようにはなっていない．実は，ルベーグによって，区間 $[a,b]$ で有界な関数がリーマン積分可能となる必要十分条件が，次のような簡明な形で与えられることが示された (この定理は，前の定理をすべて含んでいる)．

【定理】 区間 $[a,b]$ で有界な関数 $f(x)$ がリーマン積分可能となる必要かつ十分な条件は，f の不連続点の集合が，測度 0 となることである．

この証明については，吉田耕作『測度と積分』(岩波基礎数学講座) を参照していただきたい．ルベーグの着想は，不連続点 x における振動量 $\omega(x;f)$ がある正数 η 以上となる点の集合：

$$E(\eta) = \{x \mid \omega(x;f) \geqq \eta\}$$

は，有界な閉集合となることに注目した点にあった．

ここで $\omega(x;f)$ は，$I_n = \left[x - \dfrac{1}{n},\ x + \dfrac{1}{n}\right]$ とおいたとき

$$\omega(x;f) = \lim_{n\to\infty} \left\{\sup_{t\in I_n} f(t) - \inf_{t\in I_n} f(t)\right\}$$

として定義される量である．

もし不連続点の集合が零集合ならば，$E(\eta)$ 自身零集合となり，総面積の和がいくらでも小さくなる可算個の区間でおおえるだろう．しかし，$E(\eta)$ が有界閉集合だから，その中の有限個ですでに $E(\eta)$ はおおえている．したがって，リーマン積分を考えるとき，$E(\eta)$ からの影響は，極限では無視できるのである．

特に

> 可算個の不連続点しかもたない有界な関数は，リーマン積分可能である．

したがって，リーマン積分可能でない関数の例をあげようとすると，有理数の上では 1，無理数の上では 0 をとるような，不連続性の非常に強い関数をもってこなくてはいけなくなるのである．

なお，このルベーグの定理は，リーマン積分可能性について，決定的なものといってよいのだが，ここでも，零集合という概念が立ち現われてきていることに，読者は注意してほしい．

Tea Time

質問　可算個の不連続点をもつような関数を，解析的に式で表わすことはできるのでしょうか．

答 解析的な式で表わせるかという意味がはっきりしないが，不連続点が可算個しか現われないような連続関数 $f(x)$ は，必ずある連続関数の系列 $\varphi_n(x)(n=1,2,\ldots)$ によって $f(x)=\lim_{n\to\infty}\varphi_n(x)$ と表わされることが知られている．しかし，$\varphi_n(x)$ 自身が解析的な式で表わされているかどうかは別問題である．

この質問に関連したことだが，1854 年に，リーマンがすでに可算個の不連続をもつ妙な関数を提示しているので，それを紹介しておこう．リーマンは次のような関数を考えた．

$$f(x)=\frac{(x)}{1^2}+\frac{(2x)}{2^2}+\frac{(3x)}{3^2}+\cdots+\frac{(nx)}{n^2}+\cdots$$

ここで記号 (x) は次のように定義されているものである．まず x が $\frac{1}{2}$ の奇数倍でないとき，x に一番近い整数は一意的に決まる．それを $i(x)$ で表わす：
$i\left(\frac{3}{4}\right)=1$，$i\left(-\frac{5}{3}\right)=-2$．このとき

$$(x)=\begin{cases} x-i(x), & x \text{ が } \dfrac{1}{2} \text{ の奇数倍でないとき} \\ 0, & x \text{ が } \dfrac{1}{2} \text{ の奇数倍のとき} \end{cases}$$

リーマンはこのように定義された関数は，

$$x=\frac{m}{2n} \quad (m \text{ と } n \text{ は素で，} m \text{ は奇数})$$

のところだけで不連続点をもつ関数であって，この不連続点での‘跳躍量’は

$$f\left(\frac{m}{2n}-0\right)-f\left(\frac{m}{2n}+0\right)=\frac{\pi^2}{8n^2}$$

で与えられることを示した．このように $f(x)$ は可算個の稠密な不連続点をもっているが，それでも $|f(x)| \leqq \sum_{n=1}^{\infty}\frac{1}{n^2}=\frac{\pi^2}{6}$ であって有界であり，積分可能なのである．

これについて詳しいことを知りたければ吉田耕作『19 世紀の数学 解析学 I』(共立出版) を参照してみられるとよい．

第 16 講

ルベーグ積分へ向けて

テーマ

◆ 関数列の極限操作と積分——リーマン積分の枠を超えて
◆ 新しい積分論への [期待]——新しい積分を，グラフのつくる図形のルベーグ測度として定義する．
◆ この積分の定義では，測度の極限移行の性質がそのまま，関数列の極限移行と積分との関係へと移行する．
◆ しかし，関数 f と，f のグラフのつくる図形のルベーグ測度との直接の関係は？
◆ 特性関数と単関数
◆ ルベーグ積分構成のアイディア

極 限 操 作

前講を読まれた読者は，十分広汎な範囲の関数がリーマン積分可能であることを知って，むしろ驚かれたのではなかろうか．実際，私たちがグラフでその概形を図示できるような有界な関数は，すべてリーマン積分可能であるといってよい．グラフという視点に立って関数を捉えようとしている限り，リーマン積分ができないような関数——測度が正のところで不連続性を示す関数——など，すべて奇妙で常識の外にあるといってもよいだろう．

しかし，グラフのことを考えずに，関数だけを考えると，関数列があれば，その極限関数を考えることなど，ごく自然なことであるといってよい．極限をとるという操作は解析学の根幹にあって，いわば解析学の細かい網の目の間を自在に駈けまわっている基本演算である．有理数で 1，無理数で 0 をとる関数など，確かに妙な関数だが，ディリクレが示したように，この関数は

$$\lim_{n\to\infty}\left(\lim_{k\to\infty}(\cos n!\,\pi x)^{2k}\right)$$

と表わされる．$\cos n!\pi x$ という関数も見なれたものであり，$2k$ 乗することも見なれた演算であるとすれば，‘極限操作をとる手を休めない限り’ 有理数で 1，無理数で 0 という関数は，ごく自然に生まれてくるのである．

このような状況が明らかにしたことは，極限操作は，グラフ表示の限界を乗り越えて，新しい関数をどんどん生んでいくが，このようにして得られた関数は，もはや一般にはリーマン積分可能とはなっていないという認識である．新しい関数を生む，あるいは表現する手段が，極限操作に深くかかわっているとすると，関数列の極限操作によく適合するような，新しい積分論がここに望まれてくることになるだろう．それは確かに，リーマン積分の枠を超えるものでなくてはならない．

新しい積分論への期待

私たちは，面積概念をルベーグ測度の概念へと拡張してきた．ルベーグ測度は，極限操作によく適合していた．面積概念とリーマン積分との相互の関係を見てみると，面積概念が測度へと拡張されたのに対応して，リーマン積分もまた新しい積分理論へと拡張されてくるだろうということは，誰にでも十分予想されることである．

このような構想の下で得られる積分論がルベーグ積分論であって，そのことについては次講から詳しく述べる．ここではルベーグ積分の理論構成に対する見通しを，前もって少し与えておきたい．

区間 $[a,b]$ で与えられた関数 $f(x) \geqq 0$ に対して，新しい積分論があるとすれば，私たちはそこでは次のことが成り立つことを期待したい．

[**期待**]　$f(x)$ に対して，グラフのつくる集合

$$S = \{(x,y) \mid a \leqq x \leqq b, \quad 0 \leqq y \leqq f(x)\}$$

を考える．もし S が，$\boldsymbol{R}^2$ の部分集合として (ルベーグ測度に関して) 可測ならば，$f(x)$ は積分可能であって

$$\int_a^b f(x)dx = m(S) \tag{1}$$

となる．ここで $m(S)$ は S のルベーグ測度である．

リーマン積分の場合 $\int_a^b f(x)dx = |S|$ であったことに注意すると，面積概念が測度へと拡張されたのだから，このような期待をもつことは，ごく自然なことだろう．この期待をみたす積分論が存在するとして，かりにそれを (L)-積分ということにしよう．(L)-積分はどんな性質をもつだろうか．

(I)　$f(x)\ (\geqq 0)$ を区間 $[a,b]$ で定義された有界な関数とする．$f(x)$ がリーマン積分可能ならば，$f(x)$ は (L)-積分可能であって，リーマン積分の値と (L)-積分の値は一致する．

なぜなら，リーマン積分可能な関数 f に対し，f のグラフのつくる集合 S は面積確定であり，したがってまた可測となる．したがって f は (L)-積分可能である．またこのとき $|S| = m(S)$ が成り立つから，2 つの積分の値は一致する．

(II)　第 11 講で述べた測度に関する基本的な性質のうち，まず (a) と (b) を思い起こしておこう．

(a)　集合の増加列 $A_1 \subset A_2 \subset \cdots \subset A_n \subset \cdots$ に対し

$$m\left(\lim_{n\to\infty} A_n\right) = \lim_{n\to\infty} m(A_n)$$

(b)　集合の減少列 $A_1 \supset A_2 \supset \cdots \supset A_n \supset \cdots$ に対し

$$m(A_1) < \infty \text{ のとき } m\left(\lim_{n\to\infty} A_n\right) = \lim_{n\to\infty} m(A_n)$$

ここで注意しておくことは，$\lim A_n$ はつねに可測な集合となっていることである (第 9 講参照)．

この (a), (b) を関数のグラフのつくる集合に適用して，(L)-積分の定義 (期待！) (1) を参照すると，次のような結果が得られる．

(a)　$0 \leqq f_1(x) \leqq f_2(x) \leqq \cdots \leqq f_n(x) \leqq \cdots$ を (L)-積分可能な関数の増加列とする．このとき，$\lim\limits_{n\to\infty} f_n(x) = f(x)$ が有限の値となるならば

(i)　$f(x)$ も (L)-積分可能である．

(ii)　$$\int_a^b f(x)dx = \lim_{n\to\infty} \int_a^b f_n(x)dx \tag{2}$$

(b)　$f_1(x) \geqq f_2(x) \geqq \cdots \geqq f_n(x) \geqq \cdots (\geqq 0)$ を (L)-積分可能な関数の減少列とする．このとき，$f_1(x)$ が有界な関数ならば

(i)　$f(x) = \lim\limits_{n\to\infty} f_n(x)$ も (L)-積分可能である．

(ii)　$$\int_a^b f(x)dx = \lim_{n\to\infty} \int_a^b f_n(x)dx \tag{3}$$

(2) と (3) はともに, $\{f_n(x)\}$ $(n = 1, 2, \ldots)$ がそれぞれ (**a**), (**b**) で述べた仮定をみたすときには,

$$\int_a^b \lim_{n\to\infty} f_n(x)dx = \lim_{n\to\infty} \int_a^b f_n(x)dx$$

と表わされることに注意しよう. すなわち [期待] をみたす積分論があると, 少なくとも増加列, 減少列に対しては, 積分と, 極限の順序を交換してもよいのである.

(III)　同様に第 11 講の (d) :

(d)　$m\left(\underline{\lim}\, A_n\right) \leqq \underline{\lim}\, m\left(A_n\right)$

も積分の形にかき直されて

(**d**)　$\displaystyle\int_a^b \underline{\lim}\, f_n(x)dx \leqq \underline{\lim} \int_a^b f_n(x)dx$

となる (左辺の対応は説明を要するが, ここでは省略する. この不等式自身は, 第 20 講でもう一度とり上げる).

[期待] に対するコメント

[期待] をみたす積分論がもし存在すれば, 積分と極限交換はこのように, ごくスムースに行なわれる. それらはすべて測度の完全加法性からの帰結である. それでは, (1) をそのまま新しい積分の定義として採用してしまえばよいではないか, と考えられてくるだろう.

しかし, そのような直接的な定義には, いろいろと問題がある. まず誰でも, (1) の中に何か空漠とした捉えどころのないようなものを感じられるだろう. それは, 関数 $f(x)$ の挙動と, $m(S)$ との関係が明確にされておらず, なお深い霧の中にあるからである. たとえば, (1) を定義として採用したとき, 積分の基本的な公式

$$\int_a^b (\alpha f(x) + \beta g(x))dx = \alpha \int_a^b f(x)dx + \beta \int_a^b g(x)dx$$

をどのように導いてよいのかはよくわからない. 同じ理由から, S が可測となるためには, $f(x)$ がどのような性質をもつべきなのかもわからない.

リーマン積分のときには, $\int_a^b f(x)dx = |S|$ であったが, この $|S|$ 自身は

$$|S| = \lim \sum f(\xi_i)(x_{i+1} - x_i) \quad (x_i \leqq \xi_i < x_{i+1})$$

のような形で，f によって具体的に表わされていた．実際，この表示を用いて積分に関するいくつかの基本公式を導くことができたのである．しかし，私たちは $m(S)$ に対して，これに対応するような表示があるのかどうかも知らない．$m(S)$ へと近づく近似のステップを，f を通してどのように構成していったらよいのだろうか．

ルベーグ積分論が完成したときには，確かに (1) は成り立つ．それによって，積分と測度との関係が明確になるといってよい．ルベーグ積分論は (1) へ近づく道程ともいえるのである．この道程が決して短いものではないことは，読者は，積分を最初に学ばれたとき，長方形でグラフの面積を近似するあの印象的な描像を思い出してみられるとよい．あの道を今度はたどれないとしたら，グラフの測度 $m(S)$ と，f とをどう関係づけるのだろうか？

単　関　数

区間 $[a,b]$ に含まれる可測集合 A に対し

$$\varphi(x\,;A) = \begin{cases} 1, & x \in A \\ 0, & x \notin A \end{cases}$$

とおき，$\varphi(x\,;A)$ を A の特性関数という．

区間 $[0,4]$ で，$A = [1,3]$ にとると，$\varphi(x\,;A)$ のグラフのつくる集合は，底辺が $[1,3]$, 高さが 1 の長方形となる．この意味では，$\varphi(x\,;A)$ は A 上の高さ 1 の長方形を関数として表現したものだといってもよいかもしれない．しかし，今度はたとえば，$[0,1]$ に含まれるカントル集合 C と，$[1,3]$ に含まれる無理点からなる集合 D をとって，$B = C \cup D$ とおいて特性関数 $\varphi(x\,;B)$ を考えると，ここにはもはや長方形のイメージを付すことは難しい．特性関数の導入は，幾何学的イメージとしては捉えにくい長方形概念の一般化を，関数概念を通してさりげなく与えたものであるとみることもできる．

特性関数を加えたものは，一般には特性関数とはならない．積分の理論にとっては，特性関数から組み立てられた次の単関数の概念が重要である．

【定義】　区間 $[a,b]$ の共通点のない可測集合による有限分割

$$[a,b]=A_1\cup A_2\cup\cdots\cup A_n$$

と，実数 $\alpha_1,\alpha_2,\ldots,\alpha_n$ によって

$$\varphi(x)=\alpha_1\varphi\,(x\,;A_1)+\alpha_2\varphi\,(x\,;A_2)+\cdots+\alpha_n\varphi\,(x\,;A_n) \tag{4}$$

と表わされる関数を単関数という．

$\alpha_1,\alpha_2,\ldots,\alpha_n$ が正のときには，$\varphi(x)$ のグラフは，A_1 上では高さ α_1，A_2 上では高さ α_2，…，A_n 上では高さ α_n となるが，$A_1,A_2,\ldots,A_n$ を少し複雑な可測集合にとってこの高さの違いを色で塗りわければ，一見，すべての色が混じり合って織りこまれたような，不思議な図柄ができ上がるだろう．

単関数 (4) に対しては，改めてはっきりと積分を

$$\int_a^b \varphi(x)dx=\alpha_1 m\,(A_1)+\alpha_2 m\,(A_2)+\cdots+\alpha_n m\,(A_n)$$

によって定義する．この定義の仕方は自然である．ここでは，$\varphi(x)$ が $A_1,A_2,\ldots,A_n$ 上でとる値が，右辺に明確な形をとって現われている．

ルベーグ積分構成のアイディア

ルベーグ積分では，この単関数を，積分論をつくる基本的な骨組みにとり入れて，理論を構成していこうとする．でき上がった新しい積分の姿を思いやってみると，そこでは極限操作は積分とうまく適合するはずだから，$[a,b]$ 上で定義された関数 $f(x)$ が，もし単関数の増加列

$$\varphi_1(x)\leqq\varphi_2(x)\leqq\cdots\leqq\varphi_n(x)\leqq\cdots$$

によって

$$f(x)=\lim_{n\to\infty}\varphi_n(x)$$

と表わされるならば，

$$\int_a^b f(x)dx=\lim_{n\to\infty}\int_a^b\varphi_n(x)dx \tag{5}$$

とおくことにより，新しい積分論が得られる可能性があるだろう．$f(x)$ の挙動は，近似する $\varphi_n(x)$ の挙動の中に捉えられ，それはまた積分の中にはっきりとした影を落としているのである．

それは前のたとえでは，$f(x)$ のグラフのつくる集合の測度を，単に長方形のタイ

ルだけではなく，いろいろな色の織りこまれた曼陀羅状のタイル (？) まで使って，その極限として測ろうとするものである．

それでは，どのような関数 $f(x)$ が，このように単関数の増加列として表わされるのだろうか．ルベーグの独創性はここで強く働いた．(実際は，ルベーグの考えを少し整理して述べているのだが) ルベーグは，任意の実数 α, β $(\alpha < \beta)$ に対し

$$\{x \mid \alpha \leqq f(x) < \beta\}$$

が $\boldsymbol{R}^1$ の可測集合となるとき，f を可測関数とよび，可測関数に対しては，単関数の増加近似列がとれることを示した．さらにこのとき，積分を (5) によって定義すると，これは関数列の極限操作に対して実によく適合する積分論を与えることを示した．ルベーグ積分論とは，このようにして得られた可測関数の積分論である．

Tea Time

質問　リーマン積分のときには，長方形のタイルで $f(x)$ のグラフを近似しました．そのときには，近似の各段階で，$f(x)$ の高さに合わせてタイルの高さだけを調整すればよく，その意味では，タイルの形とそのとり方は，$f(x)$ の高さだけを考慮すればあとは一定の仕様書にしたがって行なわれているといってよいと思います．つまり，区間 $[a, b]$ に分点 $x_0 < x_1 < \cdots < x_n$ をとるとき，f のことなどは考えなくてもよかったわけです．ところが，いまお聞きしたお話では，新しい積分論では，関数 f を単関数で近似するということでしたが，この単関数列は，関数 f ごとに決まるものなのでしょうか．

答　その通りであって，リーマン積分のときには，タイルを貼る仕様書が，君のいうように，f にかかわりなくでき上がっていたために，関数が複雑な挙動を示すようになり，不連続点が測度 0 の中に納まりきれなくなると，この仕様書ではどう測ってよいか見当がつかなくなってくるのである．それがリーマン積分ができなくなる 1 つの事情であった．新しい積分論では，各関数ごとにそれに合わせ

た仕様書をつくっていくことになる．f が複雑になると，複雑さの度合に応じて，曼陀羅状の複雑な，抽象的な図柄として貼り合わされていくようなタイルを使うことになる．

質問　では，1つの関数 f に対しては，単関数列をつくる仕様書というものはあるのでしょうか．

答　これは第17講で述べることになるが，ルベーグのアイディアは，その点で輝いているのである．少し先まわりして，そのことについて簡単に述べておくと，ルベーグは y 軸の方に分点 $y_1 < y_2 < \cdots < y_n$ をとって，図のように，$y_j \leqq f(x) < y_{j+1}$ をみたす x の集合 A_j に注目した．f が可測関数ならば，A_j は可測集合である．このとき，'y 軸の分点に対応して，単関数

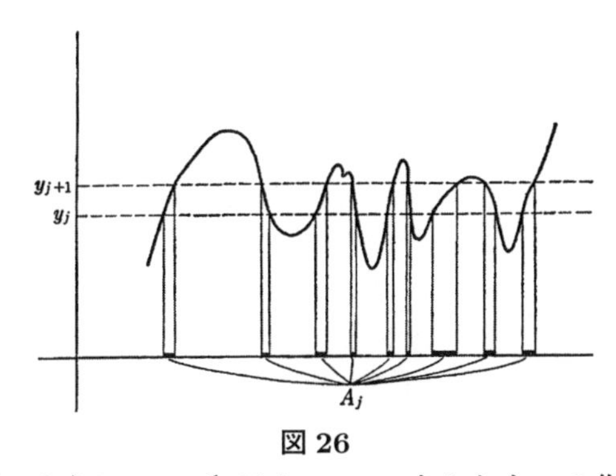

図 26

$$y_1\varphi(x; A_1) + y_2\varphi(x; A_2) + \cdots + y_n\varphi(x; A_n)$$

をとれ' というのが，ルベーグの示した仕様書であった．y 軸の分点を細かくしていくにつれ，この仕様書にしたがってつくった単関数列は，f へ近づいていく．

第 17 講

可　測　関　数

テーマ

- ◆ 連続関数から可測関数へ
- ◆ 可測関数の定義
- ◆ $\boldsymbol{R}^1$ の開集合と閉集合の，可測関数による逆像
- ◆ $\boldsymbol{R}^l$ の開集合の逆像
- ◆ 可測関数の和と積
- ◆ 可測関数列

連続関数から可測関数へ

いよいよルベーグによる積分論へと入っていく．リーマン積分の場合，考えの基本にあったものは，連続関数の積分をいかに定義し，いかに求めるかにあった．リーマン積分は，連続関数の枠を超えたところまで積分可能の範囲を広げたが，リーマン積分が可能かどうかの最終判定は，結局のところ，連続性からの逸脱がどの程度の範囲に納まるかということで与えられたのである (第 15 講参照).

一方，ルベーグ積分論は，前講の終りでも述べたように，可測関数に対する積分論である．可測関数は，連続関数よりはるかに広い関数族であって，それはある意味では，$\boldsymbol{R}^k$ の場合には，ほとんどすべての関数を網羅しているとも考えられるものである．したがってルベーグ積分論に入る前に，可測関数とはどのようなものかを，まず調べておく必要がある．それはちょうど，微分・積分を学ぶ前に連続関数の性質を調べたことに対応している．

ところで，可測関数の概念は，$\boldsymbol{R}^k$ 上の関数に対してだけではなく，もっと一般な状況のもとで導入されるものである．すなわち，一般の集合 X 上の関数に対しても，もし X の部分集合のつくるボレル集合体があらかじめ与えられてい

れば，それによって可測関数の概念が定義される．端的にいえば，可測関数を生む母胎は，集合 X と，X の部分集合のつくる (1 つの) ボレル集合体 $\mathfrak{B}$ にある．再び連続関数との対比でいうならば，この状況は，連続関数を生む最も一般的な母胎が，集合 X と X 上に与えられた開集合族 (位相！) にあったことにたとえられる．

可測関数

そこでこの講の設定としては，集合 X と，X の部分集合のつくるボレル集合体 $\mathfrak{B}$ が 1 つ与えられているところから出発する．ボレル集合体では，その中で可算個の和集合と共通部分をとることが自由にできることを思い出しておこう．また $A \in \mathfrak{B} \Rightarrow A^c \in \mathfrak{B}$ である．

【定義】 X 上で定義された実数値 $f(x)$ が，任意の実数 α, β $(\alpha < \beta)$ に対し

$$\{x \mid \alpha \leqq f(x) < \beta\} \in \mathfrak{B}$$

をみたすとき，f を可測という．

正確には，$\mathfrak{B}$-可測といった方がよいかもしれない．ここでは $\mathfrak{B}$ は固定して考えるので，単に可測という．なお，上の定義で $\beta \leqq \alpha$ のときは，$f^{-1}(\phi) = \phi \in \mathfrak{B}$ と考えている．

(定義の補足)　f は，$+\infty, -\infty$ の値もとってもよいことにする．このとき，$f^{-1}(+\infty) = \{x \mid f(x) = +\infty\} \in \mathfrak{B}$ および，$f^{-1}(-\infty) \in \mathfrak{B}$ も仮定しておく．

f が可測であるという上の定義は，$f^{-1}([\alpha, \beta)) \in \mathfrak{B}$ と表わしてもよいことを注意しておこう．

一般に，集合 X から集合 Y への写像 φ に対し

$\varphi^{-1}(A \cup B) = \varphi^{-1}(A) \cup \varphi^{-1}(B)$,　$\varphi^{-1}(A \cap B) = \varphi^{-1}(A) \cap \varphi^{-1}(B)$,

$\varphi^{-1}(A^c) = \{\varphi^{-1}(A)\}^c$

および，

$$\varphi^{-1}\left(\bigcup_{n=1}^{\infty} A_n\right) = \bigcup_{n=1}^{\infty} \varphi^{-1}(A_n)$$

$$\varphi^{-1}\left(\bigcap_{n=1}^{\infty} A_n\right) = \bigcap_{n=1}^{\infty} \varphi^{-1}(A_n)$$

が成り立つことをこれからしばしば用いる．もっとも私たちが差しあたりここで用いるのは，$Y = \boldsymbol{R}$ の場合であるが——．

次の命題が成り立つ．

> f を可測な関数とする．そのとき
>
> (i)　$f^{-1}((-\infty,\alpha)) \in \mathfrak{B}$,　$f^{-1}([\alpha,+\infty)) \in \mathfrak{B}$
>
> (ii)　$f^{-1}((\alpha,\beta)) \in \mathfrak{B}$,　$f^{-1}([\alpha,\beta]) \in \mathfrak{B}$,
> $f^{-1}((\alpha,\beta]) \in \mathfrak{B}$

【証明】　どれも同じようなことだから，$f^{-1}((-\infty,\alpha)) \in \mathfrak{B}$ と，$f^{-1}([\alpha,\beta]) \in \mathfrak{B}$ を示そう．

$$\begin{aligned} f^{-1}((-\infty,\alpha)) &= f^{-1}\left(\bigcup_{n=1}^{\infty}[-n,\alpha)\right) \\ &= \bigcup_{n=1}^{\infty} f^{-1}([-n,\alpha)) \in \mathfrak{B} \end{aligned}$$

$$\begin{aligned} f^{-1}([\alpha,\beta]) &= f^{-1}\left(\bigcap_{n=1}^{\infty}\left[\alpha,\beta+\frac{1}{n}\right)\right) \\ &= \bigcap_{n=1}^{\infty} f^{-1}\left(\left[\alpha,\beta+\frac{1}{n}\right)\right) \in \mathfrak{B} \end{aligned}$$

ここで，f の可測性から $f^{-1}([-n,\alpha)) \in \mathfrak{B}$，$f^{-1}\left(\left[\alpha,\beta+\frac{1}{n}\right)\right) \in \mathfrak{B}$ のことと，集合演算 $\bigcup_{n=1}^{\infty}$ と $\bigcap_{n=1}^{\infty}$ が $\mathfrak{B}$ の中で自由に行なえることを用いた．　■

逆に (i), (ii) の条件のどれか 1 つがすべての α (またはすべての α,β) に対して成り立てば，f は可測となる．

$\boldsymbol{R}^1$ の開集合と閉集合の逆像

> f を可測な関数とする．このとき
>
> (i)　$\boldsymbol{R}^1$ の任意の開集合 O に対し $f^{-1}(O) \in \mathfrak{B}$
>
> (ii)　$\boldsymbol{R}^1$ の任意の閉集合 F に対し $f^{-1}(F) \in \mathfrak{B}$

【証明】　(i)　$\boldsymbol{R}^1$ の任意の開集合 O は, 適当な区間の可算列 $[\alpha_n,\beta_n)(n=1,2,\ldots)$ を用いることにより

$$O = \bigcup_{n=1}^{\infty}[\alpha_n,\beta_n)$$

と表わされることを用いる．したがって

$$f^{-1}(O) = f^{-1}\left(\bigcup_{n=1}^{\infty}[\alpha_n,\beta_n)\right)$$

$$= \bigcup_{n=1}^{\infty} f^{-1}([\alpha_n, \beta_n)) \in \mathfrak{B}$$

(ii)　$\boldsymbol{R}^1$ の閉集合 F に対し，$O = F^c$ は開集合である．したがって

$$f^{-1}(F)^c = f^{-1}(F^c) = f^{-1}(O) \in \mathfrak{B}$$

$\mathfrak{B}$ はボレル集合体だから，これから $f^{-1}(F) \in \mathfrak{B}$ が得られる．■

この結果からまた，$\boldsymbol{R}^1$ の任意の G_δ 集合 G，F_σ 集合 K に対して，$f^{-1}(G) \in \mathfrak{B}$，$f^{-1}(K) \in \mathfrak{B}$ が成り立つこともわかる．実際，たとえば G についてみると，

$$G = \bigcap_{n=1}^{\infty} O_n \quad (O_n : \text{開集合})$$

と表わされるから

$$f^{-1}(G) = \bigcap_{n=1}^{\infty} f^{-1}(O_n) \in \mathfrak{B} \quad (f^{-1}(O_n) \in \mathfrak{B} \text{ による})$$

となる．

同じ考えで，$\boldsymbol{R}^1$ の $G_{\delta\sigma}$ 集合，$F_{\sigma\delta}$ 集合の f による逆像も $\mathfrak{B}$ に属していることがわかる．このことをどんどん繰り返していくと (厳密には，超限帰納法を用いて，高々 2 級の順序数まで行なうと)，結局

> $\boldsymbol{R}^1$ の任意のボレル集合 B に対して
>
> $$f^{-1}(B) \in \mathfrak{B}$$

となることがわかる．

$\boldsymbol{R}^l$ の開集合の逆像

2 つの可測関数が与えられたとき，それらを加えたり，かけたりして得られる関数は再び可測関数となることを示したいのだが，その前に次の補助的な命題を証明しておくことにしよう．

> ($\sharp$)　$f_1, f_2, \ldots, f_l$ を X 上の可測な関数とし，O を $\boldsymbol{R}^l$ の開集合とする．このとき
>
> $$\{x \mid (f_1(x), f_2(x), \ldots, f_l(x)) \in O\} \in \mathfrak{B}$$
>
> が成り立つ．

この命題の述べていることは，$f_1, f_2, \ldots, f_l$ によって決まる X から $\boldsymbol{R}^l$ への写像

$$x \longrightarrow F(x) = (f_1(x), f_2(x), \ldots, f_l(x)) \tag{1}$$

を考えると，$\boldsymbol{R}^l$ の開集合 O の F による逆像 $F^{-1}(O)$ に対して $F^{-1}(O) \in \mathfrak{B}$ が成り立つということである．

【証明】　O が '開区間' $\{(x_1, x_2, \ldots, x_l) \,|\, a_i < x_i < b_i \ (= 1, 2, \ldots, l)\}$ の形のときには

$$\begin{aligned}&\{x \mid (f_1(x), f_2(x), \ldots, f_l(x)) \in O\}\\&= \{x \mid a_i < f_i(x) < b_i \ (i = 1, 2, \ldots, l)\}\\&= \bigcap_{i=1}^{l} {f_i}^{-1}((a_i, b_i))\end{aligned}$$

となり，f_i が可測のことに注意すると，この集合が $\mathfrak{B}$ に属することがわかる．

$\boldsymbol{R}^l$ の一般の開集合 O は，このような '開区間' I_n の可算和として $O = \bigcup_{n=1}^{\infty} I_n$ と表わされる．したがって，(1) の記法を用いると

$$F^{-1}(O) = \bigcup_{n=1}^{\infty} F^{-1}(I_n) \in \mathfrak{B} \quad (F^{-1}(I_n) \in \mathfrak{B} \text{ による})$$

となり，これで命題が証明された．∎

可測関数の和と積

> $f(x), g(x)$ を X 上の可測な関数とすると，$\alpha f(x) + \beta g(x)$ (α, β は実数)，$f(x)g(x)$，$|f(x)|$ はまた可測な関数となる．

【証明】　証明はいずれも同じような考えでできるので，ここでは，$f(x)g(x)$ が可測となることを示しておこう．$\boldsymbol{R}^2$ から $\boldsymbol{R}^1$ への写像：$(x, y) \to xy$ は連続だから，任意の実数 α, β $(\alpha < \beta)$ に対して

$$O = \{(x, y) \mid \alpha < xy < \beta\}$$

とおくと，O は開集合となる．したがって

$$\begin{aligned}&\{x \mid \alpha < f(x)g(x) < \beta\}\\&= \{x \mid (f(x), g(x)) \in O\} \in \mathfrak{B} \qquad ((\sharp) \text{ による})\end{aligned}$$

このことは，$f(x)g(x)$ が可測な関数となることを示している．∎

可測関数列

$\{f_1, f_2, \ldots, f_n, \ldots\}$ を X 上の可測な関数列とすると，

$$\sup f_n(x), \quad \inf f_n(x)$$

も可測な関数となる．

【証明】 まず関数の定義をはっきりさせておく必要がある．上限関数 $\sup f_n(x)$ は，各 $x \in X$ に対し，数列

$$\{f_1(x), f_2(x), \ldots, f_n(x), \ldots\} \tag{2}$$

の上限をとって得られる関数である．なおこの数列が上に有界でないときには，上限の値は$+\infty$ であると約束しておくのである．そうすると $\sup f_n(x)$ は，すべての x に対して存在する．明らかに

$\sup f_n(x) = +\infty$

$\iff$ どんな自然数 N をとっても，ある番号 n に対しては $f_n(x) > N$

$\iff$ どんな自然数 N をとっても

$$x \in \bigcup_{n=1}^{\infty} \{x \mid f_n(x) > N\}$$

$\iff x \in \bigcap_{N=1}^{\infty} \bigcup_{n=1}^{\infty} \{x \mid f_n(x) > N\}$

したがって，$\sup f_n(x) = +\infty$ となる x の全体 M は可測である．

M の補集合 M^c に属する x, すなわち $\sup f_n(x) < +\infty$ となる x に対しては，数列 (2) は上に有界であって，そこでは任意の実数 α に対して

$$\sup f_n(x) \leqq \alpha$$

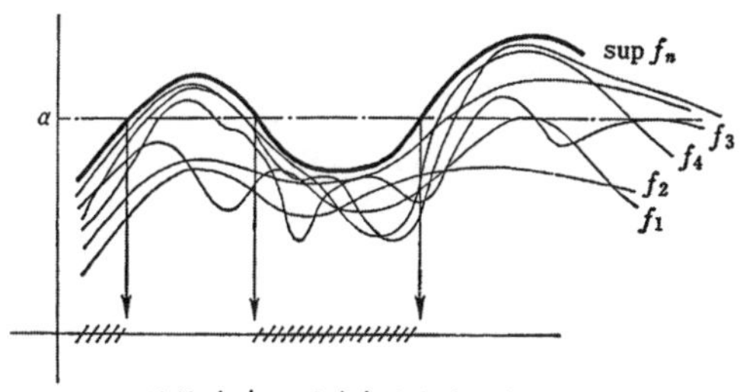

図 27

$$\iff \text{すべての } n \text{ に対し } f_n(x) \leqq \alpha$$

が成り立つ．したがって

$$\{x \mid \sup f_n(x) \leqq \alpha\} = \bigcap_{n=1}^{\infty} \{x \mid f_n(x) \leqq \alpha\}$$

(図 27)．各 f_n は可測だから右辺は $\mathfrak{B}$ に属し，したがって $\sup f_n$ は可測である．

次に $\inf f_n$ の可測性は

$$\inf f_n(x) = -\sup(-f_n(x)) \tag{3}$$

と表わされることからわかる．■

(3) の式は少しわかりにくいかもしれない．一般に数列 $\{a_1, a_2, \ldots, a_n, \ldots\}$ が与えられたとき，全部にマイナスをつけると，左右対称となって，大小の順序が逆になった数列 $\{\ldots, -a_n, \ldots, -a_2, -a_1\}$(このように表わした方が感じがわかる) が得られる．このとき $\inf a_n = -\sup(-a_n)$ が成り立つということは，まず鏡で映して左右逆転させた上で，上限，下限の対応をもう一度鏡を使ってもとへ戻して見るということである．

特に，単調増加列 $f_1(x) \leqq f_2(x) \leqq \cdots \leqq f_n(x) \leqq \cdots$ に対しては

$$\sup f_n(x) = \lim_{n\to\infty} f_n(x)$$

単調減少列 $f_1(x) \geqq f_2(x) \geqq \cdots \geqq f_n(x) \geqq \cdots$ に対しては

$$\inf f_n(x) = \lim_{n\to\infty} f_n(x)$$

である．したがって

> 可測関数の単調増加列，または単調減少列 $\{f_1, f_2, \ldots, f_n, \ldots\}$ に対し，極限関数 $\lim_{n\to\infty} f_n(x)$ は可測である．

より一般に次の命題が成り立つ．

> 任意の可測関数列 $\{f_1, f_2, \ldots, f_n, \ldots\}$ に対し
>
> $$\overline{\lim}\, f_n(x),\quad \underline{\lim}\, f_n(x)$$
>
> は可測な関数となる．

これを示すには，たとえば $\overline{\lim}\, f_n(x)$ の場合には

$$g_n(x) = \sup\{f_n(x), f_{n+1}(x), \ldots\}$$

$(n = 1, 2, \ldots)$ とおくと，各 g_n は可測であって

$$g_1(x) \geqq g_2(x) \geqq \cdots \geqq g_n(x) \geqq \cdots,$$
$$\lim_{n\to\infty} g_n(x) = \overline{\lim}\, f_n(x)$$

となることを注意すればよい.

Tea Time

質問　この講のはじめの方のお話では，集合 X にボレル集合体 $\mathfrak{B}$ が与えられると，可測関数が定義される状況は，位相空間の開集合族によって連続関数が定義される状況に似ているということでしたが，位相空間上の連続関数を，この観点から少し話していただけませんか.

答　位相空間 X から位相空間 Y への写像 φ が連続とは，Y の任意の開集合 O をとったとき，$\varphi^{-1}(O)$ が X の開集合となることである．ここで Y を $\boldsymbol{R}$ にとると，X 上の (実数値) 連続関数 f の定義となる．しかしこのときには，$\boldsymbol{R}$ の任意の開集合 O をとって，$f^{-1}(O)$ が X の開集合であることを確かめなくとも，任意の実数 α, β $(\alpha < \beta)$ に対して

$$f^{-1}((\alpha,\beta)) = \{x \mid \alpha < f(x) < \beta\}$$

が開集合となることさえみればよい．すなわち，これを連続性の定義として採用することができるのである．なぜなら，$\boldsymbol{R}$ の任意の開集合 O は，適当な可算個の開区間 $I_\alpha = (\alpha_n, \beta_n)$ によって，$O = \bigcup I_n$ と表わされ，したがってまた

$$f^{-1}(O) = \bigcup f^{-1}(I_n)$$

と表わされるからである．ここで，開集合の和集合は開集合であることに注意するとよい.

連続関数 f, g が与えられたとき，$\alpha f + \beta g$, fg, $|f|$ が連続関数となるということは，可測関数のときと同様の証明で示すことができる．しかし，連続関数列 $\{f_n\}$ に対して，$\sup f_n$，$\inf f_n$，$\overline{\lim}\, f_n$，$\underline{\lim}\, f_n$ などは一般には連続関数とはならない．それはボレル集合体のときと違って，開集合族では，可算個の共通部分をとるという演算が，一般には自由にできないからである.

第 18 講

可測関数の積分

テーマ
- ◆ 測度空間上の可測関数
- ◆ 単関数とその積分
- ◆ 単関数の積分の性質——有限加法性
- ◆ 可測関数の積分の定義
- ◆ 可測関数の単関数列による近似
- ◆ 関数列の収束性——(各点) 収束と一様収束

測度空間上の可測関数

この講では，測度空間 $X(\mathfrak{B}, m)$ を 1 つ固定し，その上で考えることにする．この講の目的は，測度空間 $X(\mathfrak{B}, m)$ 上の積分論を展開することにある．

X 上の可測関数 f とは，ボレル集合体 $\mathfrak{B}$ に関して可測な関数のことであるが，さらに次の補足的な条件もおく．

[補足的条件]　f は $\pm\infty$ も値としてとることができるが，$f(x) = \pm\infty$ となる x の全体は零集合である：

$$m(\{x \mid f(x) = \pm\infty\}) = 0$$

$f(x)$ と $g(x)$ が可測な関数ならば，前講の結果により，たとえば積 $f(x)g(x)$ も可測となるといえるが，いまの場合，実際は補足的条件の方も確かめておかなくてはならない．それは

$$\{x \mid f(x)g(x) = \pm\infty\} \subset \{x \mid f(x) = \pm\infty\} \cup \{x \mid g(x) = \pm\infty\}$$

に注意して，右辺の 2 つの集合が零集合のことを用いるとよい．

単関数とその積分

有限個の可測集合 $A_1, A_2, \ldots, A_n$ による X の分割

$$X = A_1 \cup A_2 \cup \cdots \cup A_n \quad (\text{共通点なし})$$

と実数 $\alpha_1, \alpha_2, \ldots, \alpha_n$ が与えられたとき，単関数 $\varphi(x)$ を

$$\varphi(x) = \alpha_1 \varphi(x\,; A_1) + \alpha_2 \varphi(x\,; A_2) + \cdots + \alpha_n \varphi(x\,; A_n) \tag{1}$$

によって定義する．ここで $\varphi(x\,; A_i)$ は A_i の特性関数

$$\varphi(x\,; A_i) = \begin{cases} 1, & x \in A_i \\ 0, & x \notin A_i \end{cases}$$

を表わしている．

> (i)　単関数は可測な関数である．
>
> (ii)　φ，ψ を単関数とし，α, β を実数とする．このとき
>
> $$\alpha\varphi(x) + \beta\psi(x),\ \varphi(x)\psi(x),\ |\varphi(x)|,$$
> $$\mathrm{Max}\,(\varphi(x), \psi(x)),\ \mathrm{Min}\,(\varphi(x), \psi(x))$$
>
> はまた単関数である．

【証明】　(i)　A が可測な集合のとき，$\varphi(x\,; A)$ が可測な関数となることはすぐに確かめられる．したがって前講の結果から，このような関数の 1 次結合として表わされる単関数もまた可測である．

(ii)　どれも同様なので，$\varphi(x)\psi(x)$ が単関数となることだけを示そう．

$$\varphi(x) = \sum_{i=1}^{n} \alpha_i \varphi(x\,; A_i), \quad \psi(x) = \sum_{j=1}^{l} \beta_j \varphi(x\,; B_j)$$

とすると，$X = \bigcup_{i=1}^{n} A_i = \bigcup_{j=1}^{l} B_j$ (共通点なし) から，$X = \bigcup_{i=1}^{n} \bigcup_{j=1}^{l} (A_i \cap B_j)$ (共通点なし) が得られる．したがって

$$\varphi(x)\psi(x) = \sum_{i=1}^{n} \sum_{j=1}^{l} \alpha_i \beta_j \varphi(x\,; A_i \cap B_j)$$

となり，$\varphi(x)\psi(x)$ も単関数となる．　■

【定義】　単関数 (1) に対し，X 上の積分を

$$\int_X \varphi(x) m(dx) = \sum_{i=1}^{n} \alpha_i m(A_i)$$

により定義する．一般に可測な集合 E 上での積分を

$$\int_E \varphi(x) m(dx) = \sum_{i=1}^{n} \alpha_i m(A_i \cap E)$$

により定義する．

実際は，単関数 $\varphi(x)$ を (1) の右辺のように表わす表わし方は 1 通りではなくて，たとえば A_1 が $A_1 = A_1' \cup A_1''$ と分割されれば，$\varphi(x\,;A_1) = \varphi(x\,;A_1') + \varphi(x\,;A_1'')$ と表わされる．しかし，測度の有限加法性によって，上の積分の定義は，$\varphi(x)$ の表わし方によらず確定するのである．

単関数の積分の性質

単関数 $\varphi(x), \psi(x)$ の積分について，次の性質が成り立つ．

(i)　$\varphi(x) \geqq \psi(x) \geqq 0$ とする．このとき

$$\int_E \varphi(x)m(dx) \geqq \int_E \psi(x)m(dx) \geqq 0$$

(ii)　実数 a, b に対し

$$\int_E (a\varphi(x) + b\psi(x))m(dx) = a\int_E \varphi(x)m(dx) + b\int_E \psi(x)m(dx)$$

(iii)　$E \cap F = \phi$ ならば

$$\int_{E\cup F} \varphi(x)m(dx) = \int_E \varphi(x)m(dx) + \int_F \varphi(x)m(dx)$$

この証明はどれも簡単なので特に述べない．

可測関数の積分

いよいよ可測関数の積分の定義を述べることにしよう．

【定義】　$f(x)$ を可測関数とし，$f \geqq 0$ とする．可測集合 E 上の f の積分を

$$\int_E f(x)m(dx) = \sup \int_E \varphi(x)m(dx) \tag{2}$$

によって定義する．ここで右辺の上限 sup は，

$$0 \leqq \varphi(x) \leqq f(x) \tag{3}$$

をみたすすべての単関数をわたって得られるものとする．

第 16 講で述べたことを思い出されると，上の定義は，直観的には，E 上の $f(x)$ のグラフの測度を，複雑な綾織り状の縦線グラフの測度を用いて測っていこうとするこ

とだということは察しがつくだろう．しかし，それはあくまで直観的な話であって，読者の中には，(3) をみたす単関数は十分たくさんあるのか，また (2) の右辺で上限をとるといっても，どのようにして上限に達する単関数列を選んでいくのだろうかと疑問に思われた方もおられるかもしれない．実際，そのような点を明らかにしない限り，上の積分の定義は形式的なものであって，実効性に乏しいだろう．このような点は，おいおい明らかにしていくことにして，もう少し定義の方を進めておこう．

負の値もとる可測関数 $f(x)$ に対しては，積分の定義は次のように行なう．

$$f^+(x) = \mathrm{Max}\ (f(x), 0), \quad f^-(x) = \mathrm{Max}\ (-f(x), 0)$$

とおくと，$f^+(x)$，$f^-(x)$ は可測な関数であって

$$f^+(x) \geqq 0, \quad f^-(x) \geqq 0$$
$$f(x) = f^+(x) - f^-(x)$$

となる．

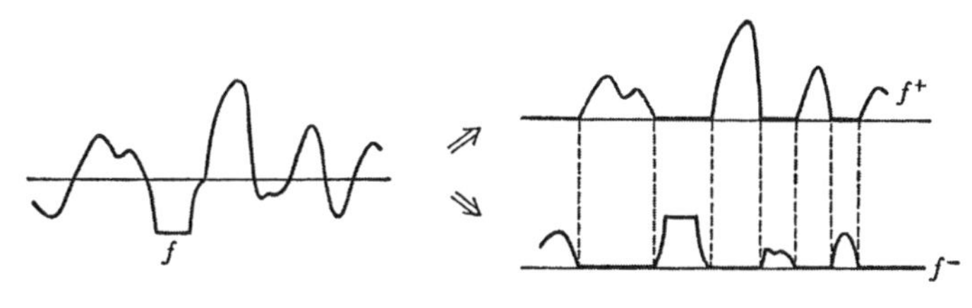

図 28

【定義】 $\int_E f^+(x)m(dx)$，$\int_E f^-(x)m(dx)$ のうち少なくともいずれか一方が $< +\infty$ のとき，$f(x)$ は E 上で積分確定であるといい，このとき，$f(x)$ の E 上の積分を

$$\int_E f(x)m(dx) = \int_E f^+(x)m(dx) - \int_E f^-(x)m(dx)$$

により定義する．

$\int f^+m(dx) = +\infty$，$\int f^-m(dx) = +\infty$ のときは，上式は $\infty - \infty$ となり，∞ に関する‘禁忌’に触れるので，この場合，積分ははじめから考えないと態度を鮮明にしておくのである．

可測関数の単関数による近似

任意の可測関数 $f \geqq 0$ は，単関数の増加列によって近似できるという次の定理

は，ルベーグ積分を支える 1 つの柱となっている．

【定理】　$f(x)$ を可測関数とし，$f \geqq 0$ とする．このとき単関数の増加列

$$0 \leqq \varphi_1(x) \leqq \varphi_2(x) \leqq \cdots \leqq \varphi_n(x) \leqq \cdots \tag{4}$$

が存在して

$$\lim_{n\to\infty} \varphi_n(x) = f(x)$$

が成り立つ．

【証明】　自然数 n に対して

$$A_k{}^{(n)} = \left\{x \,\middle|\, \frac{k}{2^n} \leqq f(x) < \frac{k+1}{2^n}\right\} \quad (k = 0, 1, 2, \ldots, n2^n - 1)$$

$$A^{(n)} = \{x \mid f(x) \geqq n\}$$

とおく．f は可測だから，$A_k{}^{(n)}$，$A^{(n)}$ は可測な集合となる．n をとめたとき，これら $n2^n+1$ 個の集合には共通点がなく，かつ

$$X = A_0{}^{(n)} \cup A_1{}^{(n)} \cup \cdots \cup A_{n2^n-1}{}^{(n)} \cup A^{(n)}$$

となっている．そこで

$$\varphi_n(x) = \sum_{k=0}^{n2^n-1} \frac{k}{2^n} \varphi(x\,; A_k{}^{(n)}) + n\varphi(x\,; A^{(n)})$$

とおくと，$\varphi_n(x)$ は単関数であって，図からも明らかなように，系列 $\{\varphi_1, \varphi_2, \ldots, \varphi_n, \ldots\}$ は単調増加性 (4) をみたしている．かつ $f(x) < N$ (N はある自然数) のところでは

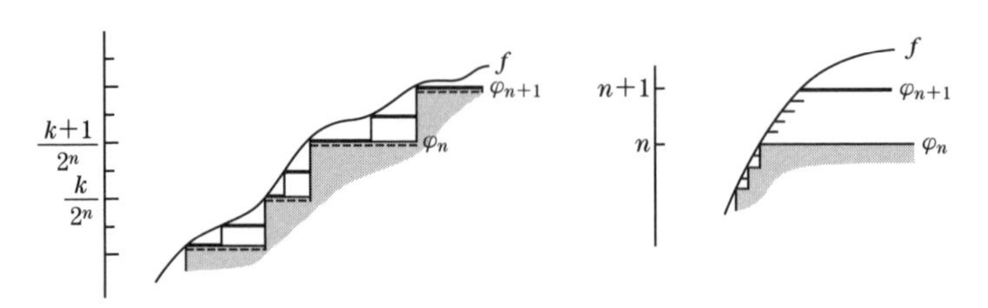

図 29

$$|f(x) - \varphi_n(x)| < \frac{1}{2^n} \quad (n \geqq N)$$

となり，$f(x) = +\infty$ のところでは

$$\lim_{n\to\infty} \varphi_n(x) = +\infty$$

となる．したがって各点 $x \in X$ で

$$\lim_{n\to\infty} \varphi_n(x) = f(x)$$

となって，定理は証明された． ∎

関数列——収束と一様収束

上の定理で示した，単関数の増加列 $\{\varphi_n(x) \mid n = 1, 2, \ldots\}$ の $f(x)$ への近似は，各点 x ごとで数列 $\varphi_n(x)$ $(n = 1, 2, \ldots)$ が $f(x)$ へ収束するということである．

一般に関数列 $f_n(x)$ $(n = 1, 2, \ldots)$ が $f(x)$ へ近づく近づき方はいろいろあるが，その中で最も典型的なものは，このように各点 x をとめたとき，数列 $f_n(x)$ $(n = 1, 2, \ldots)$ が $f(x)$ へ近づくというものである．このときは，単に，$n \to \infty$ のとき $f_n(x)$ は $f(x)$ へ収束するという (各点収束をするということもある)．

これに反し，$n \to \infty$ のとき，X 全体にわたって，いっせいにほとんど同じスピードで $f_n(x)$ が $f(x)$ に近づくという近づき方もある．このとき，$f_n(x)$ は $f(x)$ に一様に収束するという．

数学的な定式化は次のようになる．

(**収束**)：　$f_n(x) \to f(x)$ $(n \to \infty)$

任意の正数 ε に対して，各点 x に対し十分大きい自然数 N をとると

$$n \geqq N \Longrightarrow |f_n(x) - f(x)| < \varepsilon$$

(**一様収束**)：　任意の正数 ε に対して，十分大きい自然数 N をとると，X のすべての点 x に対して

$$n \geqq N \Longrightarrow |f_n(x) - f(x)| < \varepsilon$$

図 30(a) では，連続関数列 $\{f_n\}$ が，不連続関数 f に収束する模様を示している．(b) では不連続関数 f に，関数列 $\{f_n\}$ が一様収束する様子を描いている．こ

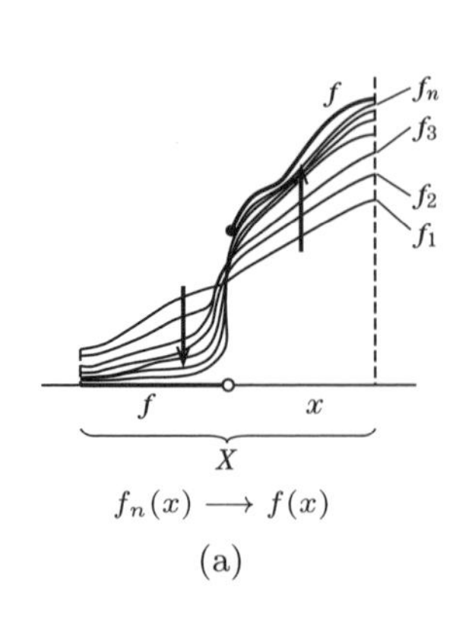

$f_n(x) \longrightarrow f(x)$

(a)

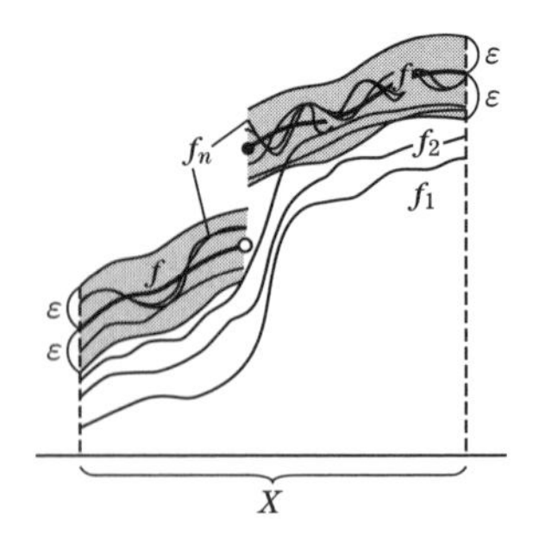

$f_n(x) \longrightarrow f(x)$(一様に) このとき f の周囲 ε-帯にある番号から先の f_n はすべて入ってくる．

(b)

図 30

の (b) では，f_1, f_2 などは連続関数だが，n が大きくなると，f のグラフの ε-帯状のところに，f_n のグラフが入らなくてはならなくなるので，f_n 自身も不連続となってくる．

日常的な例で，関数列 f_n が f に一様収束しないような状況を感じとってもらおう．図 31 は，xy-平面上に底面がおかれた，1 辺が 1 の立方体で，上面には大きさの違う細かい穴が隙間のないほどいっぱいあいている．この上から細かい砂を一様に落としていくとする．あるいは立方体の上面に箱を乗せ，そこに砂を詰めたと思ってもよい．砂は穴から下の立方体へと落ちていくが，穴の大きいところでは，砂はどんどん高くなり，穴の小さいところでは，砂はごく微少な量だけ積もってくる．砂はあまり崩れないとすると，この状況は図 31 で察せられるだろう．数学的に考えるときには，穴の大きさは (そしてまた砂粒の大きさも) いくらでも小さくとってもよいとする．

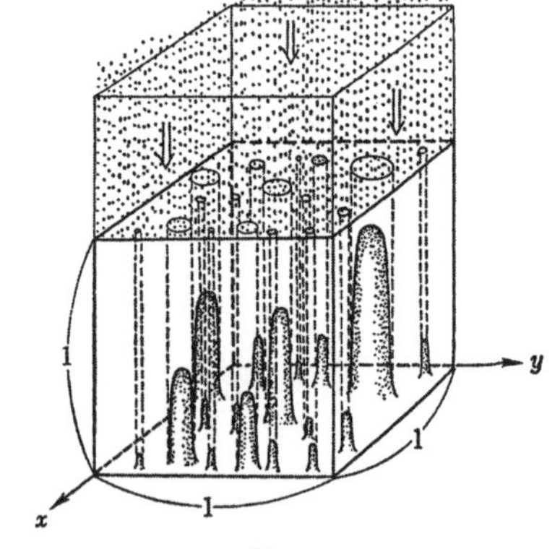

図 31

このとき，立方体の底面 (x, y) から測った n 秒後における，砂の高さを $f_n(x, y)$ とすると，$n \to \infty$ のとき，$f_n(x, y) \to 1$ である．これは，どの点 (x, y) をとっても，点 (x, y) 上で砂はいつかは立方体の上面にまで達するということである．しかし，たとえば点 (a, b) で上面の穴が小さければ，砂はごくわずかずつしか落ちないから

1 万秒たっても，まだそこでの砂の高さは，$\frac{1}{1000}$ に達していないかもしれない．

そのことは

$$f_{10000}(a,b) < \frac{1}{1000}$$

を示す．すなわち，砂の高さが非常に速く 1 に達する場所と，恐ろしいほど長時間たってから高さが 1 に達する場所とが散在している．このようなとき，$f_n(x,y)$ は 1 に一様に収束していない．

n 秒後の砂の体積を測ってみても，これが究極的には立方体を埋めつくし，体積 1 となることは予想できないだろう．

単関数列が可測関数に収束する状況と積分の収束とがどのようにかかわるかについて，次講の最初で述べることにしよう．

Tea Time

質問　測度論のことをかいた本を見ていましたら，階段関数という言葉がたくさん出ていましたが，階段関数というのは，ここでいう単関数と同じものなのでしょうか．

答　その通りである．単関数は英語 simple function の訳であり，階段関数は英語 step function の訳である．どちらが慣用ということでもないようである．

なお単関数から出発して，可測関数の積分論を見通しよく構成していこうという考えは，ポーランドの数学者サクス (S. Saks) によって，彼の有名な著書『Theory of the Integral』(1937) の中で最初に明確にされたものであるといわれている．なお，サクスは，積分論を中心として，実関数論とよばれる分野で，いくつかのすぐれた業績を残した数学者であったが，ユダヤ系ポーランド人ということで第 2 次世界大戦中，ナチスにより殺された．

第 19 講

積分の基本定理

テーマ
- ◆ エゴロフの定理とその証明
- ◆ エゴロフの定理の積分論への効果
- ◆ 積分の基本定理——積分と単関数の増加列

エゴロフの定理

X 上で定義された関数列 $\{f_n\}$ $(n = 1, 2, \ldots)$ が，f に収束しているとき，X 上で考えると一様収束していなくとも，X の部分集合 Y 上で考えれば一様収束していることはある．たとえば図 32 では，区間 $[a,b]$ で定義された連続関数列 $\{f_n\}$ が，不連続関数 f $(x = c,\ x = d$ で不連続点をもつ$)$ に収束する模様を示してある．区間 $X = [a,b]$ 上では f_n は f に一様収束していないが，図で示してあるように，ε を十分小さくとった正数とするとき，$Y = [a, c-\varepsilon] \cup [c+\varepsilon,\ d-\varepsilon] \cup [d+\varepsilon,\ b]$ 上では f_n は f に一様収束している．

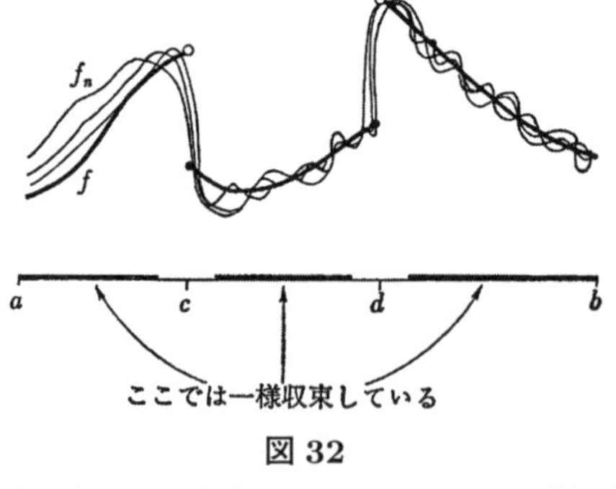

図 32

したがって，一般に測度空間 X 上で，関数列 f_n が f に収束しているとき，一様収束している場所 Y の大きさを測ってみることはできないだろうか，という考えが当然湧いてくる．

これに関する次のエゴロフの定理は，測度論にとって重要である．

【定理】 有界な測度空間 $X(\mathfrak{B}, m)$ 上で定義された可測関数列 $\{f_1, f_2, \ldots, f_n, \ldots\}$ が，f に収束しているとする．このとき，任意の正数 ε に対して次の性質をみたす可測集合 H が存在する：

(i) $m(H) < \varepsilon$

(ii) $Y = H^c$ 上で，$n \to \infty$ のとき f_n は f に一様に収束する．

定理で述べていることは，f_n が f に一様収束しない場所は，測度がいくらでも小さい集合 H の中に納めることができるということである——ただし $m(X) < \infty$ の仮定のもとで．

【証明】 $f(x) = \pm\infty$ となる x の集合は測度 0 であると約束しておいたから，このような集合は求める集合 H の中に加えておくことにすれば，はじめから，$-\infty < f(x) < +\infty$ と仮定しておいてよい，また第 17 講の結果から，f は可測である．

r を自然数とし，$n = 1, 2, \ldots$ に対し

$$A_n\left(\frac{1}{2^r}\right) = \bigcap_{k=n}^{\infty} \left\{x \;\middle|\; |f_k(x) - f(x)| < \frac{1}{2^r}\right\}$$

とおく．

$$x \in A_n\left(\frac{1}{2^r}\right) \Longleftrightarrow k \geqq n \text{ のとき } |f_k(x) - f(x)| < \frac{1}{2^r} \tag{1}$$

となっている．$f_k - f$ が可測だから，$A_n\left(\frac{1}{2^r}\right) \in \mathfrak{B}$ であって，また $\lim f_k = f$ により

$$A_1\left(\frac{1}{2^r}\right) \subset A_2\left(\frac{1}{2^r}\right) \subset \cdots \subset A_n\left(\frac{1}{2^r}\right) \subset \cdots \longrightarrow X \tag{2}$$

である．

(1) を見るとわかるように，$A_n\left(\frac{1}{2^r}\right)$ 上では，$k \geqq n$ をみたす $f_k(x)$ のグラフは，$f(x)$ のグラフの $\frac{1}{2^r}$-帯状地帯に入っている $\left(\frac{1}{2^r}\right.$ 程度の一様性！$\left.\right)$．したがって $f_k(x)$ が $f(x)$ に一様収束しないような状況は，$n \to \infty$，$r \to \infty$ とするとき，$A_n\left(\frac{1}{2^r}\right)$ の外の方——$A_n\left(\frac{1}{2^r}\right)^c$ (補集合！) の方——へ閉じこめられていくに違いない．この部分の測度を ε-以内に納めることができれば，定理の証明は完了することになる．

(2) により，測度の‘連続性’から

$$m(X) = \lim_{n\to\infty} m\left(A_n\left(\frac{1}{2^r}\right)\right)$$

が成り立つ．したがって適当な自然数 n_r をとると，

$$m\left(A_{n_r}\left(\frac{1}{2^r}\right)\right) > m(X) - \frac{1}{2^r}$$

ここで，仮定 $m(X) < \infty$ を用いている．

そこで与えられた正数 ε に対して

$$\varepsilon > \frac{1}{2^l}$$

となる自然数 l をとって

$$H = \bigcup_{r=l+1}^{\infty} A_{n_r}\left(\frac{1}{2^r}\right)^c$$

とおく．$H \in \mathfrak{B}$ のことは明らかである．

H は求める集合となっている：

$$\begin{aligned} m(H) &\leqq \sum_{r=l+1}^{\infty} m\left(A_{n_r}\left(\frac{1}{2^r}\right)^c\right) \\ &= \sum_{r=l+1}^{\infty} \left\{m(X) - m\left(A_{n_r}\left(\frac{1}{2^r}\right)\right)\right\} \\ &< \sum_{r=l+1}^{\infty} \frac{1}{2^r} = \frac{1}{2^l} < \varepsilon \end{aligned}$$

(1 番目から 2 番目の不等式へ移るところでも，$m(X) < \infty$ を用いている)．これで (i) が成り立つことが示された．

$x \in H^c$ とすると，すべての r $(\geqq l+1)$ に対し

$$x \in A_{n_r}\left(\frac{1}{2^r}\right)$$

となっている．したがって，任意の正数 δ に対して

$$\delta > \frac{1}{2^r}$$

となる r $(\geqq l+1)$ をとっておくと，(1) から

$$k \geqq n_r \text{のとき} \ |f_k(x) - f(x)| < \delta$$

が成り立つ．このことは，H^c 上で，$f_n(x)$ は $f(x)$ に一様収束していることを示している．したがって (ii) もいえて，定理が証明された．　■

図 32 の場合には，H として $\left(c-\frac{\varepsilon}{4},\ c+\frac{\varepsilon}{4}\right) \cup \left(d-\frac{\varepsilon}{4},\ d+\frac{\varepsilon}{4}\right)$ をとることができる．この簡単な例でもわかるように，H を零集合にとることは一般にはできないのである．また前講最後でお話しとして述べた，立方体に砂を注ぐときの高さの関数のような場合には，エゴロフの定理は決して自明なことを述べているわけではないことを注意しておこう．

エゴロフの定理の効果

エゴロフの定理が積分の理論に適用されたとき，どのような効果を現わすかをみてみよう．

いま，$m(X) < \infty$ とする．X 上の可測関数 $f(x)(\geqq 0)$ は，前講で示したように，'y 軸上の分点' $\frac{k}{2^n}$ $(k = 0, 1, 2, \ldots, n2^n - 1)$ から得られる単関数の増加列

$$0 \leqq \varphi_1(x) \leqq \varphi_2(x) \leqq \cdots \leqq \varphi_n(x) \leqq \cdots$$

によって

$$\lim_{n\to\infty} \varphi_n(x) = f(x)$$

と表わされる (前講の (4))．この収束に対して，エゴロフの定理を適用すると，任意の正数 ε に対して，ある可測集合 H が存在して

$$m(H) < \varepsilon\,;\ H^c \text{ 上で} \varphi_n(x) \text{ は一様に } f(x) \text{ に収束している．}$$

このことから実は

$$\int_X f(x)m(dx) = \lim_{n\to\infty} \int_X \varphi_n(x)m(dx) \tag{3}$$

が成り立つことが示される．

【証明】 前講で述べたことによれば，$f(x)$ の X 上での積分は

$$\int_X f(x)m(dx) = \sup \int_X \varphi(x)m(dx)$$

で与えられている．ここで，右辺の上限は，$0 \leqq \varphi(x) \leqq f(x)$ をみたす単関数 $\varphi(x)$ すべてにわたって得られるものである．$\varphi_n(x) \leqq f(x)$ $(n = 1, 2, \ldots)$ だから，したがって

$$\int_X f(x)m(dx) \geqq \int_X \varphi_n(x)m(dx)$$

であり，したがってまた

$$\int_X f(x)m(dx) \geqq \lim_{n\to\infty} \int_X \varphi_n(x)m(dx) \tag{4}$$

が成り立つ．

このことから (3) を示すには，任意に $0 \leqq \psi(x) \leqq f(x)$ をみたす単関数 $\psi(x)$ をとったとき

$$\int_X \psi(x)m(dx) \leqq \lim_{n\to\infty} \int_X \varphi_n(x)m(dx) \tag{5}$$

を示せばよいことがわかる．実際，この式の左辺で ψ をいろいろ動かして上限へと移ると

$$\int_X f(x)m(dx) \leqq \lim_{n\to\infty} \int_X \varphi_n(x)m(dx)$$

が得られる．この式を (4) と見くらべて，(3) の成り立つことがわかる．

(5) の証明：　H^c 上で φ_n は f に一様収束しているから，任意に正数 δ をとったとき，十分大きな番号 N をとると，

$$x \in H^c \text{ のとき } f(x) - \delta \leqq \varphi_N(x)$$

となる．$\psi(x) \leqq f(x)$ に注意すると，したがってまた

$$x \in H^c \text{ のとき } \psi(x) - \delta \leqq \varphi_N(x)$$

が成り立つ．

したがって，$\psi(x) \leqq K$ とおくと

$$\begin{aligned}
\int_X \psi(x)m(dx) &= \int_{H^c} \psi(x)m(dx) + \int_H \psi(x)m(dx) \\
&\leqq \int_{H^c} (\varphi_N(x) + \delta)\, m(dx) + \int_H \psi(x)m(dx) \\
&\leqq \int_X \varphi_N(x)m(dx) + \int_{H^c} \delta m(dx) + \int_H \psi(x)m(dx) \\
&\leqq \int_X \varphi_N(x)m(dx) + \delta m\left(H^c\right) + Km(H) \\
&\leqq \int_X \varphi_N(x)m(dx) + \delta m(X) + K\varepsilon
\end{aligned}$$

ゆえに

$$\int_X \psi(x)m(dx) \leqq \lim_{N\to\infty}\int_X \varphi_N(x)m(dx) + \delta m(X) + K\varepsilon$$

が得られた．この式は，δ と ε をどんなに小さい正数にとっても成り立つのだから，これで (5) が証明された． ∎

読者はこの証明で，φ_n が f に，H^c 上では一様収束していることと，一様収束していない場所が十分小さい測度の中に納められるという事実が，積分概念の中に巧みに吸収されてしまったことに注意されるとよい．

積分の基本定理

上に述べたことは，エゴロフの定理と積分概念との関係を十分明らかにしているのだが，数学の定式化としては，$m(X) < \infty$ という制限もとり除きたいし，f に近づく単関数の増加列 $0 \leqq \varphi_1 \leqq \varphi_2 \leqq \cdots \leqq \varphi_n \leqq \cdots$ も，'y 軸上の分点' から得られたという制約をはずしておきたい (実際，上の証明ではこの事実は用いていなかった)．そのようにして得られた一般的な定理は次のように述べられる．

【定理】 $f(x)$ を測度空間 $X(\mathfrak{B}, m)$ 上の可測関数で，$f(x) \geqq 0$ をみたすものとする．単関数の増加列

$$0 \leqq \varphi_1(x) \leqq \varphi_2(x) \leqq \cdots \leqq \varphi_n(x) \leqq \cdots$$

によって，$f(x)$ は

$$f(x) = \lim_{n\to\infty}\varphi_n(x)$$

と表わされているとする．このとき任意の $E \in \mathfrak{B}$ に対して

$$\int_E f(x)m(dx) = \lim_{n\to\infty}\int_E \varphi_n(x)m(dx)$$

が成り立つ．

【証明の要点】 この場合も前と同様に，$0 \leqq \psi(x) \leqq f(x)$ をみたす単関数 $\psi(x)$ を 1 つとったとき，

$$\int_E \psi(x)m(dx) \leqq \lim_{n\to\infty}\int_E \varphi_n(x)m(dx) \tag{5$'$}$$

を示すことに帰着する．そこで，

$$\psi(x) = \sum_{i=1}^{s} \alpha_i \varphi(x\,;A_i), \quad \alpha_i > 0$$

と表わすと,

$$\{x \mid \psi(x) > 0\} = A_1 \cup A_2 \cup \cdots \cup A_s \quad (\text{共通点なし})$$

となる．また $E^* = E \cap (A_1 \cup A_2 \cup \cdots \cup A_s)$ とおく．

そこで 2 つの場合にわけて考察する．

(i)　$\int_E \psi(x)m(dx) < \infty$ のとき．

このとき $m(E^*) < \infty$ で，したがって前節と同様の考察によって

$$\int_{E^*} \psi(x)m(dx) \leqq \lim_{n\to\infty} \int_{E^*} \varphi_n(x)m(dx)$$

が成り立つ．あとは

$$\int_{E^*} \psi m(dx) = \int_E \psi m(dx), \quad \int_{E^*} \varphi_n m(dx) \leqq \int_E \varphi_n m(dx)$$

に注意すれば (5)$'$ が成り立つことがわかる．

(ii)　$\int_E \psi(x)m(dx) = \infty$ のとき．

このときは $m(E^*) = \infty$ である．

$$2\varepsilon = \mathrm{Min}\,\{\alpha_1, \alpha_2, \ldots, \alpha_s\} > 0$$

とおき

$$B_n = \big\{x \mid \psi(x) > 0, \quad \varphi_n(x) \geqq \psi(x) - \varepsilon\big\}$$

とおく．$\{\varphi_n\}$ は増加列であり，また $\psi(x) \leqq f(x) = \lim \varphi_n(x)$ に注意すると

$$B_1 \subset B_2 \subset \cdots \subset B_n \subset \cdots$$

$$\lim B_n = \{x \mid \psi(x) > 0\} = A_1 \cup A_2 \cup \cdots \cup A_s$$

となることがわかる．したがって

$$\lim m\,(E \cap B_n) = m(E^*) = \infty$$

一方，$x \in B_n$ に対しては $\varphi_n(x) \geqq \psi(x) - \varepsilon \geqq \varepsilon$ が成り立つから

$$\int_E \varphi_n(x)m(dx) \geqq \varepsilon m\,(E \cap B_n)$$

ここで $n \to \infty$ とすると

$$\lim_{n\to\infty} \int_E \varphi_n(x)m(dx) \geqq \varepsilon \lim_{n\to\infty} m\,(E \cap B_n) = \infty$$

となり，この場合も (5)$'$ が成り立つ．　■

Tea Time

質問　積分の基本定理で述べられた内容をもう少し説明していただけませんか．どの点が‘基本’なのか，まだ少しはっきりしないのです．

答　これはリーマン積分の場合を思い出してもらった方がわかりやすいかもしれない．リーマン積分では，$\int_a^b f(x)dx$ を定義するのに，分点

$$a = x_0 < x_1 < x_2 < \cdots < x_n = b$$

をいろいろにとって，和 $\sum f(\xi_i)(x_{i+1} - x_i)$　$(x_i \leqq \xi_i < x_{i+1})$ をつくり，この上極限の値を積分と定義する．単に上極限の値としただけでは，具体的に関数 $f(x)$ が与えられたとき，分点をどのようにとって積分の値に近づけてよいかわからないのである．その意味ではこの定義は抽象的であって，実際的ではないといえる．この点を補強するのがダルブーの定理であって，ダルブーの定理は，関数 $f(x)$ のことなどを顧慮しなくとも，分点の最大幅 $\mathrm{Max}\,(x_{i+1} - x_i)$ を 0 に近づけるように分点の数を増していけば，$\sum f(\xi_i)(x_{i+1} - x_i)$ は必ず積分の値に近づいていくというのである．

上に積分の基本定理として述べたものは，このダルブーの定理の‘ルベーグ積分版’ともみられるものである．私たちは，$\int_E f(x)m(dx)$ を考えるとき，$f(x)$ のことを顧慮することなく，勝手に‘y 軸に分点’をとって，その最大幅を 0 に近づけるようにして，単関数の増加列を前講で述べたように構成していくと，この道を伝って積分へと近づけるのである．

質問　もう 1 つお聞きしたいのです．エゴロフの定理では測度空間は，有界と仮定していましたが，この定理を用いて証明する積分の基本定理では，最終的には測度空間は任意にとってもよくなっていました．エゴロフの定理自身から有界性の仮定をとり除くことはできないのですか．

答　次のような簡単な反例があるので，エゴロフの定理から有界性の仮定をはずせないのである．

$X = \{1, 2, \ldots, n, \ldots\}$ とし，$\mathfrak{B}$ としては X のすべての部分集合からなるボレル集合体，測度 m としては

$$m(A) = \begin{cases} A \text{ の元の数}, & A \text{ が有限集合のとき} \\ 0, & A \text{ が無限集合のとき} \end{cases}$$

をとる．$X(\mathfrak{B}, m)$ は測度空間であって $m(X) = \infty$．このとき

$$f_n(x) = \begin{cases} 1, & x \in \{1, 2, \ldots, n\} \\ 0, & x \notin \{1, 2, \ldots, n\} \end{cases} \qquad (n = 1, 2, \ldots)$$

とおくと，関数列 f_n は 1 に収束するが，どのような有限測度の集合 S をとってみても $X - S$ 上で，f_n が 1 に一様収束するようにはできない．

同じような例であるが，数直線上で

$$f_n(x) = \begin{cases} 1, & x \leqq n \\ 0, & x > n \end{cases}$$

という関数列を考えてみてもよい．

第 20 講

積分の性質

テーマ

- ◆ 積分の和
- ◆ 関数項の級数の積分
- ◆ 共通点のない集合列の上の積分
- ◆ 増加列の極限と積分
- ◆ ファトゥーの不等式
- ◆ 可積分関数
- ◆ ルベーグの収束定理

この講では，測度空間 $X(\mathfrak{B}, m)$ を1つ固定して，その上で考えることにする．また現われる関数はすべて可測な関数とし，部分集合はすべて $\mathfrak{B}$ に属しているものとする．

積分の和

(I)　$f(x)$, $g(x) \geqq 0$ とする．このとき α, $\beta \geqq 0$ に対して

$$\int_E (\alpha f(x) + \beta g(x)) m(dx) = \alpha \int_E f(x) m(dx) + \beta \int_E g(x) m(dx)$$

【証明】　$f(x)$, $g(x)$ に収束する単関数の増加列を，それぞれ

$$0 \leqq \varphi_1(x) \leqq \varphi_2(x) \leqq \cdots \leqq \varphi_n(x) \leqq \cdots \longrightarrow f(x)$$
$$0 \leqq \psi_1(x) \leqq \psi_2(x) \leqq \cdots \leqq \psi_n(x) \leqq \cdots \longrightarrow g(x)$$

とする．このとき $\alpha\varphi_n(x) + \beta\psi_n(x)$ $(n = 1, 2, \ldots)$ も単関数の増加列となって

$$\lim_{n\to\infty} (\alpha\varphi_n(x) + \beta\psi_n(x)) = \alpha f(x) + \beta g(x)$$

したがって，前講の積分の基本定理により

$$\int_E (\alpha f(x)+\beta g(x))m(dx) = \lim_{n\to\infty}\int_E (\alpha\varphi_n(x)+\beta\psi_n(x))\,m(dx)$$
$$= \alpha\lim_{n\to\infty}\int_E \varphi_n(x)m(dx) + \beta\lim_{n\to\infty}\int_E \psi_n(x)m(dx)$$
$$= \alpha\int_E f(x)m(dx) + \beta\int_E g(x)m(dx)$$

■

関数項の級数

> (II)　$f_n(x) \geqq 0$ $(n=1,2,\ldots)$ とする．$f(x)$ が
> $$f(x) = \sum_{n=1}^{\infty} f_n(x)$$
> と表わされているならば
> $$\int_E f(x)m(dx) = \sum_{n=1}^{\infty}\int_E f_n(x)m(dx)$$

すなわち関数項のつくる正項級数に対しては，積分と‘無限和’とは交換可能である．

【証明】　$n=1,2,\ldots$ に対して，$k\to\infty$ のとき $f_n(x)$ に収束する単関数の増加列

$$0 \leqq \psi_1{}^{(n)}(x) \leqq \psi_2{}^{(n)}(x) \leqq \cdots \leqq \psi_k{}^{(n)}(x) \leqq \cdots \longrightarrow f_n(x)$$

をとっておく．そこで

$$\varphi_k(x) = \sum_{i=1}^{k} \psi_k{}^{(i)}(x)$$

とおく．これは右図でカゲのついた縦枠の部分を順次加えて得られた単関数である．明らかに

$$0 \leqq \varphi_1(x) \leqq \varphi_2(x) \leqq \cdots$$

$\phi_1{}^{(1)}$	$\phi_2{}^{(1)}$	$\cdots$	$\phi_k{}^{(1)}$	$\cdots$	$\phi_n{}^{(1)}$	$\cdots\to f_1$
$\phi_1{}^{(2)}$	$\phi_2{}^{(2)}$	$\cdots$	$\phi_k{}^{(2)}$	$\cdots$	$\phi_n{}^{(2)}$	$\cdots\to f_2$
	$\cdots$	$\cdots$				
$\phi_1{}^{(k)}$	$\phi_2{}^{(k)}$	$\cdots$	$\phi_k{}^{(k)}$	$\cdots$	$\phi_n{}^{(k)}$	$\cdots\to f_k$
	$\cdots$	$\cdots$				
$\phi_1{}^{(n)}$	$\phi_2{}^{(n)}$	$\cdots$	$\phi_k{}^{(n)}$	$\cdots$	$\phi_n{}^{(n)}$	$\cdots\to f_n$
	$\cdots$	$\cdots$		$\cdots$		$\cdots$

が成り立つ．

$$f(x) = \sum_{n=1}^{\infty} f_n(x) \geqq \sum_{i=1}^{k} f_i(x) \geqq \varphi_k(x) \tag{1}$$

であり，一方，任意の自然数 l に対して

$$\lim_{k\to\infty}\varphi_k(x)=\lim_{k\to\infty}\sum_{i=1}^{k}{\psi_k}^{(i)}(x)$$
$$\geqq\lim_{k\to\infty}\sum_{i=1}^{l}{\psi_k}^{(i)}(x)=\sum_{i=1}^{l}f_i(x)$$

ここで $l\to\infty$ として (1) と見くらべると，結局

$$\lim_{k\to\infty}\varphi_k(x)=f(x)$$

が得られた．すなわち，$\varphi_k(x)$ $(k=1,2,\ldots)$ は，$f(x)$ に収束する単関数の増加列である．したがって f の積分は

$$\int_E f(x)m(dx)=\lim_{k\to\infty}\int_E\varphi_k(x)m(dx)$$

と表わされる．この右辺に注目しよう．

$$\text{右辺}=\lim_{k\to\infty}\sum_{i=1}^{k}\int_E{\psi_k}^{(i)}(x)m(dx)$$
$$\leqq\lim_{k\to\infty}\sum_{i=1}^{k}\int_E f_i(x)m(dx)$$
$$=\sum_{i=1}^{\infty}\int_E f_i(x)m(dx)$$

したがって

$$\int_E f(x)m(dx)\leqq\sum_{i=1}^{\infty}\int_E f_i(x)m(dx)\tag{2}$$

が得られた．

逆向きの不等号は，$f(x)\geqq\sum_{i=1}^{k}f_i(x)$ から

$$\int_E f(x)m(dx)\geqq\int_E\sum_{i=1}^{k}f_i(x)m(dx)=\sum_{i=1}^{k}\int_E f_i(x)m(dx)\tag{3}$$

となり，ここで $k\to\infty$ とすると得られる．(2) と (3) から，結局これらの不等式では等号が成り立つことがわかり，命題が証明された． ∎

共通点のない集合列上の積分

(III)　$E=\bigcup_{n=1}^{\infty}E_n$ (共通点なし) と表わされていたとする．このとき，$f(x)\geqq 0$ をみたす関数 f に対して

$$\int_E f(x)m(dx)=\sum_{n=1}^{\infty}\int_{E_n}f(x)m(dx)$$

【証明】　$E=\bigcup_{n=1}^{\infty} E_n$ に対応して，E，E_n $(n=1,2,\ldots)$ の特性関数につき関係式

$$\varphi(x;E)=\sum_{n=1}^{\infty}\varphi(x;E_n)$$

が成り立つ．したがって

$$\int_E f(x)m(dx)=\int f(x)\varphi(x;E)m(dx)$$

この右辺に (II) を用いると

$$\begin{aligned}\int_E f(x)m(dx)&=\sum_{n=1}^{\infty}\int_X f(x)\varphi(x;E_n)\,m(dx)\\&=\sum_{n=1}^{\infty}\int_{E_n} f(x)m(dx)\end{aligned}$$

∎

増加列の極限

> (IV)　$0\leqq f_1(x)\leqq f_2(x)\leqq\cdots\leqq f_n(x)\leqq\cdots$ であって
>
> $$f(x)=\lim_{n\to\infty}f_n(x)$$
>
> とする．このとき
>
> $$\int_E f(x)m(dx)=\lim_{n\to\infty}\int_E f_n(x)m(dx)$$

【証明】　$g_1(x)=f_1(x)$，$g_2(x)=f_2(x)-f_1(x)$，…，$g_n(x)=f_n(x)-f_{n-1}(x)$，… とおくと，

$$g_n(x)\geqq 0$$

である．

$$f_n(x)=\sum_{i=1}^{n}g_i(x)\quad(n=1,2,\ldots)$$

に注意して，ここで $n\to\infty$ とすると

$$f(x)=\sum_{i=1}^{\infty}g_i(x)$$

が得られる．したがって (II) を適用すると

$$\begin{aligned}\int_E f(x)m(dx)&=\sum_{i=1}^{\infty}\int_E g_i(x)m(dx)\\&=\lim_{n\to\infty}\sum_{i=1}^{n}\int_E g_i(x)m(dx)\end{aligned}$$

$$= \lim_{n\to\infty} \int_E \sum_{i=1}^{n} g_i(x)m(dx)$$
$$= \lim_{n\to\infty} \int_E f_n(x)m(dx) \qquad \blacksquare$$

ファトゥーの不等式

(V)　関数列 $\{f_n(x)\}$ $(n = 1, 2, \ldots)$ は，$f_n(x) \geqq 0$ をみたしているとする．このとき

$$\int_E \underline{\lim}\, f_n(x)m(dx) \leqq \underline{\lim} \int_E f_n(x)m(dx)$$

これをファトゥーの不等式という．

【証明】　$g_k(x) = \inf\{f_k(x), f_{k+1}(x), f_{k+2}(x), \ldots\}$ とおくと，$g_k(x) \geqq 0$ で，

$$g_1(x) \leqq g_2(x) \leqq \cdots \leqq g_k(x) \leqq \cdots \longrightarrow \underline{\lim}\, f_n(x)$$

が成り立つ．したがって (IV) を用いて，さらに $g_k(x) \leqq f_k(x)$ に注意すると

$$\int_E \underline{\lim}\, f_n(x)m(dx) = \int_E \lim_{k\to\infty} g_k(x)m(dx)$$
$$= \lim_{k\to\infty} \int_E g_k(x)m(dx) = \underline{\lim} \int_E g_k(x)m(dx)$$
$$\leqq \underline{\lim} \int_E f_n(x)m(dx) \qquad \blacksquare$$

なお，ここで数列の極限に関する 2 つの結果：$\lim a_n$ が存在するときは $\lim a_n = \underline{\lim}\, a_n$；$a_n \leqq b_n$ のときは $\underline{\lim}\, a_n \leqq \underline{\lim}\, b_n$ を用いている．

可積分関数

可測関数 $f(x)$ を

$$f(x) = f^+(x) - f^-(x) \tag{4}$$

と分解することは，すでに第 18 講で述べてある (図 28 参照)．$f^+(x) \geqq 0$, $f^-(x) \geqq 0$ である．

【定義】　可測関数 f に対して

$$\int_E f^+(x)m(dx) < \infty, \quad \int_E f^-(x)m(dx) < \infty$$

が成り立つとき，f を E 上の可積分関数という．

f が E 上で可積分関数のとき

$$\int_E f(x)m(dx) = \int_E f^+(x)m(dx) - \int_E f^-(x)m(dx)$$

の値は有限である．また

$$\int_E |f(x)|m(dx) = \int_E f^+(x)m(dx) + \int_E f^-(x)m(dx) < \infty$$

のことを注意しておこう．

全空間 X 上で可積分な関数を，単に可積分関数という．可積分関数は任意の $E \in \mathfrak{B}$ 上でまた可積分となっている．

可積分関数の積分

可積分関数 f の積分に関する性質のうち，収束に関係しない次のものは，f を (4) のように表わして，f^+ と f^- に関する対応する性質 (I) から導くことができる．その証明にはここでは立ち入らない．

(VI)　$f(x)$, $g(x)$ を E 上で可積分な関数とする．そのとき任意の実数 α, β に対して

$$\int_E (\alpha f(x) + \beta g(x))m(dx) = \alpha \int_E f(x)m(dx) + \beta \int_E g(x)m(dx)$$

(VII)　$f(x)$ を可積分関数とする．$E \cap F = \phi$ ならば

$$\int_{E \cup F} f(x)m(dx) = \int_E f(x)m(dx) + \int_F f(x)m(dx)$$

ルベーグの収束定理

可積分関数の関数列 f_n $(n = 1, 2, \ldots)$ が f に収束しているとき，

$$\int_E f_n(x)m(dx) \longrightarrow \int_E f(x)m(dx)$$

になるかという問題は，無条件では成立しない．たとえ $f_n \geqq 0$ であっても一般には成り立たないのである．

そのような例として，数直線 $\boldsymbol{R}$ 上で，図 33 で示してあるような関数 f_n $(n = 1, 2, \ldots)$ を考える．このとき

$$\lim_{n\to\infty} f_n = 0$$

であるが

$$\int_{-\infty}^{\infty} f_n(x)dx = 1 \quad (n = 1, 2, \ldots)$$

だから，$n \to \infty$ のとき $\int_{-\infty}^{\infty} f_n(x)dx$ は，極限関数 0 の積分の値 0 には近づかない．

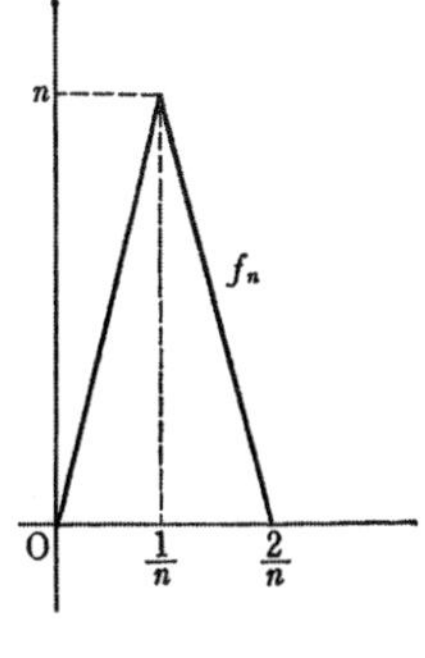

図 33

可積分関数列の積分と極限が‘交換可能’となるためには，確かにある条件が必要となる．次のルベーグの収束定理は，この条件を実に簡明な形で捉えたものである．

【定理】 可測関数列 $f_n(x)$ $(n = 1, 2, \ldots)$ は，$f(x)$ に収束しているとする．もし適当な可積分関数 $F(x)$ が存在して

$$|f_n(x)| \leqq F(x) \quad (n = 1, 2, \ldots) \tag{5}$$

が成り立つならば，任意の可測集合 E 上で

$$\int_E f(x)m(dx) = \lim_{n\to\infty} \int_E f_n(x)m(dx)$$

証明に入る前に二，三注意しておこう．f_n は可測としか仮定していないが，条件 (5) をおいたので，実は可積分関数となっている．(5) で $n \to \infty$ とすると，$|f(x)| \leqq F(x)$ となる．したがって $f(x)$ も可積分関数である．また定理の結論は

$$\int_E \lim_{n\to\infty} f_n(x)m(dx) = \lim_{n\to\infty} \int_E f_n(x)m(dx)$$

とかけるから，定理は積分と極限の交換可能性を述べていることになる．

【証明】 $F(x) + f_n(x) \geqq 0$ $(n = 1, 2, \ldots)$ に (V) を適用すると

$$\int_E \underline{\lim}\,(F(x) + f_n(x))\,m(dx) \leqq \underline{\lim} \int_E (F(x) + f_n(x))\,m(dx)$$

すなわち

$$\int_E F(x)m(dx) + \int_E \underline{\lim} f_n(x)m(dx)$$
$$\leqq \int_E F(x)m(dx) + \underline{\lim} \int_E f_n(x)m(dx)$$

したがって

$$\int_E \underline{\lim} f_n(x)m(dx) \leqq \underline{\lim} \int_E f_n(x)m(dx) \tag{6}$$

が得られた.

同様に $F(x) - f_n(x) \geqq 0$ $(n = 1, 2, \ldots)$ に (V) を適用すると

$$\int_E \underline{\lim}\,(-f_n(x))\,m(dx) \leqq \underline{\lim} \int_E (-f_n(x))\,m(dx) \tag{7}$$

が得られる．ここで一般に数列 $\{a_n\}$ に対して

$$\underline{\lim}\,(-a_n) = -\overline{\lim}\,a_n$$

が成り立つことに注意すると，(7) は

$$-\int_E \overline{\lim} f_n(x)m(dx) \leqq -\overline{\lim} \int_E f_n(x)m(dx)$$

すなわち

$$\int_E \overline{\lim} f_n(x)m(dx) \geqq \overline{\lim} \int_E f_n(x)m(dx) \tag{8}$$

となる.

(6) と (8) とを合わせて

$$\int_E \underline{\lim} f_n m(dx) \leqq \underline{\lim} \int_E f_n m(dx) \leqq \overline{\lim} \int_E f_n m(dx) \leqq \int_E \overline{\lim} f_n m(dx)$$

仮定により

$$\underline{\lim} f_n = \overline{\lim} f_n = \lim f_n = f$$

が成り立つから，両端の積分が等しく，したがってここですべて等号が成り立つ．特に真中の不等式が等号で結ばれることにより $\int_E f_n(x)m(dx)$ は $n \to \infty$ のとき極限値が存在することがわかり

$$\int_E f(x)m(dx) = \lim \int_E f_n(x)m(dx)$$

となる．これは証明すべきことであった. ∎

Tea Time

質問 この講で述べられた定理は，ふつうの微積分のときに使ってはいけない定理なのでしょうか．

答 ルベーグ積分のことだけを強調してかくと，実際，質問のようなことがはっきりしなくて，足許が見えないような感じがしてくるのである．ふつうの微積分で取扱う関数は連続関数である．次講で示すように，区間 $[a,b]$ で連続な関数 f に対しては，‘ふつうの積分’

$$\int_a^b f(x)dx$$

は，ルベーグ積分と一致している．したがって，この講で述べたことは，もし登場する関数がすべて連続関数であるという条件を付すならば，結論はすべて微積分の範囲でも正しいのであって，自由に使ってよいのである．たとえば，ファトゥーの不等式 (V) も，条件を

‘区間 $[a,b]$ で定義された連続関数列 $\{f_n\}$ $(n=1,2,\ldots)$ に対し，$f_n \geqq 0$, $\underline{\lim}\, f_n$ も連続ならば’

としておくと，やはり成り立つことになる．ただし，この定理を，ふつうの積分——リーマン積分——の枠内で証明できるかどうか私は知らない．‘解析教程’における積分理論をリーマン積分だけに止めておくのは，少し中途半端であるという指摘は，このような点にも向けられている．

ルベーグの収束定理については，連続関数列 $\{f_n\}$ が，可積分関数 $F(x)$ で $|f_n(x)| \leqq F(x)$ で押えられているという条件を，リーマン積分の枠内でどのように読みとるかということが問題になる．$F(x)$ を連続関数とすると，$F(x)$ は区間 $[a,b]$ で有界であって，つねに可積分である．したがって，リーマン積分では，この有界性に注目して，ルベーグの収束定理は次のように述べられる．

‘区間 $[a,b]$ で定義された連続関数列 $f_n(x)$ $(n=1,2,\ldots)$ は連続関数 $f(x)$ に収束しているとし，かつ適当な正数 K をとると，$|f_n(x)| \leqq K$ とする．このとき $\int_a^b f(x)dx = \lim_{n\to\infty} \int_a^b f_n(x)dx$ が成り立つ’

この定理をリーマン積分の範囲内で証明することは厄介で手間がかかる．これについては，小平邦彦先生の『解析入門』(岩波基礎数学講座) 第 5 章 4 節を参照されたい．

第 21 講

$\boldsymbol{R}^k$ 上のルベーグ積分

テーマ
- ◆ リーマン積分可能な関数に対しては，リーマン積分の値はルベーグ積分の値と一致する．
- ◆ 広義積分とルベーグ積分：広義積分が存在してもルベーグ積分が存在するとは限らない．
- ◆ ルージンの定理——可測関数の連続関数による近似

ルベーグ積分というときには，測度空間上の完全加法的な測度から導かれた積分を指すこともあるし，あるいはもっと狭義に解して，ルベーグの出発点に戻って，$\boldsymbol{R}^k$ 上のルベーグ測度から導かれる積分を指すこともある．私たちの立場は，しだいに高められて，前者の測度空間上の積分論を主とするようになってきたが，この講では $\boldsymbol{R}^k$ 上の積分論について，前講までの一般論では触れられなかったことを，少し述べることにしよう．

リーマン積分可能な関数——問題の提起

$\boldsymbol{R}^k$ の面積をもつ閉領域 D 上で定義された，有界な関数 $f(x_1, x_2, \ldots, x_k)$ の D 上のリーマン積分

$$\iint \cdots \int_D f(x_1, x_2, \ldots, x_k)\, dx_1 dx_2 \cdots dx_k \tag{1}$$

とは，『解析教程』の中で，重積分として定義されているものである．連続関数はリーマン積分可能であるが，一般にはもちろん D 上の関数はリーマン積分可能とは限らない．

f がリーマン積分可能のとき，(1) は，D を有限個の‘タイル’I_n にわけて，$\sum_n f(\xi_1, \xi_2, \ldots, \xi_k)\,|I_n|$ $((\xi_1, \xi_2, \ldots, \xi_k) \in I_n)$ の極限値として定義した．この

定義の仕方は，‘y 軸上に分点’ をとって，単関数の積分を用いて近似していくルベーグ積分の定義とは明らかに異なっている．したがって次のことが問題となる．

[問題]　D 上で有界な関数 $f(x)$ がリーマン積分可能ならば，ルベーグ積分可能か？　また 2 つの積分の値は一致するか？

実際，この答は肯定的であって，その意味で前講の Tea Time でも述べたように，ルベーグ積分はリーマン積分を包括しているとみられるのである．

リーマン積分とルベーグ積分

[問題] の解答を示すには，$\boldsymbol{R}^k$ の場合に行なわなくとも，考え方は同じなので，$\boldsymbol{R}^1$ の場合に示せば十分と思われるし，その方が見通しがよいようである．したがって以下では，$\boldsymbol{R}^1$ の場合に限って問題の解答を与えることとし，それを定理として述べておく．

【定理】　区間 $[a,b]$ で定義された有界な関数 $f(x)$ がリーマン積分可能とする．このとき $f(x)$ は $[a,b]$ 上でルベーグ積分可能となり

$$(\mathrm{R})\int_a^b f(x)dx = (\mathrm{L})\int_a^b f(x)dx$$

が成り立つ．ここで左辺は f のリーマン (Riemann) 積分，右辺はルベーグ (Lebesgue) 積分を表わしている．

【証明】　区間 $[a,b]$ を 2^n 等分して，その分点を

$$a = x_0 < x_1 < x_2 < \cdots < x_{2^n} = b$$

とする．この分点に対応して

$$\alpha_i{}^{(n)} = \inf_{x_{i-1} \leqq x < x_i} f(x) \quad (i = 1, 2, \ldots, 2^n)$$

$$\beta_i{}^{(n)} = \sup_{x_{i-1} \leqq x < x_i} f(x) \quad (i = 1, 2, \ldots, 2^n)$$

とおいて，単関数

$$\varphi_n(x) = \sum_{i=1}^{2^n} \alpha_i{}^{(n)} \varphi\left(x\,;[x_{i-1}, x_i)\right)$$

$$\psi_n(x) = \sum_{i=1}^{2^n} \beta_i{}^{(n)} \varphi\left(x\,;[x_{i-1}, x_i)\right)$$

を考える．ここでもちろん

$$\varphi(x\,;[x_{i-1},x_i))=\begin{cases}1, & x\in[x_{i-1},x_i)\\ 0, & x\notin[x_{i-1},x_i)\end{cases}$$

である．明らかに

$$\varphi_1(x)\leqq\varphi_2(x)\leqq\cdots\leqq\varphi_n(x)\leqq\cdots\leqq f(x)$$
$$\psi_1(x)\geqq\psi_2(x)\geqq\cdots\geqq\psi_n(x)\geqq\cdots\geqq f(x)$$

が成り立つ．また φ_n, ψ_n $(n=1,2,\ldots)$ は可測であり

$$\left.\begin{aligned}(\mathrm{R})\int_a^b\varphi_n(x)dx=(\mathrm{L})\int_a^b\varphi_n(x)dx=\sum_{i=1}^{2^n}\alpha_i{}^{(n)}(x_i-x_{i-1})\\ (\mathrm{R})\int_a^b\psi_n(x)dx=(\mathrm{L})\int_a^b\psi_n(x)dx=\sum_{i=1}^{2^n}\beta_i{}^{(n)}(x_i-x_{i-1})\end{aligned}\right\}\tag{2}$$

となる．

$f(x)$ がリーマン積分可能であるということは

$$\lim_{n\to\infty}(\mathrm{R})\int_a^b\varphi_n(x)dx=\lim_{n\to\infty}(\mathrm{R})\int_a^b\psi_n(x)dx\tag{3}$$

が成り立つということであり，この共通の極限値が (R) $\int_a^b f(x)dx$ である．

そこで

$$\lim_{n\to\infty}\varphi_n(x)=\underline{f}(x),\quad \lim_{n\to\infty}\psi_n(x)=\bar{f}(x)$$

とおくと，可測関数の極限として $\underline{f}$, $\bar{f}$ は可測な関数であって

$$\underline{f}(x)\leqq f(x)\leqq\bar{f}(x)\tag{4}$$

またルベーグの収束定理から

$$(\mathrm{L})\int_a^b\underline{f}(x)dx=\lim_{n\to\infty}(\mathrm{L})\int_a^b\varphi_n(x)dx\tag{5}$$

$$(\mathrm{L})\int_a^b\bar{f}(x)dx=\lim_{n\to\infty}(\mathrm{L})\int_a^b\psi_n(x)dx\tag{6}$$

(ここで ψ_n に対しては $|\psi_n|\leqq|\psi_1|+|f|$ に注意).

(2) と (3) から (5) と (6) の右辺は等しいから，辺々引いて

$$(\mathrm{L})\int_a^b(\bar{f}(x)-\underline{f}(x))dx=0\tag{7}$$

したがって，$\bar{f}(x)$ と $\underline{f}(x)$ は測度 0 の集合を除いて等しい (もし，$\bar{f}(x)-\underline{f}(x)\geqq\varepsilon_0>0$ が測度正の集合 H の上で成り立てば，(7) の左辺は $\geqq\varepsilon_0 m(H)>0$ となる！).

したがってまた (4) から

$$N = \{x \mid f(x) \neq \underline{f}(x)\}$$

も測度 0 の集合となる．すなわち $n(x) = f(x) - \underline{f}(x)$ はほとんど至るところ 0 となる可測関数である．このことから

$$f(x) = \underline{f}(x) + n(x)$$

は可測となり，また $\int_a^b n(x)dx = 0$ に注意すると，(2) と (5) から

$$(\mathrm{R}) \int_a^b f(x)dx = (\mathrm{L}) \int_a^b f(x)dx$$

が成り立つこともわかる．これで定理が証明された． ■

広義積分とルベーグ積分

リーマン積分可能な関数 f に対して，リーマン積分とルベーグ積分は一致するという上の定理は，考えている区間が有限区間 $[a, b]$ であり，$f(x)$ が有界であるという状況で成り立つのである．

『解析教程』の本をひもといてみるとわかるのであるが，関数が有界でない場合や，区間が無限区間の場合には，リーマン積分は広義積分として定義される．たとえば区間 (0, 1] 上の関数が $\lim_{x \to 0} f(x) = \infty$ となるときには，積分は

$$\int_0^1 f(x)dx = \lim_{\varepsilon \to 0} \int_\varepsilon^1 f(x)dx$$

として定義される．右辺の極限値が存在するときに限って広義積分可能というのである．

また無限区間 $[0, \infty)$ 上の積分は

$$\int_0^\infty f(x)dx = \lim_{N \to \infty} \int_0^N f(x)dx$$

として定義される．

このような広義積分に対しては，広義積分は存在しても，ルベーグ積分は存在しないということも起こりうるのである．この事情は例で説明した方がわかりやすい．

図 34 のグラフで示してあるような，区間 (0, 1] で定義された関数 f を考える．$f(x)$ は振幅がしだいに大きくなる振動を繰り返して，$x \to 0$ のとき，グラフは y

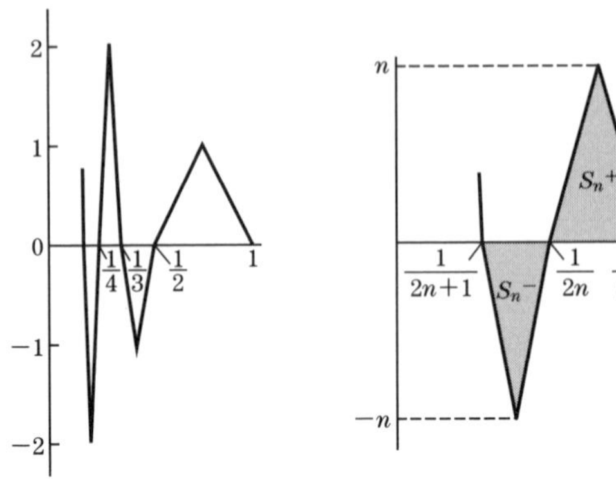

$y = f(x)$ のグラフ $\Longrightarrow$ $\frac{1}{2n+1} \leqq x \leqq \frac{1}{2n-1}$ におけるグラフ

図 34

軸全体へと近づいていく．

$f = f^+ - f^-$ と分解したとき

$$\int_0^1 f^+(x)dx, \quad \int_0^1 f^-(x)dx$$

を求めてみよう．図 34 の右で

$$S_n{}^+ \text{の面積} = \frac{n}{2}\left(\frac{1}{2n-1} - \frac{1}{2n}\right) = \frac{1}{4}\frac{1}{2n-1}$$

$$S_n{}^- \text{の面積} = \frac{n}{2}\left(\frac{1}{2n} - \frac{1}{2n+1}\right) = \frac{1}{4}\frac{1}{2n+1}$$

したがって

$$\int_0^1 f^+(x)dx = \sum_{n=1}^{\infty} \frac{1}{4}\frac{1}{2n-1} = +\infty$$

$$\int_0^1 f^-(x)dx = \sum_{n=1}^{\infty} \frac{1}{4}\frac{1}{2n+1} = +\infty$$

となり，$f(x)$ はルベーグの意味では積分確定ではない．

一方，

$$S_n{}^+ \text{の面積} - S_n{}^- \text{の面積} = \frac{1}{4}\left(\frac{1}{2n-1} - \frac{1}{2n+1}\right)$$

したがって

$$\begin{aligned}\sum_{k=1}^{n}\left(S_k{}^+ \text{の面積} - S_k{}^- \text{の面積}\right) &= \sum_{k=1}^{n} \frac{1}{4}\left(\frac{1}{2k-1} - \frac{1}{2k+1}\right) \\ &= \frac{1}{4}\left(1 - \frac{1}{2n+1}\right)\end{aligned}$$

このことから，$\dfrac{1}{2n} < \varepsilon \leqq \dfrac{1}{2n-1}$ のとき

$$\frac{1}{4}\left(1-\frac{1}{2n-1}\right) \leqq \int_\varepsilon^1 f(x)dx < \frac{1}{4}$$

また $\dfrac{1}{2n+1} < \varepsilon \leqq \dfrac{1}{2n}$ のとき

$$\frac{1}{4}\left(1-\frac{1}{2n+1}\right) < \int_\varepsilon^1 f(x)dx \leqq \frac{1}{4}$$

したがって

$$\lim_{\varepsilon\to 0}\int_\varepsilon^1 f(x)dx = \frac{1}{4}$$

となり，$f(x)$ の広義積分 $\int_0^1 f(x)dx$ は存在する．

同じような例だが，無限区間 $(0,\infty)$ で，広義積分は存在するが，ルベーグ積分が存在しない関数として $\dfrac{\sin x}{x}$ がある．実際

$$\int_0^\infty \frac{\sin x}{x}dx = \lim_{N\to\infty}\int_0^N \frac{\sin x}{x}dx = \frac{\pi}{2}$$

であるが，$\dfrac{\sin x}{x} = f^+(x) - f^-(x)$ と分解すると

$$\int_0^\infty f^+(x)dx = \int_0^\infty f^-(x)dx = +\infty$$

となる．

ルージンの定理

$\boldsymbol{R}^k$ の可積分関数を連続関数で近似することを考えてみよう．この近似の仕方の述べ方は，本によって多少ヴァリエーションがあるようである．私たちは次の定理をルージンの定理として引用することにしよう．

【定理】 $f(x)$ を $\boldsymbol{R}^k$ の有界な可測関数とする．ある有界集合の外で $f(x)$ は 0 とする．このとき，任意の正数 ε，δ に対して，可測集合 H と，$\boldsymbol{R}^k$ 上の連続関数 $\Phi(x)$ が存在して

(i) $m(H) < \varepsilon$

(ii) $x \notin H \Longrightarrow |f(x) - \Phi(x)| < \delta$

が成り立つ．

この証明には 2 つの事実を用いる．1 つは $\boldsymbol{R}^2$ の場合に第 7 講で詳しく述べた次の結果である (一般の $\boldsymbol{R}^k$ については第 12 講参照)．

> A を $\boldsymbol{R}^k$ の有界な可測集合とする．そのとき任意の正数 ε に対して，開集合 O, 閉集合 F で
> $$F \subset A \subset O, \quad m(O - F) < \varepsilon \tag{8}$$
> をみたすものがある．

もう 1 つは次の結果である (一般の位相空間ではウリゾーンの定理として知られている)．

> (8) の開集合 O，閉集合 F に対して，F 上で 1，O の外で 0 となる連続関数 $\Phi(x\,;F,O)$ で，
> $$0 \leqq \Phi(x\,;F,O) \leqq 1 \tag{9}$$
> をみたすものが存在する．

この 2 つのことを合わせると，(8) に現われている A の特性関数について

$$x \notin O - F \Longrightarrow \varphi(x\,;A) = \Phi(x\,;F,O)$$

が得られる．すなわち，測度が ε 以下の集合を除けば，A の特性関数 $\varphi(x\,;A)$ は，連続関数 $\Phi(x\,;F,O)$ に一致する．また (9) を用いると

$$\int_{\boldsymbol{R}^k} |\varphi(x\,;A) - \Phi(x\,;F,O)| m(dx) < \varepsilon$$

となることも注意しておこう．

【証明】　いま，$f(x)$ を $\boldsymbol{R}^k$ 上の有界な可測関数とし，ある有界可測集合 $E(\subset \boldsymbol{R}^k)$ の外では，$f(x)$ は 0 とする．このとき $f(x)$ の挙動を調べるには E 上だけで考えてよい．$m(E) < \infty$ だから，エゴロフの定理を，$f(x)$ に収束する単関数列に用いることができる．その結果として，任意の正数 ε と δ に対して，$m\,(H_1) < \dfrac{\varepsilon}{2}$ となる集合 H_1 と単関数 $\varphi(x)$ が存在して，

$$x \notin H_1 \Longrightarrow |f(x) - \varphi(x)| < \delta$$

が成り立つことがわかる.

$$\varphi(x) = \alpha_1\varphi(x\,;A_1) + \alpha_2\varphi(x\,;A_2) + \cdots + \alpha_s\varphi(x\,;A_s)$$

と表わし, 各 A_i に対して

$$F_i \subset A_i \subset O_i \quad (i = 1, 2, \ldots, s)$$

をみたす閉集合 F_i と開集合 O_i の差を十分小さくとって

$$H_2 = \bigcup_{i=1}^{s} (O_i - F_i)$$

とおいたとき,

$$m(H_2) < \frac{\varepsilon}{2}$$

が成り立つようにする.

そこで

$$H = H_1 \cup H_2$$

とおくと,

$$m(H) < \varepsilon;$$
$$x \notin H \Longrightarrow \left| f(x) - \sum_{i=1}^{s} \alpha_i \Phi(x\,;F_i, O_i) \right| < \delta$$

が成り立つ. $\sum_{i=1}^{s} \alpha_i \Phi(x\,;F_i, O_i) = \Phi(x)$ とおくと $\Phi(x)$ は連続関数である. これでルージンの定理が証明された. ∎

ルージンの定理で, 可測集合 H の測度はいくらでも小さくとれるのだから, 次の命題は, ルージンの定理からの直接の系となる.

> $f(x)$ を $\boldsymbol{R}^k$ の有界な可測関数とする. ある有界集合の外で $f(x)$ は 0 とする. このとき任意の正数 δ に対して, $\boldsymbol{R}^k$ 上の連続関数 $\Phi(x)$ が存在して
>
> $$\int_{\boldsymbol{R}^k} |f(x) - \Phi(x)| m(dx) < \delta$$
>
> が成り立つ.

証明は省略しよう.

Tea Time

質問　ルージンという名前はここではじめて聞きましたが，どういう数学者なのですか．

答　ルージン (Nikolaĭ Luzin) は，1883年生まれのロシアの数学者である．ルージンの一生には，20世紀前半のロシア史が横切っている．1901年にモスクワ大学に入ったが，1905年には革命の嵐が吹き荒れて，セミナーはしばしば中断し，ルージンの居室のベットの傍らにも爆弾が落ちたという．ルージンの先生はエゴロフであった．エゴロフとルージンは，力を合わせて，モスクワ大学における純粋数学分野の確立に努めたのである．ルージンは，1915年に'積分と三角級数'という論文により，異例の速さで，モスクワ大学から学位を得た．ルージンの研究は，集合論，解析集合論，実関数論，ベキ級数の収束円上の挙動等，多方面にわたったが，彼の数学の才能と影響力がどのようなものであったかは，当時，彼の下に集った学生たちの名前を挙げてみるとわかる：アレクサンドロフ，コルモゴロフ，ヒンチン，リアプノフ，シュニーレルマン，ラヴレンチェフ，ウリゾーン，ススリン等々．1920年代には，モスクワ大学は数学の開花期を迎えたのである．

1930年代に入って急速に台頭したスターリン主義は，モスクワ数学会の会長であったエゴロフを，1931年，ブルジョア的反動数学者として告発することによって，学会から追放した．彼は大学からも追われた．やがて逮捕され，投獄されて，激しく審問されたあげく，最後にカザンに追放されてその年の秋そこで死んだ．

ルージンもまた，1936年，些細なことから反動者としてプラウダ紙上で非難され，大学から追われた．ただルージンにとって幸いであったことは，科学アカデミーからは追放されなかったことである．ルージンは，あちこちの研究所を転々として，1950年に亡くなった．

ロシア数学史は，私たちにはあまり知られていないが，ルージンの生涯は，その一端を垣間見せてくれるようである．

第 22 講

可積分関数のつくる空間

テーマ
- ◆ほとんど至るところ等しい：$f = g$ a.e.
- ◆可積分関数のつくる空間
- ◆可積分関数 f に対し，$|f|$ の積分を，'ベクトル' f の長さ $\|f\|$ と考える.
- ◆$\|f\| = 0 \Longleftrightarrow f = 0$ a.e.
- ◆ほとんど至るところ等しい関数は同値であると考える.
- ◆空間 $L^1(X)$：$L^1(X)$ の元の収束

ほとんど至るところ等しい

まずルベーグより導入され，高木貞治先生によって'一片の呪語(じゅご)'と評された次の定義を述べておこう.

【定義】 測度空間上で定義された 2 つの可測関数 $f(x)$ と $g(x)$ が，測度 0 の集合を除いて一致しているとき，f と g はほとんど至るところ等しいといい

$$f = g \text{ a.e.}$$

と表わす.

ここで a.e. とかいたのは，almost everywhere の略である．なお，高木先生は，有名な『解析概論』430 頁で，次のように述べられている.「Lebesgue は一片の呪語'ほとんど'をもって，彼の積分論に魅惑的な外観を与えたのであった.」

明らかに

$$f = g \text{ a.e.}, \ \ g = h \text{ a.e.} \Longrightarrow f = h \text{ a.e.}$$

が成り立つ.

> f と g が積分確定な関数であって，$f = g$ a.e. ならば，任意の可測集合 E 上で
> $$\int_E f(x)m(dx) = \int_E g(x)m(dx) \tag{1}$$

【証明】　$h(x) = f(x) - g(x)$，$E' = \{x \mid x \in E,\ h(x) \neq 0\}$ とおく．このとき，命題を示すには $m(E') = 0$ の仮定のもとで

$$\int_E h(x)m(dx) = 0 \tag{2}$$

を示すとよい．積分の定義を参照すれば，$h(x) \geqq 0$ の場合に示せば十分である．

$$\begin{aligned}\int_E h(x)m(dx) &= \int_{E-E'} h(x)m(dx) + \int_{E'} h(x)m(dx) \\ &= \int_{E'} h(x)m(dx)\end{aligned}$$

一方，$m(E') = 0$ により，単関数の積分の定義を参照すると，任意の単関数 $\varphi(x)$ に対して

$$\int_{E'} \varphi(x)m(dx) = 0$$

が成り立つことがわかる．したがってこのような単関数の積分の上限として定義される，$h(x)$ の E' 上の積分も 0 である．これで (2) が示された．　■

可積分関数のつくる空間

$X(\mathfrak{B}, m)$ を測度空間とする．このとき，X 上の可積分関数 $f(x)$，$g(x)$ と，実数 α, β に対して，$\alpha f(x) + \beta g(x)$ もまた可積分関数となる．実際

$$\begin{aligned}\int_X |\alpha f(x) + \beta g(x)|m(dx) &\leqq |\alpha| \int_X |f(x)|m(dx) \\ &\quad + |\beta| \int_X |g(x)|m(dx) \\ &< \infty\end{aligned} \tag{3}$$

となるからである．

したがって，X 上の可積分関数の全体 $\boldsymbol{V}$ は

$$f, g \in \boldsymbol{V} \Longrightarrow \alpha f + \beta g \in \boldsymbol{V} \quad (\alpha, \beta \in \boldsymbol{R})$$

という意味で $\boldsymbol{R}$ 上のベクトル空間をつくる．

ここで，以下で用いるので，可積分関数に関する次の性質を明記しておこう．

> $f(x)$ を可積分関数とし，可測集合 E 上である実数 μ, ν によって $\mu \leqq |f(x)| \leqq \nu$ が成り立つとする．このとき
>
> $$\mu m(E) \leqq \int_E |f(x)| m(dx) \leqq \nu m(E) \qquad (4)$$

証明は積分の定義から明らかであろう．

f の‘長さ’としての積分

いま，$f \in \boldsymbol{V}$ に対して

$$\|f\| = \int_X |f(x)| m(dx)$$

とおいて，$\|f\|$ を‘ベクトル’ f の‘長さ’と考えたいのだが，そこには少し考えなくてはならない問題が生じてくる．

まず $\|f\|$ の性質として次のことが成り立つ．

> (i) $0 \leqq \|f\| < \infty$
>
> (ii) $\|\alpha f\| = |\alpha| \|f\| \qquad (\alpha \in \boldsymbol{R})$
>
> (iii) $\|f + g\| \leqq \|f\| + \|g\|$

(i) は f が可積分関数のことから，(ii) は積分の性質から明らかである．(iii) は (3) を $\alpha = \beta = 1$ の場合にかいたものとなっている．

(ii) と (iii) から，また

> (iv) $\|f - g\| \geqq |\|f\| - \|g\||$

が導かれることも注意しておこう．

問題が生ずるのは，$\|f\| = 0$ のときでも，$f = 0$ と結論できない点にある．‘長さ’が0の‘ベクトル’でも，0とは限らない！　たとえば，$f = 0$ a.e. となる可

測関数では，$\|f\|=0$ となる．これは (1) からの結論である．しかし逆に $\|f\|=0$ ならば $f=0$ a.e. となる．すなわち

$$(*) \quad \|f\|=0 \Longleftrightarrow f(x)=0 \text{ a.e.}$$

【証明】　$\Leftarrow$ はすでに示してある．

$\Rightarrow$：　$f=0$ a.e. でないとしよう．このとき，$E=\{x|\,|f(x)|>0\}$ とおくと $m(E)>0$ である．$E_n=\left\{x \mid |f(x)|>\dfrac{1}{n}\right\}$ $(n=1,2,\ldots)$ とおくと，$E_1 \subset E_2 \subset \cdots \subset E_n \subset \cdots \to E$．したがって

$$\lim_{n\to\infty} m(E_n)=m(E)$$

ゆえにある自然数 n_0 があって，$m(E_{n_0})>0$ となり，

$$\begin{aligned}\|f\| &= \int_X |f(x)|m(dx) \geqq \int_{E_{n_0}} |f(x)|m(dx) \\ &\geqq \frac{1}{n_0} m(E_0)>0 \quad ((4)\text{ による})\end{aligned}$$

したがって対偶をとって $\|f\|=0 \Rightarrow f(x)=0$ a.e. が成り立つことがわかる．■

これからまた

$$\|f-g\|=0 \Longleftrightarrow f(x)=g(x) \text{ a.e.}$$

が成り立つ．

可積分関数 $f(x)$ に対して，'長さ' $\|f\|$ によって測ろうとしているのは，全空間 X にわたる f の平均的な変動の大きさである．そういってもわかりにくいかもしれない．たとえで話してみることにしよう．区間 [0, 1] で定義された関数 $y=f(x)$ を，A 国の個人所得をモデル化して表わしたものとしよう．A 国に住んでいるひとりひとりは，実数 x $(0 \leqq x \leqq 1)$ で表わされているとし，'個人' x の 1 年間の所得は $f(x)$ であるとするのである．このとき

$$\|f\|=\int_0^1 |f(x)|dx$$

は，f のグラフのつくる図形の面積である．いま，同じように，B 国の 1 年間の個人所得を表わす関数を $g(x)$ とする．

$f(x)$，$g(x)$ のグラフが図 35 のように表わされているとき，明らかに $\|f\|>\|g\|$ である．A 国は全体としてみれば豊かなのである．B 国ではところどころにグラ

フの突出部が示すような，途方もない大金持とそのまわりに群がる金持はいるが，国全体としては貧しいのである．ここでは，'全体としては'豊かであるとか，'全体としては'貧しいといういい方の1つの定量的な表現として，$\|f\|, \|g\|$ が用いられている．

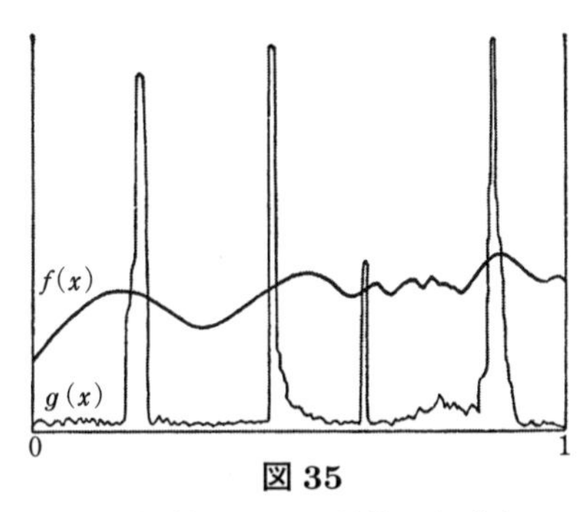

図 35

ルベーグ積分の立場では，区間 [0, 1] の国において，'無理数の人たち'が所得 0 ならば，たとえ'有理数の人たち'が莫大な利益を得たとしても，この国は全体としては極貧であって所得 0 と考えるのである．この場合ほとんど至るところ，所得 0 の家が並ぶのである！

同値類の導入

可積分関数 f に対して，'長さ' $\|f\|$ を通していろいろな性質を導こうとするとき，$\|f\| = 0$ なのに，関数 f 自身は一般には 0 でないという状況が生ずると，考えている範囲が不明確となり，見通しが悪くなることが多い．ルベーグはそこでほとんど至るところ等しい関数をひとまとめにして，その同値類を考察の対象にしようとした．

ほとんど至るところ等しいという関係は，次の 3 つの性質が成り立つという意味で，可積分関数全体のつくるベクトル空間 $\boldsymbol{V}$ の中に同値関係を与えている．

$$f = f \text{ a.e.}$$

$$f = g \text{ a.e.} \Longrightarrow g = f \text{ a.e.}$$

$$f = g \text{ a.e.},\ g = h \text{ a.e.} \Longrightarrow f = h \text{ a.e.}$$

したがって，f にほとんど至るところ等しい関数の集まりを新しい対象と考えて，f の同値類 $[f]$ が得られる：

$$[f] = \{g \mid g \in \boldsymbol{V},\ g = f \text{ a.e.}\}$$

$\boldsymbol{V}$ はこの同値類によって分割――類別――される．この類別された空間を $L^1(X)$ と表わす：

$$L^1(X) = \boldsymbol{V}/\sim$$

($\sim$ は'ほとんど至るところ等しい'という同値関係を表わす)．$L^1(X)$ の元は，

相異なる同値類 $[f]$ $(f \in \boldsymbol{V})$ からなる．

$$f = f' \text{ a.e.},\ g = g' \text{ a.e.} \Longrightarrow \alpha f + \beta g = \alpha f' + \beta g' \text{ a.e.} \quad (\alpha, \beta \in \boldsymbol{R})$$

が成り立つ．実際，$N = \{x \mid f(x) \neq f'(x)\}$，　$\tilde{N} = \{x \mid g(x) \neq g'(x)\}$ とおくと，N と $\tilde{N}$ は零集合，したがって $N \cup \tilde{N}$ も零集合，$N \cup \tilde{N}$ 以外の点 x では $\alpha f(x) + \beta g(x) = \alpha f'(x) + \beta g'(x)$ となっている．

このことから，同値類 $[f], [g]$ に対して，その和とスカラー積とを

$$\alpha[f] + \beta[g] = [\alpha f + \beta g]$$

によって定義することができる．これによって $L^1(X)$ は $\boldsymbol{R}$ 上のベクトル空間となる．

記号 $L^1(X)$ について説明すると，もっと一般に，任意の自然数 p に対して，$|f(x)|^p$ が可積分関数のとき

$$\|f\|_p = \left(\int_X |f(x)|^p m(dx)\right)^{\frac{1}{p}}$$

という‘長さ’を考えることもある．このとき，いまと同様の考えで導かれるベクトル空間を $L^p(X)$ とかくのである．$L^1(X)$ とかいたのは，この記号の使い方で特に $p = 1$ の場合である．だが，L は何を示唆しているのだろうか．これについては私は何も知らない．

この同値類の集合に対して，収束を考えることもできる．実際，ある零集合を除いて $f_n(x) \to f(x)$ $(n \to \infty)$ が成り立つとき，$f_n \to f$ a.e. と表わすことにすると，次のことが成り立つ．

(i)　$f_n = g_n$ a.e. $(n = 1, 2, \ldots)$ で，$f_n \to f$ a.e. ならば $g_n \to f$ a.e.

(ii)　$f_n = g_n$ a.e. $(n = 1, 2, \ldots)$ で，$f_n \to f$ a.e.，$g_n \to g$ a.e. ならば $f = g$ a.e.

が成り立つからである．この主張を支えるのは，零集合の可算個の和集合はまた零集合となるという事実である：$N_n = \{x \mid f_n(x) \neq g_n(x)\}$ $(n = 1, 2, \ldots)$ とおいたとき，(i), (ii) を示すには零集合 $N = \bigcup_{n=1}^{\infty} N_n$ を除いたところで考えればよい．読者は，このような一見当り前そうにみえる命題も，測度の完全加法性と

いう源泉から流れる流れの中にあることを注意しておいた方がよいだろう．

この命題によって，私たちは，同値類の系列の収束

$$[f_n] \longrightarrow [f] \quad (n \to \infty)$$

を，紛れのない形で述べることができるのである．

同値類の積分

$f, g \in \boldsymbol{V}$ とし，$f(x) = g(x)$ a.e. ならば，任意の可測集合 E 上で

$$\int_E f(x)m(dx) = \int_E g(x)m(dx)$$

が成り立つ．したがって $L^1(X)$ の元 $[f]$ が1つ与えられたとき，$[f]$ から代表元 f を1つ選んで，$[f]$ の E 上の積分を

$$\int_E [f]m(dx) = \int_E f(x)m(dx)$$

と定義することができる：この定義は，代表元のとり方によらないのである．

$f = g$ a.e. ならば，もちろん $|f| = |g|$ a.e. である．したがって，$[f]$ に対して，$[f]$ の絶対値 $|[f]|$ を考えることができる：$|[f]| = [|f|]$.

【定義】 $[f] \in L^1(X)$ に対し，$|[f]|$ の X 上の積分を $[f]$ のノルムといい，$\|[f]\|$ により表わす．

代表元をとって表わせば

$$\|[f]\| = \int_X |f(x)|m(dx)$$

である．このとき $(*)$ は次のようにいい直される．

$$(**) \quad \|[f]\| = 0 \Longleftrightarrow [f] = 0$$

なお，収束と積分がこの同値類の中で確定した意味をもつようになれば，たとえばルベーグの収束定理なども，同じ形でこの同値類の中でも成り立つことになる．

Tea Time

質問　可積分関数 f の同値類 $[f]$ とは，関数のようでもあり，関数でないようでもあり，これは一体どのように考えたらよいものなのでしょうか．

答　同値類 $[f]$ は，まずふつうの意味の関数ではないことは確かである．なぜなら，ある点 x_0 における $[f]$ の値を考えるわけにはいかないからである．たとえば1点 x_0 は測度0だから

$$g(x) = \begin{cases} f(x), & x \neq x_0 \\ \alpha, & x = x_0 \quad (\alpha\text{は任意の実数}) \end{cases}$$

は，また f の同値類に属し，したがって $\alpha \neq f(x_0)$ にとると，$f(x_0) \neq g(x_0)$，$[f] = [g]$ となる！

しかし，関数の示す‘ほとんど至るところ’成り立つ性質は，$[f]$ へと遺伝していくのである．たとえば

$$[f] > [g] \text{ は，} f(x) > g(x) \ \text{ a.e. のとき}$$

と定義すればよい．また $[f]$ は，各点ごとでの値をもたないが，任意の可測集合上 E 上では，‘値’ $[f](E)$：

$$[f](E) = \int_E f(x)m(dx)$$

をもっている．そして積分について成り立つ定理——たとえばファトゥーの不等式や，ルベーグの収束定理など——は，同値類 $[f]$ に対しても成り立つのである．

関数 f から $[f]$ への移行は，見る角度によっていろいろ細かい起伏の見える変化のある景色を，平均的に修正された一枚の写真で見ているようなものかもしれない．写真は実像ではなく，写真に対応する場所を正確に実在の場所に指定することはできないだろうが，平均的な景観——遠景——を見ている限りでは，写真はある1つの像を写していると考えてもよいだろう．

第 23 講

完　備　性

テーマ

◆ 記号選択：同値類 $[f]$ を単に f とかく.
◆ $L^1(X)$ の性質
◆ $L^1(X)$ の完備性
◆ $L^1(\boldsymbol{R}^k)$ の中で，可積分な連続関数全体は稠密である.
◆ リーマン積分からルベーグ積分への道を，連続関数の積分のノルムによる完備化の道であったと考えることもできる.

記号選択に対する1つの決断

前講で示したように，$L^1(X)$ の元 $[f]$ は，関数 f そのものではなく，いわば関数 f の示す遠景のようなものである. $[f]$ に属する関数は多くあるが，それらはそれぞれ測度0の集合を除いて，f と同じ景色を映じている．積分を用いて，可測集合上での f の挙動を測るときには，この違いはすべて消えてしまう.

積分論や，積分論を基盤として展開する関数解析学とよばれる分野では，いちいち記号 $[f]$ を使うのがわずらわしいので，$[f]$ を表わすのに関数と同じ記号 f を使うのが慣例である．記号 f を使うだけではなくて,「$L^1(X)$ の元 $f(x)$ は」というい方もする.

このいい方をあまり気にしなければ，それはそれでよいのだが，‘$L^1(X)$ の元 $f(x)$’ の x における値は，などと考えると妙なことになる．前にも述べたように，x における値など考えることはできないのである．‘$L^1(X)$ の元 $f(x)$’ は，そんなに精密な情報を与えない．そこでは測度0程度のレンズのずれは許容する．しかしこのようにして写された写真 $[f]$ の遠景部分を見る限り，違いは何も (‘積分’を通しては) 見出せないのである．数学的にいえば，可測集合 E 上で

$$\int_E f(x)m(dx)$$

や，また

$$\int_E f(x)h(x)m(dx) \quad (h(x) \text{ はたとえば有界な可測関数})$$

などを考えることには問題がないことを示している．

その点を十分了解しておくならば，確かに'$L^1(X)$ の元 f'とか，'$L^1(X)$ の元 $f(x)$'といういい方の方が，実際使ってみるとずっと使いやすい．以後，私たちもこのようないい方を採用することにする．これは，記号の選択には一般には口うるさい数学者たちが，20世紀初頭に示した珍しい決断といってよいだろう．だが，実際この記号を用いてみると，その有効性は古典的な関数概念を見直したくなるほど強力なものであって，点 x における値を見失った'$L^1(X)$ の元 $f(x)$'は，疾風のように20世紀前半の数学を駈け抜けたのである．

$L^1(X)$ の性質

測度空間 $X(\mathfrak{B}, m)$ が与えられているとする．このとき $L^1(X)$ のもつ性質を，もう一度，いま述べた記号の約束にしたがって表わしておこう．

(I)　$L^1(X)$ はベクトル空間となる．

$$f, g \in L^1(X) \Longrightarrow \alpha f + \beta g \in L^1(X) \quad (\alpha, \beta \in \boldsymbol{R})$$

(II)　$f \in L^1(X)$ に対して，ノルム $\|f\|$ が

$$\|f\| = \int_X |f(x)|m(dx)$$

により定義される．$\|f\|$ は次の性質をもつ．

(i)　$\|f\| \geqq 0$；等号が成り立つのは $f = 0$ のときに限る．

(ii)　$\|\alpha f\| = |\alpha|\|f\| \quad (\alpha \in \boldsymbol{R})$

(iii)　$\|f + g\| \leqq \|f\| + \|g\|$

いま，$f, g \in L^1(X)$ に対して

$$\rho(f, g) = \|f - g\|$$

とおき，$\rho(f, g)$ を f と g の距離という．このとき

$$\begin{cases}\rho(f,g) \geqq 0 \text{ ; 等号は } f=g \text{ のときに限る.}\\ \rho(f,g)=\rho(g,f)\\ \rho(f,h) \leqq \rho(f,g)+\rho(g,h)\end{cases}$$

が成り立つから，$L^1(X)$ は，(位相空間論からの言葉を借用すると) 距離空間となる．したがって，$L^1(X)$ の‘点列’ f_n $(n=1,2,\ldots)$ が f に収束することを

$$\rho\,(f_n,f) \longrightarrow 0 \quad (n \to \infty)$$

によって定義することができる．

$L^1(X)$ の‘点列’ f_n $(n=1,2,\ldots)$ が，$n \to \infty$ のとき f に収束することを，$n \to \infty$ のとき，$f_n(x)$ は $f(x)$ に平均収束する，または L^1-収束するという．平均収束は，英語で limit in the mean という．それをもじって，l.i.m. $f_n = f$ とかくこともある．ここにはジョーク好きの数学者の素顔が少しのぞいている．

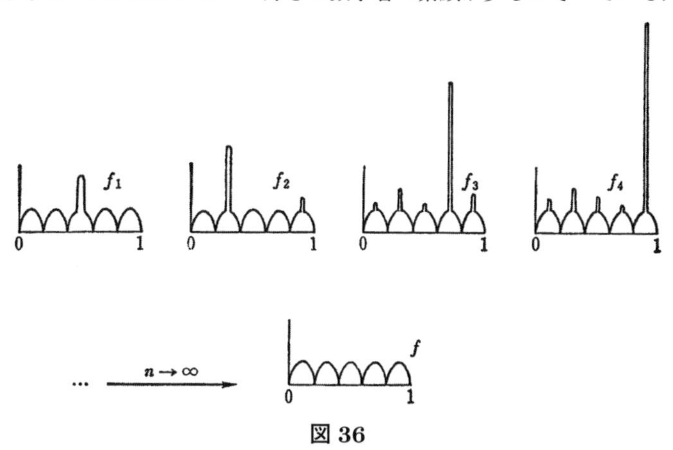

図 36

図 36 では，[0, 1] で定義された関数列 f_n が f に平均収束する模様を描いてある．f_n のそれぞれには波形に乱れがあっても，乱れている部分の面積がしだいに小さくなっていくならば，$n \to \infty$ のとき，f_n は波形の整った f へと平均収束するのである．

完　備　性

次の定理が成り立つ．

【定理】 $L^1(X)$ は距離空間として完備である．

ここで述べている内容は次のことである．$L^1(X)$ の点列 $\{f_n\}$ $(n=1,2,\ldots)$ が，コーシー列の条件

$$(*)\quad \rho(f_m,f_n)=\|f_m-f_n\|\longrightarrow 0 \quad (m,n\to\infty)$$

をみたすならば，必ずある $f\in L^1(X)$ が存在して

$$\rho(f_n,f)=\|f_n-f\|\longrightarrow 0 \quad (n\to\infty)$$

となる．

【証明】 コーシー列の条件 $(*)$ をみたす $L^1(X)$ の点列 $\{f_n\}$ $(n=1,2,\ldots)$ が与えられたとする．このとき，$(*)$ から，自然数の増加列 $n_1<n_2<\cdots<n_k<\cdots$ を適当にとると

$$m,n\geqq n_k \Longrightarrow \|f_m-f_n\|<\frac{1}{2^k} \quad (k=1,2,\ldots)$$

とできる．特に

$$\|f_{n_k}-f_{n_{k+1}}\|<\frac{1}{2^k} \quad (k=1,2,\ldots) \tag{1}$$

となる．

そこで

$$g_l(x)=|f_{n_1}(x)|+\sum_{k=1}^{l}|f_{n_{k+1}}(x)-f_{n_k}(x)| \tag{2}$$

とおくと，明らかに

$$g_l(x)\subseteq L^1(X)$$

$$0\leqq g_1(x)\leqq g_2(x)\leqq\cdots\leqq g_l(x)\leqq\cdots \tag{3}$$

$$|f_{n_{l+1}}(x)|\leqq g_l(x) \tag{4}$$

が成り立つ．最後の不等式は

$$f_{n_{l+1}}(x)=f_{n_1}(x)+\sum_{k=1}^{l}(f_{n_{k+1}}(x)-f_{n_k}(x))$$

からわかる．

(3) から，$+\infty$ も許せば $\lim\limits_{l\to\infty}g_l(x)$ はつねに存在して

$$\begin{aligned}\int_X \lim g_l(x)m(dx) &\leqq \lim\|g_l\|\leqq\|f_{n_1}\|+\sum_{k=1}^{\infty}\|f_{n_{k+1}}-f_{n_k}\|\\ &<\|f_{n_1}\|+1 \quad ((1)\text{ による})\end{aligned} \tag{5}$$

となり，したがってほとんど至るところ $\lim_{l\to\infty} g_l(x) < +\infty$ となる．このような x に対しては，(2) により，$l < l'$ で $l,\ l' \to \infty$ のとき

$$|f_{n_{l'}}(x) - f_{n_l}(x)| \leqq \sum_{k=l}^{l'-1} \left|f_{n_{k+1}}(x) - f_{n_k}(x)\right| \tag{6}$$
$$= g_{l'-1}(x) - g_{l-1}(x) \longrightarrow 0$$

が成り立つから，$\lim_{l\to\infty} f_l(x)$ も存在して有限の値となる (コーシーの収束条件！)．そこで

$$f(x) = \lim_{l\to\infty} f_l(x) \text{ a.e.}$$

とおく ($\lim g_l(x) = +\infty$ となる x に対しては，たとえば $f(x) = 0$ とおくとよい)．このとき，(4) と (5) から

$$f \in L^1(X)$$

となることがわかる．

(6) で $l' \to \infty$ とすると

$$|f(x) - f_{n_l}(x)| \leqq \sum_{k=l}^{\infty} \left|f_{n_{k+1}}(x) - f_{n_k}(x)\right|$$

両辺の積分をとって，積分と無限和の交換可能性を用いると

$$\|f - f_{n_l}\| \leqq \sum_{k=l}^{\infty} \left\|f_{n_{k+1}} - f_{n_k}\right\| < \frac{1}{2^{l-1}}$$

したがって

$$\lim_{l\to\infty} \|f - f_{n_l}\| = 0$$

である．$\{f_n\}$ はコーシー列だったから，これから

$$\|f - f_n\| \leqq \|f - f_{n_l}\| + \|f_{n_l} - f_n\|$$

を用いて，

$$\lim_{n\to\infty} \|f - f_n\| = 0$$

が得られる．

したがって，コーシー列 $\{f_n\}$ は $n \to \infty$ のとき $f \in L^1(X)$ へ収束することが示されて，$L^1(X)$ の完備性が証明された．■

$\boldsymbol{R}^k$ の場合

$\boldsymbol{R}^k$ のルベーグ測度のときを考えてみよう．いま $f(x) \in L^1(\boldsymbol{R}^k)$ を 1 つとり，

$f(x) = f^+(x) - f^-(x)$ と分解する：$f^+(x) \geqq 0$, $f^-(x) \geqq 0$. $\boldsymbol{R}^k$ の原点中心，半径 n の球を B_n とし，

$$f_n{}^+(x) = \begin{cases} \mathrm{Min}(f^+(x), n), & x \in B_n \\ n, & x \notin B_n \end{cases}$$

$$f_n{}^-(x) = \begin{cases} \mathrm{Min}(f^-(x), n), & x \in B_n \\ n, & x \notin B_n \end{cases}$$

とおく $(n = 1, 2, \ldots)$.

$$f_n(x) = f_n{}^+(x) - f_n{}^-(x)$$

とおくと，$f_n(x)$ は，B_n の外では 0 となる有界関数で，

$$|f_n(x)| \leqq |f(x)| \quad (n = 1, 2, \ldots)$$

$$\lim_{n\to\infty} f_n(x) = f(x)$$

が成り立つ．したがって $|f_n(x) - f(x)| \to 0$ $(n \to \infty)$, $|f_n(x) - f(x)| \leqq 2|f(x)|$ に注意して，ルベーグの収束定理を用いると

$$\|f - f_n\| = \int_{\boldsymbol{R}^k} |f(x) - f_n(x)|\, m(dx) \longrightarrow 0$$

$(n \to \infty)$ となる．

任意に正数 ε が与えられたとき

$$\|f - f_n\| < \frac{\varepsilon}{2} \tag{7}$$

となる番号 n をとる．この f_n に対して，第 21 講の終りで述べたルージンの定理の系を用いると，$\boldsymbol{R}^k$ 上のある連続関数 $\varPhi(x)$ で

$$\|f_n - \varPhi\| < \frac{\varepsilon}{2} \tag{8}$$

をみたすものが存在することがわかる．

(7) と (8) から

$$\|f - \varPhi\| < \varepsilon$$

がいえた．

このことは，$L^1(\boldsymbol{R}^k)$ のどの元 f をとっても，それにいくらでも近いところに，連続関数 $\varPhi$ が存在することを示している．いくらでも近い，とかいたのは，もちろん，$L^1(\boldsymbol{R}^k)$ の距離で測ってのことである．この事実を次のように述べる．

【定理】 $L^1(\boldsymbol{R}^k)$ の中に，可積分な連続関数は稠密に存在している．

リーマン積分からルベーグ積分へ

$\boldsymbol{R}^k$ で考えてもよいのだが，説明を明快にするためには，$\boldsymbol{R}^1$ の単位区間 $I=[0,1]$ 上で考えた方がよいようである．ここで述べてみたいことは，上の定理の意味を $L^1(I)$ の場合にもう少しはっきりさせたいということである．

単位区間 I 上の連続関数は有界であって，可積分となる．また I 上の 2 つの連続関数 $f(x)$ と $g(x)$ が，ほとんど至るところ等しければ，連続性から，すべての $x \in I$ に対して $f(x)=g(x)$ が成り立つ．したがって連続関数として $f=g$ ということと，$L^1(I)$ の元と考えて $f=g$ ということは，同じことである．

いま I 上で定義されている連続関数全体のつくる集合を $C(I)$ とすると，このことは

$$C(I) \subset L^1(I)$$

と考えてもよいことを示している．$C(I)$ の元に対しては，ルベーグ積分はリーマン積分と一致しているから，$f, g \in C(I)$ に対して，$L^1(I)$ の中での距離を測ることは

$$\|f-g\| = \int_0^1 |f(t)-g(t)|dt \quad (\text{リーマン積分！})$$

を考えることになる．

そうすると上に述べたことは，$C(I)$ は $L^1(I)$ の中で稠密であって，$L^1(I)$ 自身は完備であるということである．このことは $L^1(I)$ は，$C(I)$ の元の系列によって近づける‘究極の元’をすべてつけ加えて得られる完備な空間であることを示している．この状況は，数直線上で有理数だけ考えたとき，有理数列で近づける先——コーシー列の極限——は，一般には有理数ではなく，そのため有理数を完備化して実数の体系をつくったことに似ている．

また，この連続関数列の近づく‘究極の元’の間にも距離を考えることは，リーマン積分からルベーグ積分へと，拡張される道を指し示している．その意味で，リーマン積分からルベーグ積分への移行は，積分という観点に立ったとき，連続関数の‘完備化’であったという見方もできるのである．

Tea Time

質問　I 上の連続関数 f を，$L^1(I)$ の元と考えると，f とほとんど至るところ等しい関数も，f と同じものと考えることになります．$C(I)$ を完備化して $L^1(I)$ をつくると，$L^1(I)$ の中ではどうしてこんなことが起きてくるのか，よくわかりません．もう少し説明していただけませんか．

答　まず例で説明してみよう．実数は，有限小数の集合を完備化して無限小数を加えることによって得られたとも考えられる．0.18 と 0.179 は異なる有限小数である．同様に 0.18 と $0.17999\cdots99$ も異なる有限小数である．しかし，コーシー列 0.179, 0.1799, 0.17999, ... の極限 $0.17999\cdots$ は，数直線上で 0.18 との距離が 0 となって，この 2 つは等しいと考える：

$$0.18 = 0.17999\cdots99\cdots$$

すなわち，有限小数 0.18 も，実数の中で考えると，別の無限小数 $0.17999\cdots$ を同じものとして考えておく必要が生ずるのである．

同様に，$f \in C^1(I)$ を 1 つとったとき，この f に近づく $C^1(I)$ の中のコーシー列 $\{g_1, g_2, \ldots, g_n, \ldots\}$ は，$\|f - g_n\| \to 0\ (n \to \infty)$ という条件 (平均収束！) をみたすだけだから，一般にはすべての点で f に近づくとは限らない．ある別な関数 φ へと近づくこともある．しかしこのような φ は，f とほとんど至るところ等しいのである．f と φ の距離は 0 だから，$L^1(I)$ の中ではこれらはすべて等しい元を表わしていると考えるのである．

質問　別の測度論の本を眺めていましたら，$L^1(X)$ だけではなくて，$L^p(X)$ という空間も出ていました．前講でも少し述べられていましたが，$L^p(X)$ とはどんな空間なのですか．

答　$1 \leqq p < \infty$ をみたす実数 p に対して，$|f(x)|^p \in L^1(X)$ となる $f(x)$ 全体を考え，ここにノルムを

$$\|f\| = \left(\int_X |f(x)|^p m(dx)\right)^{\frac{1}{p}}$$

によって導入した空間が $L^p(X)$ である．$L^p(X)$ も，$L^1(X)$ と同じように，完備な距離空間となる．I を $\boldsymbol{R}$ の単位区間とすると，$L^p(I)$ は，I 上の連続関数のつくる空間 $C(I)$ を，上のノルムで完備化した空間となっている．$p \neq q$ ならば

$L^p(I) \neq L^q(I)$ のことが知られているから，ノルムのとり方を変えると，$C(I)$ を完備化した空間の間にヴァリエーションが生じてくる．このヴァリエーションに注目すると，そこに何か新しい数学の胎動が感じられてくるだろう．実際，この視点はバナッハ空間論とよばれる理論の中で大切に育てられたのである．

第 24 講

L^2-空　間

テーマ
- ◆ 2 乗可積な関数
- ◆ 内積，シュワルツの不等式
- ◆ L^2-空間
- ◆ 正規直交系
- ◆ 正規直交基底とそれによる展開
- ◆ リースの定理

はじめに

この講では，L^2-空間とよばれているものについて少し述べておこう．測度空間 $X(\mathfrak{B}, m)$ 上の L^2-空間とは，前講の Tea Time の最後で述べた $L^p(X)$ の $p = 2$ の場合である．この L^2-空間には，ノルムだけではなく内積の概念も入り，一般的な立場からはヒルベルト空間とよばれているものとなっている．ヒルベルト空間は，n 次元ユークリッド空間 $\boldsymbol{R}^n$ の概念を，$n \to \infty$ とした場合も包括する，最も自然な空間概念の拡張であるとみられ，現代数学の多くの場所に登場して，基本的な役割を演じている．

なお，ふつう L^2-空間というときには複素数値をとる関数を考察の対象とするが，ここではいままでの話の流れから実数値をとる関数だけを考えることにする．

2 乗可積な関数

測度空間 $X(\mathfrak{B}, m)$ は固定しておく．可測関数 $f(x)$ が $f(x)^2 \in L^1(X)$ をみたすとき，f を2 乗可積な関数であるという．

> f, g が 2 乗可積ならば，$f + g$ もまた 2 乗可積な関数となる．

【証明】 $(f(x)+g(x))^2 = f(x)^2 + 2f(x)g(x) + g(x)^2 \leqq 4\,\mathrm{Max}\left(f(x)^2, g(x)^2\right)$
いま，$E = \{x \mid |f(x)| \geqq |g(x)|\}$ とおいてみると，

$$\begin{aligned}\int_X \mathrm{Max}(f(x)^2, g(x)^2)m(dx) &= \int_E f(x)^2 m(dx) + \int_{E^c} g(x)^2 m(dx)\\ &\leqq \int_X f(x)^2 m(dx) + \int_X g(x)^2 m(dx) < \infty\end{aligned}$$

したがって $(f(x)+g(x))^2 \in L^1(X)$ となる． ∎

もちろん f が 2 乗可積ならば，実数 α に対して，αf もまた 2 乗可積な関数となる．したがって 2 乗可積な関数全体は $\boldsymbol{R}$ 上のベクトル空間をつくる．このベクトル空間で，さらに $f(x)$ と $g(x)$ がほとんど至るところ等しいとき，f と g を同一視することにする．$L^1(X)$ と同じような考えで，このようにして得られたベクトル空間を，仮りに 2 乗可積の関数のつくるベクトル空間ということにする．

L^2-空　間

f, g を 2 乗可積の関数とし，t を実数とすると，

$$\begin{aligned}0 &\leqq \int_X (tf(x)+g(x))^2 m(dx)\\ &= t^2\int_X f(x)^2 m(dx) + 2t\int_X f(x)g(x)m(dx) + \int_X g(x)^2 m(dx) \qquad (1)\end{aligned}$$

となる．この式を t の 2 次式と考えることにより，

$$\left|\int_X f(x)g(x)m(dx)\right| \leqq \sqrt{\int_X f(x)^2 m(dx)}\sqrt{\int_X g(x)^2 m(dx)} \quad (2)$$

が得られる．実際，$\int_X f(x)^2 m(dx) = 0$ のときは，$f(x) = 0$ a.e. となるから (2) は成り立っている．そうでないときは，(1) を 2 次式とみて，判別式 $\leqq 0$ となることを用いると，(2) が得られる．

(2) をシュワルツの不等式という．

【定義】 2 乗可積な関数 f, g に対して

$$(f, g) = \int_X f(x)g(x)m(dx)$$

とおき，(f, g) を f と g の内積という．

【定義】 2乗可積な関数全体のつくるベクトル空間に，内積 (f,g) を導入したものを，L^2-空間という．

$L^1(X)$ のかき方にならえば，ここも $L^2(X)$ と表わした方がよいのだろうが，測度空間 X を固定していることと，以下の議論で測度空間が表立って登場しないため，L^2-空間とした (なお Tea Time 参照).

L^2-空間の内積は，明らかに次の性質をもつ．

(i)　$(f,f) \geqq 0$；等号は $f=0$ のときに限る．

(ii)　$(\alpha f+\beta g,\ h)=\alpha(f,h)+\beta(g,h)$　　$(\alpha,\beta \in \boldsymbol{R})$

(iii)　$(f,g)=(g,f)$

いま，f のノルム $\|f\|$ を

$$\|f\|=\sqrt{(f,f)}=\sqrt{\int_X f(x)^2 m(dx)}$$

によって定義する．このとき，シュワルツの不等式 (2) は

$$|(f,g)| \leqq \|f\|\|g\|$$

と表わされる．また

$$\begin{aligned}\|f+g\|^2 &= (f+g,\ f+g)=(f,f)+2(f,g)+(g,g)\\ &\leqq \|f\|^2+2\|f\|\|g\|+\|g\|^2\\ &= (\|f\|+\|g\|)^2\end{aligned}$$

により，

$$\|f+g\| \leqq \|f\|+\|g\|$$

が成り立つ．

これらのことから

$$\rho(f,g)=\|f-g\|$$

とおくと，ρ は，L^2-空間に距離を与えていることがわかる．このとき次の定理が成り立つ．証明は $L^1(X)$ の完備性を示したときと同様の考えでできる．

【定理】 L^2-空間は完備である．

L^2-空間の内積は，$\boldsymbol{R}^2$ や $\boldsymbol{R}^3$ でよく知られているベクトルの内積の拡張であると

考えることもできる．たとえば，$\boldsymbol{R}^3$ のベクトル $\boldsymbol{x}=(x_1,x_2,x_3)$，$\boldsymbol{y}=(y_1,y_2,y_3)$ に対し，$\boldsymbol{x}$ と $\boldsymbol{y}$ の内積は

$$(\boldsymbol{x},\boldsymbol{y})=x_1y_1+x_2y_2+x_3y_3$$

で与えられている．区間 [0, 1] 上で定義された連続関数 f,g に対して

$$\int_0^1 f(t)g(t)dt=\lim_{n\to\infty}\frac{1}{n}\left\{f\left(\frac{1}{n}\right)g\left(\frac{1}{n}\right)+f\left(\frac{2}{n}\right)g\left(\frac{2}{n}\right)+\cdots+f\left(\frac{n}{n}\right)g\left(\frac{n}{n}\right)\right\}$$

と表わされるが，この右辺のカッコの中は，$\boldsymbol{R}^n$ の 2 つのベクトル $\left(f\left(\frac{1}{n}\right),f\left(\frac{2}{n}\right),\ldots,f\left(\frac{n}{n}\right)\right)$，$\left(g\left(\frac{1}{n}\right),g\left(\frac{2}{n}\right),\ldots,g\left(\frac{n}{n}\right)\right)$ の内積となっている．左辺の積分は $n\to\infty$ としたときのこの内積の‘無限次版’であるとみることができる．しかし連続関数に限ってこのような形式的な考えで内積を導入してみても，$\boldsymbol{R}^n$ のもつ完備性という性質は保存されない．ここにルベーグ積分を通して L^2-空間を導入する決定的な動機があった．

中線定理と 1 つの補助定理

L^2-空間のノルム定義から

$$\|f\pm g\|^2=\|f\|^2\pm 2(f,g)+\|g\|^2$$

が成り立つことはすぐにわかる．実際，左辺を $(f\pm g,\ f\pm g)$ と内積の形でかいて展開するとよい．したがってこれから次の式が導かれる．

$$(*)\quad \|f+g\|^2+\|f-g\|^2=2\left(\|f\|^2+\|g\|^2\right)$$

この $(*)$ を中線定理として引用することが多い．中線定理という言葉の由来は，図 37 を見るとわかる．

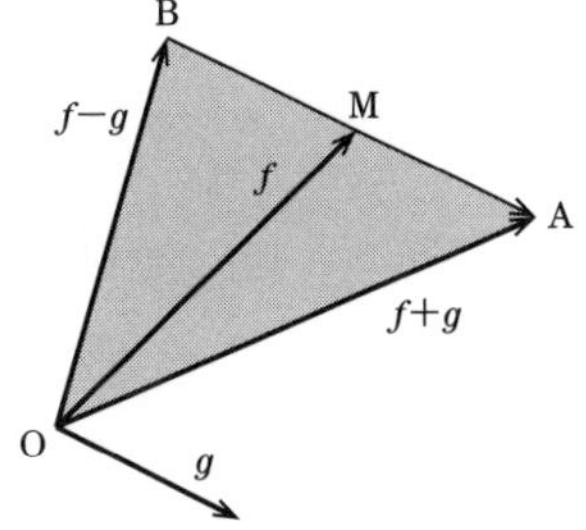

3 角形 OAB に対する中線定理
$\overline{\mathrm{OA}}^2+\overline{\mathrm{OB}}^2=2(\overline{\mathrm{AM}}^2+\overline{\mathrm{OM}}^2)$

図 37

すぐあとで述べる定理の証明に対する準備の意味もあって，中線定理と完備性を合わせて得られる 1 つの命題を補助定理として述べることにしよう．まず，L^2-空間の閉部分空間の定義を与えておこう．L^2-空間の部分集合 W が次の (i), (ii) をみたすとき，閉部分空間であるという．

(i)　$\varphi,\psi\in W\Longrightarrow \alpha\varphi+\beta\psi\in W\qquad(\alpha,\beta\in\boldsymbol{R})$

(ii)　$\varphi_n\in W\ (n=1,2,\ldots)$，$\varphi_n\to\psi\Longrightarrow\psi\in W$

(ii) は W が L^2-空間の中の閉集合となっている条件である.

【補助定理】　W を閉部分空間とする. このとき任意の $f \in L^2$ に対し, ある $\varphi \in W$ が存在して

$$\|f - \varphi\| = \inf_{\psi \in W} \|f - \psi\|$$

が成り立つ.

ここで述べていることは, f と W との間の '最短距離' (右辺！) を与えるような φ が実際 W の中に存在している (左辺！) ということである.

【証明】

$$d = \inf_{\psi \in W} \|f - \psi\| \tag{3}$$

とおくと, ある $\psi_n \in W$ $(n = 1, 2, \ldots)$ が存在して

$$\|f - \psi_n\| \longrightarrow d \quad (n \to \infty)$$

となる. $(*)$ により

$$\begin{aligned} &\|(f - \psi_m) + (f - \psi_n)\|^2 + \|(f - \psi_m) - (f - \psi_n)\|^2 \\ &= 2(\|f - \psi_m\|^2 + \|f - \psi_n\|^2) \end{aligned} \tag{4}$$

この左辺は

$$4\left\|f - \frac{\psi_m + \psi_n}{2}\right\|^2 + \|\psi_m - \psi_n\|^2 \tag{5}$$

に等しいが, $\frac{\psi_m + \psi_n}{2} \in W$ に注意すると, (3) から

$$\left\|f - \frac{\psi_m + \psi_n}{2}\right\|^2 \geqq d^2$$

である. したがって (4) と (5) を等しいとおいた式から

$$\begin{aligned} \|\psi_m - \psi_n\|^2 &= 2(\|f - \psi_m\|^2 + \|f - \psi_n\|^2) - 4\left\|f - \frac{\psi_m + \psi_n}{2}\right\|^2 \\ &\leqq 2(\|f - \psi_m\|^2 + \|f - \psi_n\|^2) - 4d^2 \\ &\longrightarrow 2(d^2 + d^2) - 4d^2 = 0 \qquad (m, n \to \infty) \end{aligned}$$

が得られる.

したがって $\{\psi_n\}$ $(n = 1, 2, \ldots)$ はコーシー列となる. L^2-空間の完備性から

$$\lim_{n \to \infty} \psi_n = \varphi$$

となる φ が存在するが，W は閉部分空間だから $\varphi \in W$ である．明らかに $\|f-\varphi\| = \lim_{n\to\infty} \|f-\psi_n\| = d$ が成り立つから，φ は求めるものとなっている． ∎

直交分解

【定義】 $f, g \in L^2$ が，$(f,g)=0$ をみたすとき，f と g は直交するという．

W を閉部分空間とする．このとき W に属するすべての関数 f に直交する関数 g の全体を，W の直交補空間といい，$W^\perp$ で表わす．

$$W^\perp = \{g \mid (g,f) = 0,\ f \in W\}$$

$W^\perp$ は閉部分空間となる．実際

$$\begin{aligned} g_1, g_2 \in W^\perp &\Longrightarrow (\alpha g_1 + \beta g_2, f) = \alpha(g_1, f) + \beta(g_2, f) = 0 \quad (f \in W) \\ &\Longrightarrow \alpha g_1 + \beta g_2 \in W^\perp \end{aligned}$$

また，$g_n \in W^\perp (n = 1, 2, \ldots)$，$g_n \to g\ (n \to \infty)$ のとき，$g \in W^\perp$ となることは，$f \in W$ に対して

$$0 = (g_n, f) \to (g, f) \Longrightarrow (g, f) = 0 \Longrightarrow g \in W^\perp$$

となることからわかる．

さらに

$$W \cap W^\perp = \{0\} \tag{6}$$

が成り立つ．このことは，$f \in W \cap W^\perp$ とすると，$(f,f)=0$ となり，したがって $f = 0$ が結論されるからである．

次の定理は L^2-空間の基本定理と考えられている．

【定理】 W を L^2-空間の閉部分空間とする．このとき任意の $f \in L^2$ は，ただ 1 通りに

$$f = \varphi + h, \quad \varphi \in W, \quad h \in W^\perp \tag{7}$$

と分解する．

【証明】 前の補助定理を用いると

$$\|f - \varphi\| = \inf_{\psi \in W} \|f - \psi\| \tag{8}$$

をみたす $\varphi \in W$ が存在する．$W=\{0\}$ のとき定理は明らかだから，$W \neq \{0\}$ とする．$\psi \in W$ を任意に1つとり，$\psi \neq 0$ とする．t を実数とし，t の2次式

$$\|f-\varphi-t\psi\|^2=\|f-\varphi\|^2-2t(f-\varphi,\ \psi)+t^2\|\psi\|^2$$

を考えると，(8) からこの2次式の最小値は $t=0$ でとる．したがって

$$(f-\varphi,\ \psi)=0$$

が得られた．ψ は W に属する任意の関数でよかったから ($\psi=0$ のとき，上式は明らかに成り立つことに注意)，このことは，$h=f-\varphi$ とおくと，$h \in W^{\perp}$ を示している．これで (7) の分解の存在がいえた．

分解の一意性は，もし $f=\varphi+h=\varphi_1+h_1$ のような2通りの分解があれば，$\varphi-\varphi_1=h_1-h(\in W^{\perp})$ となり，(6) から，$\varphi-\varphi_1=h_1-h=0$ となる．したがって結局 $\varphi=\varphi_1$，$h=h_1$ となり，分解の一意性がいえた．∎

この定理の内容を L^2-空間の W による直交分解といい

$$L^2=W \oplus W^{\perp}$$

と表わす．

リースの定理

$f \in L^2$ に対して実数値を対応させるような規則 $\Phi(f)$ が与えられて，これが次の2つの性質をみたすとき，線形汎関数という．

(i)　$\Phi(\alpha f+\beta g)=\alpha\Phi(f)+\beta\Phi(g)$　　$(\alpha, \beta \in \boldsymbol{R})$

(ii)　ある正数 K が存在して，すべての f に対し

$$|\Phi(f)| \leqq K\|f\|$$

(i) と (ii) の条件は，Φ の連続性を意味していることを注意しておこう．実際，$f_n \to f\ (n \to \infty)$ のとき

$$|\Phi(f_n)-\Phi(f)|=|\Phi(f_n-f)| \leqq K\|f_n-f\| \longrightarrow 0$$

次の定理はリースの定理とよばれ，非常によく用いられる．

【定理】　Φ を線形汎関数とする．このときある $h_0 \in L^2$ が存在して，$\Phi(f)=(f, h_0)$ が成り立つ．

【証明】 $W=\{f|\Phi(f)=0\}$ とおくと，Φ についての (i), (ii) の性質から W は閉部分空間となる．$\Phi=0$ ならば $h_0=0$ とおくと定理は成り立つから，$\Phi\neq 0$ の場合を考えることとする．このとき $W\neq L^2$ である．L^2-空間の W による直交分解を

$$L^2=W\oplus W^{\perp} \tag{9}$$

とし，$W^{\perp}$ から 0 でない関数 $\tilde{h}$ をとる．

このとき $\Phi(\tilde{h})\neq 0$ である．そこで

$$\alpha=\frac{\Phi(f)}{\Phi(\tilde{h})} \tag{10}$$

とおくと

$$\Phi(f-\alpha\tilde{h})=\Phi(f)-\alpha\Phi(\tilde{h})=0$$

したがって $f-\alpha\tilde{h}\in W$ となる．したがって

$$\varphi=f-\alpha\tilde{h}$$

とおくと

$$f=\varphi+\alpha\tilde{h} \tag{11}$$

は，(9) の直交分解にしたがった f の分解となる．

いま定理で述べている h_0 を，$\beta\tilde{h}$ ($\beta\in\boldsymbol{R}$) の形の関数——$\tilde{h}$ のスカラー倍——から求めてみることを試みよう．まず (11) から

$$(f,\beta\tilde{h})=(\varphi+\alpha\tilde{h},\beta\tilde{h})=\alpha\beta(\tilde{h},\tilde{h}) \tag{12}$$

一方，(10) から

$$\Phi(f)=\alpha\Phi(\tilde{h})$$

この 2 式が等しくなるためには，(12) の右辺をみると $\beta=\frac{1}{(\tilde{h},\tilde{h})}\Phi(\tilde{h})$ にとるとよいことがわかる．したがって

$$h_0=\frac{\Phi(\tilde{h})}{(\tilde{h},\tilde{h})}\tilde{h}$$

とおくと

$$\Phi(f)=(f,h_0)$$

が成り立つ． ∎

なお，証明をみるとわかるのだが，$W^{\perp}$ は $\tilde{h}$ ではられる 1 次元の部分空間となっている．

Tea Time

質問　L^2-空間はヒルベルト空間とよばれているものなのですか.

答　その通りである. この講の議論からも察せられるように, L^2-空間の関数 f といっても, 具体的に個々の関数 f の性質が問題となったわけではなく, 用いられた性質はベクトル空間としての内積と完備性だけである. この講全体の流れが積分論から離れたところにあるようにみえたかもしれないが, それは積分の考えがこの 2 つの性質の中に完全に組みこまれてしまい, いわば川の深みを流れるようになって表面から消えたからである. それならば表面に浮き上がってきた性質, すなわち内積と完備性をもつベクトル空間を 1 つの数学的対象と捉えて, この空間を抽象的に取り扱う立場も考えられてくるのではなかろうか.

20 世紀初頭, ヒルベルトはフレードホルムの積分方程式論に触発されて, このような空間を積極的に導入し, その理論を展開した. それは現在ヒルベルト空間論とよばれる大きな理論体系の誕生を告げるものであった. 実際は, 抽象的な設定で得られたヒルベルト空間も, 本質的にはある測度空間上の L^2-空間と考えられるものなのだが, 積分論をひとまず切り離して進むところにヒルベルト空間の新しい空気があるといってよいのである. なお, $X = \{1, 2, 3, \ldots, n, \ldots\}$ で測度を $m(\{1\}) = m(\{2\}) = \cdots = 1$ と決めて得られる測度空間上の L^2-空間は, 数列 $\{a_1, a_2, \ldots a_n, \ldots\}$ で $\sum {a_n}^2 < \infty$ をみたすもの全体からなることを注意しておこう.

第 25 講

完全加法的集合関数

テーマ

◆ 測度概念の一般化——負の値もとることを許す測度
◆ 完全加法的集合関数
◆ ハーン分解とジョルダン分解，その相互関係
◆ 正変動，負変動，全変動

測度概念の一般化

測度空間 $X(\mathfrak{B}, m)$ 上の可積分関数 f が与えられたとき，任意の可測集合 A 上で

$$F(A) = \int_A f(x)m(dx) \tag{1}$$

とおくと，$-\infty < F(A) < +\infty$ であって，かつ積分の基本性質 (第 20 講 (III)) から，$A = \bigcup_{n=1}^{\infty} A_n$ (共通点なし) とすると

$$F(A) = \sum_{n=1}^{\infty} F(A_n) \tag{2}$$

となる．

これは測度の完全加法性と似通った性質であるが，違いは，$F(A)$ が負の値もとりうることにある．

関数 f を積分確定の関数にとってみても，完全加法性の (2) はやはりそのまま成り立つが，今度は $F(A)$ の値として，$+\infty$ または $-\infty$ の可能性も生じてくる．

第 22 講の Tea Time で述べたように，$f = g$ a.e. という関数の同値類に注目すると，関数の 1 点における値は意味を失って，(1) の方が意味をもってくる．そのような観点に立ってみると，測度概念の 1 つの一般化として，負の値 ($-\infty$ も

含めて) もとることを許すような, '完全加法的' な測度概念についても調べておくことは必要なことになってくると予想されるだろう.

完全加法的集合関数

集合 X と, X の部分集合のつくるボレル集合体 $\mathfrak{B}$ が与えられているとする.

【定義】 $A \in \mathfrak{B}$ に対し, 実数または $\pm\infty$ を対応させる対応 Φ が, 次の条件をみたすとき, Φ を $\mathfrak{B}$ 上で定義された完全加法的集合関数という：

(i) $\Phi(\phi) = 0$

(ii) $A_n \in \mathfrak{B}$ $(n = 1, 2, \ldots)$ を共通点のない系列とするとき

$$\Phi\left(\bigcup_{n=1}^{\infty} A_n\right) = \sum_{n=1}^{\infty} \Phi(A_n)$$

完全加法的集合関数という代りに, 符号のついた測度ということもある.

まず, (i), (ii) から Φ は有限加法性をもつことがわかる. また, $\infty - \infty$ は考えないという, $\pm\infty$ の演算に関する '禁忌' があるために, Φ のとる値の中に, $+\infty$ と $-\infty$ が同時に入ることはないということがわかる. すなわち, 2 つの集合 $A, B \in \mathfrak{B}$ が存在して, $\Phi(A) = +\infty$, $\Phi(B) = -\infty$ となることは絶対にない.

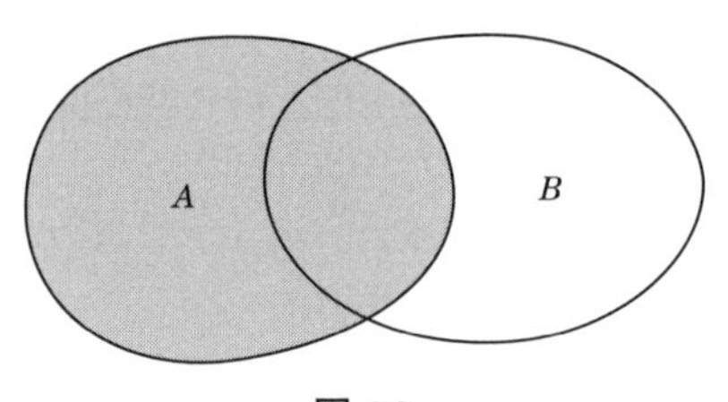

図 38

以下その証明：$\Phi(A) = +\infty$, $\Phi(B) = -\infty$ となる A, B が存在したとする. A, B の包含関係にいくつかの場合があるが, 図 38 のような場合を考えてみると,

$$\Phi(A) = \Phi(A \backslash B) + \Phi(A \cap B) = +\infty$$

$$\Phi(B) = \Phi(B \backslash A) + \Phi(A \cap B) = -\infty$$

このことから

$$\Phi(A \cup B) = \Phi(A \backslash B) + \Phi(A \cap B) + \Phi(B \backslash A)$$

の右辺には, 必ず $\infty - \infty$ が現われて, '禁忌' に触れ, 有限加法性と整合しなくなる.

完全加法的集合関数 Φ に対して, 次の命題が成り立つ.

(i)　$\mathfrak{B}$ の元からなる系列 $\{A_n\}$ $(n=1,2,\ldots)$ が

$$A_1 \subset A_2 \subset A_3 \subset \cdots \subset A_n \subset \cdots$$

をみたすならば

$$\lim_{n\to\infty} \varPhi(A_n) = \varPhi\left(\bigcup_{n=1}^{\infty} A_n\right)$$

(ii)　$\mathfrak{B}$ の元からなる系列 $\{A_n\}$ $(n=1,2,\ldots)$ が

$$A_1 \supset A_2 \supset A_3 \supset \cdots \supset A_n \supset \cdots$$

$$|\varPhi(A_1)| < \infty$$

をみたすならば

$$\lim_{n\to\infty} \varPhi(A_n) = \varPhi\left(\bigcap_{n=1}^{\infty} A_n\right)$$

この証明は，測度についての対応する命題 (第 11 講 (a), (b)) の証明とまったく同様にできる．そうはいっても，今度は $\varPhi(A_n)$ が $-\infty$ になる可能性も残されているから，実際は次のことを注意しておく必要がある：

$$|\varPhi(A)| < +\infty, \quad A \supset B \Longrightarrow |\varPhi(B)| < +\infty$$

ハーン分解とジョルダン分解

X のボレル集合体 $\mathfrak{B}$ 上で定義された完全加法的集合関数 $\varPhi$ に対し，いわば $\varPhi$ を正の部分と負の部分とに分ける分解が可能であるが，それに対して，多少異なる方向からの 2 つの述べ方がある．1 つはハーンの分解定理とよばれ，他はジョルダンの分解定理とよばれている．

【ハーンの分解定理】　完全加法的集合関数 $\varPhi$ が与えられたとき，X は

$$X = P \cup N \quad (\text{共通点なし})$$

と分解される．ここで P, N は次の性質をもつ：すべての $A \in \mathfrak{B}$ に対し

$$\varPhi(A \cap P) \geqq 0, \quad \varPhi(A \cap N) \leqq 0$$

【ジョルダンの分解定理】　完全加法的集合関数 $\varPhi$ は，ただ 1 通りに

$$\varPhi = \varPhi^+ - \varPhi^-$$

と分解される．ここで Φ^+, Φ^- は完全加法的集合関数であって，すべての $A \in \mathfrak{B}$ に対し

$$\Phi^+(A) \geqq 0, \quad \Phi^-(A) \geqq 0$$

この 2 つの分解定理の相互の関係は，次節で述べることにして，ここでは，完全加法的集合関数 Φ が，測度空間 $X(\mathfrak{B}, m)$ 上の可積分関数 f によって

$$F(A) = \int_A f(x)m(dx)$$

と表わされている場合を考えよう．$f(x)$ を

$$f(x) = f^+(x) - f^-(x)$$

と，正の部分，負の部分に分解する．そして

$$P^+ = \{x \mid f^+(x) > 0\}, \quad N^- = \{x \mid f^-(x) > 0\}$$
$$K = \{x \mid f(x) = 0\}$$

とおく．K は，$K = \{x \mid f^+(x) = f^-(x) = 0\}$ とかいてもよいことを注意しておこう．このとき

$$X = P^+ \cup N^- \cup K \quad (\text{共通点なし})$$

と分解される．

そこで K を任意に 2 つの集合 K_1, K_2 に分解する：$K = K_1 \cup K_2$ (共通点なし)．そして

$$P = P^+ \cup K_1, \quad N = N^- \cup K_2$$

とおくと，

$$X = P \cup N \quad (\text{共通点なし}) \tag{1}$$

であって

$$F(A \cap P) = \int_{A\cap P} f(x)m(dx) = \int_A f^+(x)m(dx) \geqq 0$$
$$F(A \cap N) = \int_{A\cap N} f(x)m(dx) = -\int_A f^-(x)m(dx) \leqq 0$$

となる．したがって (1) は，F に関する X のハーン分解を与えている．

この例からハーン分解は一般には一意的には決まらないことがわかる．

一方，

$$F^+(A) = \int_A f^+(x)m(dx), \quad F^-(A) = \int_A f^-(x)m(dx)$$

とおくと，$F = F^+ - F^-$，$F^+(A) \geqq 0$，$F^-(A) \geqq 0$ であって，これは F のジョルダン分解を与えている．

2 つの分解の相互関係

この例でもわかるように，ハーン分解とジョルダン分解とは密接に関係し合っている．同じ状況を，2 つの面から記述しているということになっている．ここではその関係を述べておこう．

ハーン $\Longrightarrow$ ジョルダン

Φ による X のハーン分解を $X = P \cup N$ とする．このとき

$$\Phi^+(A) = \Phi(A \cap P), \quad \Phi^-(A) = -\Phi(A \cap N) \tag{2}$$

とおくと，$\Phi = \Phi^+ - \Phi^-$ となり，これは Φ のジョルダン分解を与えている．

ジョルダン $\Longrightarrow$ ハーン

Φ のジョルダン分解を $\Phi = \Phi^+ - \Phi^-$ とする．このとき実は，Φ^+, Φ^- は次のように与えられることが示される：

$$\left.\begin{aligned} \Phi^+(A) &= \sup\{\Phi(E) \mid E \in \mathfrak{B},\ E \subset A\} \\ \Phi^-(A) &= -\inf\{\Phi(E) \mid E \in \mathfrak{B},\ E \subset A\} \end{aligned}\right\} \tag{3}$$

(ここで右辺の E の中には，空集合 ϕ は必ず含まれており，そのことから $\Phi^+(A) \geqq 0$，$\Phi^-(A) \geqq 0$ が結論されることに注意するとよい)．

したがって，$n = 1, 2, \ldots$ に対して

$$\Phi(A_n) \geqq \Phi^+(A) - \frac{1}{2^n}, \quad \Phi^+(A) < \infty \text{ のとき}$$
$$\Phi(A_n) \geqq \Phi^+(A) - n, \qquad \Phi^+(A) = \infty \text{ のとき}$$

となる集合列 A_n $(A_n \in \mathfrak{B})$ がとれる．そこで

$$P = \varliminf A_n, \quad N = P^c$$

とおくと，

$$X = P \cup N$$

は，Φ による X のハーン分解を与える．

証明に対するコメント

ハーンの分解定理も，ジョルダンの分解定理も，いずれを証明するにしても少し手間がかかるので，ここではその証明は省略する．ふつうは，最初に (3) で Φ^+, Φ^- を定義して，これが実際，Φ のジョルダン分解を与えることになることを示す．この証明法については，たとえば伊藤清三『ルベーグ積分入門』(裳華房) を参照されたい．

なお，$\Phi^+(A)$ を Φ の A における正変動，$\Phi^-(A)$ を Φ の A における負変動という．ついでに述べておくと

$$|\Phi|(A) = \Phi^+(A) + \Phi^-(A)$$

を，Φ の A における全変動という．$|\Phi|(A)$ は

$$|\Phi|(A) = \sup\left\{\sum_{i=1}^{n} |\Phi(E_i)| \;\middle|\; \bigcup_{i=1}^{n} E_i = A\ (\text{共通点なし})\right\}$$

で与えられる．

ハーン分解の方を先に証明して，ジョルダン分解をその系として導く証明法もある．ただしこのときには，ハーン分解のとり方によらず，(2) で定義した Φ^+, Φ^- は一意的に決まることを示さなくてはならない．この証明法では，Φ^+, Φ^- の (ハーン分解を経由しない) 具体的な表示が (3) で与えられることは，別に注意しておく必要がある．この証明法については吉田耕作『測度と積分』(岩波基礎数学講座) を参照されたい．

Tea Time

質問　ジョルダンの分解定理とは，結局，完全加法的集合関数は，2 つの測度 Φ^+ と Φ^- の差として表わされるということを述べているのでしょうか．

答　その通りである．したがって $\infty - \infty$ の‘禁忌’に触れないように注意さえしておけば，測度について成り立つ定理は，完全加法的集合関数に対しても成り立つのである．この講の最初に述べた単調増加列と単調減少列に関する命題も，

ジョルダンの分解定理を認めてしまえば，測度についての対応する結果の系にすぎなくなる．

完全加法的集合関数に対しても，分解定理を用いて，測度をもとにしてつくった積分論を，そのまま移していくことができる．その意味では，完全加法的集合関数というよび名は少し重すぎる．分解定理は，この重々しいよび名を，測度の2つの差という実質的なものにおきかえたものであるといってもよいだろう．

第 26 講

ラドン・ニコディムの定理

テーマ

- ◆ 絶対連続性
- ◆ ラドン・ニコディムの定理
- ◆ 少し弱い形でのラドン・ニコディムの定理の証明
- ◆ 定理の証明に L^2-空間のリースの定理を用いる.
- ◆ 特異性
- ◆ ルベーグの分解定理

はじめに

この講の標題にかかげたラドン・ニコディム (Radon–Nikodym) の定理では，次のことを問題とする.

前講の最初に述べたように，測度空間 $X(\mathfrak{B}, m)$ 上の可積分関数 f が与えられたとき，

$$F(A) = \int_A f(x)m(dx) \tag{1}$$

とおくと，F は $\mathfrak{B}$ 上の完全加法的集合関数となる．その上 F は，すべて $A \in \mathfrak{B}$ に対して $|F(A)| < +\infty$ という有限性の条件をみたしている.

それでは逆に，$X(\mathfrak{B}, m)$ 上の有限な完全加法的集合関数 Φ が与えられたとき，Φ がどのような条件をみたしていれば，適当な可積分関数 $\tilde{f}$ によって

$$\Phi(A) = \int_A \tilde{f}(x)m(dx)$$

と表わされるだろうか.

ラドン・ニコディムの定理は，簡明に，それは測度 m に関する任意の零集合 C に対して，$\Phi(C) = 0$ が成り立つことであるという．この講では，この定理に関する事柄が主題となる.

絶対連続性

まず一般的な設定をしておく．

Φ を，集合 X のボレル集合体 $\mathfrak{B}$ 上で定義された完全加法的集合関数とする．Φ のジョルダン分解を $\Phi = \Phi^+ - \Phi^-$ とし，

$$|\Phi| = \Phi^+ + \Phi^-$$

とおく．$|\Phi|$ は，すべての $A \in \mathfrak{B}$ に対し，$|\Phi|(A) \geqq 0$ をみたす完全加法的集合関数である．

【定義】 $\mathfrak{B}$ 上で定義された完全加法的集合関数 Ψ が

$$|\Phi|(C) = 0 \Longrightarrow \Psi(C) = 0$$

をみたすとき，Ψ は Φ に関して絶対連続であるといい，$\Psi \ll \Phi$ で表わす．

Ψ のジョルダン分解を $\Psi = \Psi^+ - \Psi^-$ とすると

$$\boxed{\Psi \ll \Phi \Longleftrightarrow \Psi^+ \ll \Phi,\ \Psi^- \ll \Phi}$$

【証明】 $\Leftarrow$ は明らかであろう．

$\Rightarrow$： Ψ による X のハーン分解を $X = P \cup N$ とする．このとき $|\Phi|(C) = 0$ なる集合 C に対して，$|\Phi|(C \cap P) = |\Phi|(C \cap N) = 0$ となる．$\Psi^+(C) = \Psi(C \cap P)$, $\Psi^-(C) = \Psi(C \cap N)$ と，仮定 $\Psi \ll \Phi$ から，$\Psi^+(C) = \Psi^-(C) = 0$. したがって $\Psi^+ \ll \Phi$, $\Psi^- \ll \Phi$ が成り立つ． ■

なお，完全加法的集合関数 F が (1) で与えられているときには，F と測度 m の間には

$$F \ll m$$

の関係が成り立っている．この逆が成り立つかが問題なのである．

ラドン・ニコディムの定理

ラドン・ニコディムの定理を述べる前に次の定義をおく．

【定義】 測度空間 $X(\mathfrak{B}, m)$ がσ-有限とは，ある $A_n \in \mathfrak{B}$ $(n = 1, 2, \ldots)$ が存在して

(i)　$m(A_n) < \infty \quad (n = 1, 2, \ldots)$

(ii)　$A_1 \subset A_2 \subset \cdots \subset A_n \subset \cdots \longrightarrow X$

が成り立つことである．

また記号の使い方として，測度空間 $X(\mathfrak{B}, m)$ 上の L^1-空間，L^2-空間を表わすのに，$L^1(m), L^2(m)$ のように基礎にとっている測度を明確に表わすことにしておこう．

【ラドン・ニコディムの定理】 $X(\mathfrak{B}, m)$ を σ-有限の測度空間とする．Φ を $\mathfrak{B}$ 上で定義された加法的集合関数で

(i)　$|\Phi|(X) < \infty$

(ii)　$\Phi \ll m$

をみたすとする．このときある $\tilde{f} \in L^1(m)$ が存在して，すべての $A \in \mathfrak{B}$ に対して

$$\Phi(A) = \int_A \tilde{f}(x)dm(x) \tag{1}$$

が成り立つ．$\tilde{f}(x)$ は $L^1(m)$ の元としては一意的に決まる．

ここで $X(\mathfrak{B}, m)$ が σ-有限であるという仮定ははずせないことが知られている．そのような例として X=[0, 1]，$\mathfrak{B}$ としてルベーグ可測な集合全体，m として

$$m(A) = \begin{cases} A \text{ の元の個数}, & A \text{ が有限集合のとき} \\ \infty, & A \text{ が無限集合のとき} \end{cases}$$

によって定義された測度をとる．m は σ-有限ではない．Φ としてルベーグ測度をとると，$\Phi \ll m$ であるが，この場合 (1) を成り立たせるような $\tilde{f}$ は存在しない (A として 1 点 $x_0 \in [0, 1]$ を任意にとってみるとよい)．

ラドン・ニコディムの定理 (弱い形)

ここでは，上のラドン・ニコディムの定理より，少し弱い形の次の定理の証明を与えることにする．この定理が示されれば，上の一般的な場合は，ここから比較的標準的な手法で導くことができる．

(♯)　$X(\mathfrak{B}, m)$ を，$m(X) < \infty$ をみたす測度空間とする．ν を $\mathfrak{B}$ 上で定義された測度で

(i)　$\nu(X) < \infty$

(ii)　$\nu \ll m$

をみたすとする．このときある $\tilde{f} \in L^1(m)$ が存在して，すべての $A \in \mathfrak{B}$ に対して次の式が成り立つ．

$$\nu(A) = \int_A \tilde{f}(x) dm(x)$$

(♯) の 証 明

証明には，第 24 講で述べた L^2-空間上のリースの定理を用いる．

第 1 段階：　$\mathfrak{B}$ 上で定義された測度 $m + \nu$ を考え，この上で定義された L^2-空間 $L^2(m + \nu)$ から出発する．まず次のことを示そう．

$$f \in L^2(m + \nu) \Longrightarrow f \in L^1(\nu)$$

$f \in L^2(m + \nu)$ とする．このとき

$$\begin{aligned} \int_X |f| d\nu &\leqq \int_X |f| d(m + \nu) = \int_X 1 \cdot |f| d(m + \nu) \\ &\leqq \left(\int_X 1 d(m + \nu) \right)^{\frac{1}{2}} \left(\int_X |f|^2 d(m + \nu) \right)^{\frac{1}{2}} < \infty \end{aligned} \tag{2}$$

ここで $(m + \nu)(X) < \infty$ によって，$1 \in L^2(m + \nu)$ となることと，シュワルツの不等式を用いた．

$f \in L^2(m + \nu)$ に対し

$$L(f) = \int_X f \, d\nu \tag{3}$$

とおくと，$L(f)$ は $L^2(m + \nu)$ 上の線形汎関数となる．

$L(\alpha f + \beta g) = \alpha L(f) + \beta L(g)$ $(\alpha, \beta \in \boldsymbol{R},\ f, g \in L^2(m + \nu))$ が成り立つことは明らかである．また f の $L^2(m + \nu)$ におけるノルムを $\|f\|$ と表わすと，(2) は

$$|L(f)| \leqq ((m+\nu)(X))^{\frac{1}{2}} \|f\|$$

したがって $L(f)$ は，$L^2(m+\nu)$ 上の線形汎関数となる．

第2段階：　リースの定理によって，ある $h_0 \in L^2(m+\nu)$ が存在して

$$L(f) = \int_X f h_0 d(m+\nu) \tag{4}$$

と表わされる．$f \geqq 0$ のとき，$L(f) \geqq 0$ に注意すると，$h_0(x) \geqq 0$ a.e. が成り立っていることがわかる．

(3) と (4) から

$$\int_X f\,(1-h_0)\,d\nu = \int_X f h_0 dm \tag{5}$$

が成り立つ．この式と $\nu \ll m$ から

$$E = \{x \mid h_0(x) \geqq 1\}$$

とおくと，次のことが示される：

$$\boxed{\nu(E) = 0}$$

実際，(5) の f として，E の特性関数 $\varphi(x) = \varphi(x\,; E)$ をとってみると

$$\begin{aligned} 0 \leqq m(E) &= \int_X \varphi(x)dm \leqq \int_X \varphi(x)h_0(x)dm \\ &= \int_X \varphi(x)\,(1-h_0(x))\,d\nu \leqq 0 \end{aligned}$$

したがって $m(E)=0$，したがってまた仮定 $\nu \ll m$ によって $\nu(E)=0$ が成り立つ ($\nu \ll m$ の仮定を用いるのはこの点においてである！)．

そこで

$$g(x) = h_0(x)(1-\varphi(x))$$

とおくと，g と h_0 は，m に関しても ν に関しても，ほとんど至るところ等しい．したがって，(5) を参照すると

$$\boxed{\begin{aligned} &0 \leqq g(x) < 1, \\ &\int_X f(1-g)d\nu = \int_X fg\,dm, \quad f \in L^2(m+\nu) \qquad (6) \end{aligned}}$$

が成り立つことがわかった．

第 3 段階： f を有界な可測関数とする．$m+\nu$ が有界な測度だから $f \in L^2(m+\nu)$ となる．同じ理由で (6) に現われている g に対して

$$(1+g+\cdots+g^{n-1})\,f \in L^2(m+\nu)$$

となる．この関数に対して (6) を適用すると

$$\int_X (1+g+\cdots+g^{n-1})f(1-g)d\nu = \int_X (1+g+\cdots+g^{n-1})fg\,dm$$

が得られる．$0 \leqq g(x) < 1$ だから，この等式は等比数列の和の公式から

$$\int_X (1-g^n)f\,d\nu = \int_X \frac{g}{1-g}(1-g^n)f\,dm \tag{7}$$

とかいてもよい．

$(1-g^n)f$ は，$n \to \infty$ のとき単調に増加して f に収束する．したがって (7) で $n \to \infty$ とすると

$$\int_X f\,d\nu = \int_X \frac{g}{1-g} f\,dm \tag{8}$$

が得られる．ここで $f=1$ とおくと $\frac{g}{1-g} \in L^1(m)$ のことがわかる．

そこで

$$\tilde{f} = \frac{g}{1-g}$$

とおき，(8) の f として特に $A \in \mathfrak{B}$ の特性関数 $\varphi(x\,;A)$ をとると

$$\nu(A) = \int_A \tilde{f}(x)dm(x), \quad \tilde{f}(x) \in L^1(m)$$

となり，($\sharp$) が証明された． ∎

証明に対するコメント

($\sharp$) では $\tilde{f}$ の一意性に触れなかったが，もし ($\sharp$) を成り立たせるような $\tilde{f}$ が別にあったとして，それを $\tilde{f}'$ とすれば，すべての $A \in \mathfrak{B}$ に対して

$$\int_A \tilde{f}(x)dm(x) = \int_A \tilde{f}'(x)dm(x)$$

が成り立ち，これからすぐに $\tilde{f} = \tilde{f}'$ a.e. が導かれる．

ラドン・ニコディムの定理のふつうの証明は，もう少し測度論的な考察に基づ

いて行なう．L^2-空間におけるリースの定理を用いるここで述べた証明は，絶対連続性の仮定を用いる場所がよくわかり明快で気持ちがよい．

この証明のアイディアは，1933 年にフォン・ノイマンがハール測度の一意性を示す論文の中で明らかにしたものである．ノイマンの記述は簡明で少しわかりにくい点もあったので，ここでは E. Hewitt and K. Stromberg『Real and Abstract Analysis』(Springer, 1969) を参照した．この本には，最初に述べた一般的な形でのラドン・ニコディムの定理の証明も載せられている．

特　異　性

絶対連続性と対極にある概念として特異性がある．

【定義】　ボレル集合体 $\mathfrak{B}$ 上で定義された完全加法的集合関数 Φ と Ψ に対して，ある $N \in \mathfrak{B}$ が存在して

$$|\Phi|(N) = 0, \quad |\Psi|(N^c) = 0$$

が成り立つとき，Ψ は Φ に関して特異である．または Φ-特異であるという．

定義を見るとわかるように，Ψ が Φ-特異ならば，Φ は Ψ-特異である．その意味で特異性は，Φ と Ψ に関して相互的である．互いに特異であるという関係を記号 $\Phi \perp \Psi$ で表わす．

たとえば区間 $I=[0, 1]$ で

$$f(t) = \begin{cases} 1, & 0 \leqq t < \dfrac{1}{2} \\ 0, & \dfrac{1}{2} \leqq t \leqq 1 \end{cases} \qquad g(t) = \begin{cases} 0, & 0 \leqq t < \dfrac{1}{2} \\ 1, & \dfrac{1}{2} \leqq t \leqq 1 \end{cases}$$

とおき

$$\Phi(A) = \int_A f(t)m(dt), \quad \Psi(A) = \int_A g(t)m(dt)$$

とおくと，I 上の完全加法的集合関数 Φ と Ψ は，$\Phi \perp \Psi$ という関係がある．

次の定理はルベーグの分解定理とよばれるものであるが，証明はここでは省略する．

【定理】　ボレル集合体 $\mathfrak{B}$ 上で定義された完全加法的集合関数 Φ, Ψ に対し，Ψ は

$|\Psi|(X) < \infty$ をみたすとする．このとき Ψ は

$$\Psi = \Psi_1 + \Psi_2, \quad \Psi_1 \ll \Phi, \quad \Phi \perp \Psi_2 = 0$$

と分解される．このような分解は一意的に決まる．

Tea Time

質問 最後に述べられたルベーグの分解定理を，測度の場合に限ってでよいのですが，具体的に表わしていただけませんか．

答 ボレル集合体 $\mathfrak{B}$ 上で定義された 2 つの測度 μ, ν を考えることにし，μ, ν は有界な測度とする．明らかに $\mu \ll \mu + \nu$, $\nu \ll \mu + \nu$ だから，ラドン・ニコディムの定理によって

$$\mu(A) = \int_A \tilde{f}(x) d(\mu + \nu), \quad \nu(A) = \int_A \tilde{g}(x) d(\mu + \nu)$$

と表わされる．このとき

$$E = \{x \mid \tilde{f}(x) \neq 0\}$$

とおき

$$\nu_1(A) = \int_{E \cap A} \tilde{g}(x) d(\mu + \nu), \quad \nu_2(A) = \int_{E^c \cap A} \tilde{g}(x) d(\mu + \nu)$$

とおくと，$\nu = \nu_1 + \nu_2$ であって，これが μ に関する ν のルベーグ分解を与えている．

第 27 講

ヴィタリの被覆定理

テーマ
- ◆ 集合関数を微分する？
- ◆ $\boldsymbol{R}^k$ の集合の立方体による被覆
- ◆ ヴィタリの被覆定理
- ◆ 被覆定理の証明
- ◆ コメント

集合関数を微分する？

また $\boldsymbol{R}^k$ 上のルベーグ測度の話に戻ることにしよう．ラドン・ニコディムの定理は，完全加法的集合関数 $\Phi(A)$ が，ルベーグ測度に関して絶対連続ならば

$$\Phi(A) = \int_A f(x)m(dx)$$

であることを示している．このことは，何か完全加法的集合関数 Φ を‘微分する’と，関数 f が得られることを示唆しているようにみえる．

しかし，集合関数を‘微分する’とはどのように定義したらよいのだろうか．また Φ に対して可積分関数 f は a.e. にしか決まらないのだから，微分するために行なう極限操作にも微妙な取扱いが必要になると予想される．実際，可測関数のレベルで微分の問題を再考しようとすると，‘ほとんど至るところ’微分可能というような概念の導入が必要になって，したがって大域的な性質から局所的な性質へと移行して‘微分’を捉えようとする過程には，適当な零集合は避けていくような，細かな配慮が必要になってくる．

このような配慮は，ふつうはヴィタリの被覆定理とよばれているものを通して与えられる．ヴィタリの被覆定理は，測度論の応用に際し，いろいろなところで用いられる重要な定理なので，この講ではこの定理を述べることにしよう．この

応用は，次講で述べる．

$\boldsymbol{R}^k$ の集合の立方体による被覆

$\boldsymbol{R}^k$ の‘閉区間’で，各辺の長さが等しいものを立方体ということにしよう．すなわち立方体 C とは

$$C = \left\{(x_1, x_2, \ldots, x_k) \mid a_i \leqq x_i \leqq b_i,\ b_i - a_i = \delta\right\}$$

として表わされる集合である．δ が辺の長さである．C の直径は

$$\begin{aligned}\mathrm{diam}(C) &= \sup_{x,y \in C} \|x - y\| = \left(\sum_{i=1}^{k} (b_i - a_i)^2\right)^{\frac{1}{2}} \\ &= \sqrt{k}\delta\end{aligned}$$

で定義する．2 次元の立方体 C に対しては直径は $\sqrt{2}\delta$, 3 次元の立方体では $\sqrt{3}\delta$ となる．

A を $\boldsymbol{R}^k$ の任意の集合とする．A の各点 x に対し，x をおおう十分細かな立方体が用意されているような状況を考えることとし，それを次のように定式化する．

$\boldsymbol{R}^k$ の立方体の集まり $\{C_\gamma\}_{\gamma \in \Gamma}$ が与えられ，これが次の性質をみたすとする．

(V1)　各点 $x \in A$ に対し，ある C_γ が存在して $x \in C_\gamma$.

(V2)　$x \in A$ をとめたとき，$x \in C_\gamma$ をみたす C_γ の直径の下限は 0 である．

すなわち，各点 $x \in A$ に対し，$\{C_\gamma\}_{\gamma \in \Gamma}$ の中に系列 $\{C_{\gamma_n}\}$ $(n = 1, 2, \ldots)$ が存在して，

$$x \in C_{\gamma_n}; \mathrm{diam}\,(C_{\gamma_n}) \longrightarrow 0 \ (n \to \infty)$$

となっている．

【定義】　集合 A $(\subset \boldsymbol{R}^k)$ に対し，上の性質 (V1), (V2) をみたす立方体の集まり $\{C_\gamma\}_{\gamma \in \Gamma}$ が与えられたとき，A のヴィタリ被覆が与えられたという．

ヴィタリ被覆とは，ずっと前にさかのぼって第 5 講でのたとえを用いれば，A をおおうとするタイル屋さんの手には，各点 $x \in A$ のまわりをおおうために，小さな，微小な微小なタイルがすべて用意されているということである．このとき誰でも問題とすることだろうが，タイル屋さんは，この中から上手に可算個のタイルを見つけ，適当に貼っていくならば——共通点のないようにおいていくならば——，A をほぼ完全におおいつくすことはできるのだろうか．このおおい方では，A からはみ

出している部分はあまり問題としない．このことが可能であるということが以下で述べるヴィタリの被覆定理であって，これは 1907 年にヴィタリによって証明されたものである．こういうとき，A として太陽系全体くらいの大きさの複雑な形をした宇宙空間を考え，一方，タイル屋さんの手には，1 辺が 1 cm 以下の立方体しか用意されていない状況を想像してみられるとよいかもしれない．このような想像から，以下の被覆定理が，局所的な様相と大域的な様相とを結ぶかけ橋になるかもしれないと感じられてくるだろう．

ヴィタリの被覆定理

【定理】　A を $\boldsymbol{R}^k$ の任意の集合とする．A のヴィタリ被覆 $\{C_\gamma\}_{\gamma\in\Gamma}$ が与えられているとする．このとき $\{C_\gamma\}_{\gamma\in\Gamma}$ の中から可算個の立方体 $\{C_1, C_2, \ldots, C_n, \ldots\}$ を選んで

(i)　$C_i \cap C_j = \phi \ (i \neq j)$

(ii)　$m^*(A - \bigcup_{n=1}^{\infty} C_n) = 0$

が成り立つようにできる．

(i) は各 C_n $(n = 1, 2, \ldots)$ が互いに共通点のないことを示しており，(ii) は，もし A が可測集合ならば，零集合を除けば $C_1, C_2, \ldots, C_n, \ldots$ によって A は完全におおえることを示している．もちろん (ii) で，$A - \bigcup_{n=1}^{\infty} C_n$ は $A \cap (\bigcup_{n=1}^{\infty} C_n)^c$ のことだから，$\bigcup_{n=1}^{\infty} C_n$ は一般には A からはみ出ている．

定理の証明

ここでは，A が有界な集合であって，各 C_γ $(\gamma \in \Gamma)$ はある十分大きな立方体 K の中にすべて含まれている場合に限って定理を証明することにする．以下，この仮定は特に断らないで用いる．

【証明】　帰納的に $C_1, C_2, \ldots, C_n, \ldots$ を求めていくことにする．まず任意に $C_1 \in \{C_\gamma\}_{\gamma\in\Gamma}$ をとり出す．次に C_1 と共通点のない C_2 をとり出す．次に $C_1 \cup C_2$ と共通点のない C_3 をとり出す．順次このようにして n 回まで進んだとき，

$$A \subset C_1 \cup C_2 \cup \cdots \cup C_n$$

となるならば，これで証明すべきことがいえたことになる．

そうでないとき，次のような帰納的な手続きを設定する．$x \in A$ で，$x \notin C_1$

$\cup C_2 \cup \cdots \cup C_n$ となる x を任意に 1 つとる．まずヴィタリ被覆の定義と，$C_1 \cup C_2 \cup \cdots \cup C_n$ が閉集合であることから，適当な C_γ で

$$x \in C_\gamma, \quad C_\gamma \cap (C_1 \cup C_2 \cup \cdots \cup C_n) = \phi$$

をみたすものが存在することを注意しよう．そこで

$$\delta_n = \sup\left\{\mathrm{diam}(C_\gamma) \mid C_\gamma \cap \left(\bigcup_{i=1}^{n} C_i\right) = \phi\right\}$$

とおき，$\bigcup_{i=1}^{n} C_i$ と交わらない C_γ の中から

$$\mathrm{diam}\,(C_{n+1}) > \frac{\delta_n}{2} \tag{1}$$

をみたすような C_{n+1} を 1 つとる．

このようにして逐次共通点のない C_n $(n = 1, 2, \ldots)$ を選んでいくと，これは求めるものであって，

$$m^*\left(A - \bigcup_{n=1}^{\infty} C_n\right) = 0 \tag{2}$$

が成り立つ．

以下，その証明を与えよう．$\{C_n\}$ $(n = 1, 2, \ldots)$ は互いに交わらず，かつ $C_n \subset K$ だから

$$\sum_{n=1}^{\infty} m\,(C_n) \leqq m(K) < \infty \tag{3}$$

したがってまた各 C_n に対して，C_n と同じ中心をもち，その辺の長さが $5\sqrt{k}$ 倍であるような立方体を $\tilde{C}_n$ とかく (ここで k は $\boldsymbol{R}^k$ の次元である)．

$$\sum_{n=1}^{\infty} m(\tilde{C}_n) = 5^k k^{\frac{k}{2}} \sum_{n=1}^{\infty} m\,(C_n) < \infty \tag{4}$$

いま (2) が成り立たないと仮定する．このとき

$$m^*\left(A - \bigcup_{n=1}^{\infty} C_n\right) > 0$$

したがって (4) から，ある自然数 ν が存在して

$$\sum_{n=\nu+1}^{\infty} m(\tilde{C}_n) < m^*\left(A - \bigcup_{n=1}^{\infty} C_n\right)$$

となる．ここから

$$m\left(\bigcup_{n=\nu+1}^{\infty} \tilde{C}_n\right) < m^*\left(A - \bigcup_{n=1}^{\infty} C_n\right)$$

が得られる．すなわち，ある点 x_0 で

$$x_0 \in A - \bigcup_{n=1}^{\infty} C_n, \quad x_0 \notin \bigcup_{n=\nu+1}^{\infty} \tilde{C}_n \tag{5}$$

をみたすものがある (図 39 参照)．

この x_0 はもちろん $\bigcup_{n=1}^{\nu} C_n$ には属していないから，$\{C_\gamma\}_{\gamma\in\Gamma}$ に属する C で

$$x_0 \in C, \quad C \cap \left(\bigcup_{n=1}^{\nu} C_n\right) = \phi \quad (6)$$

をみたすものが存在する．

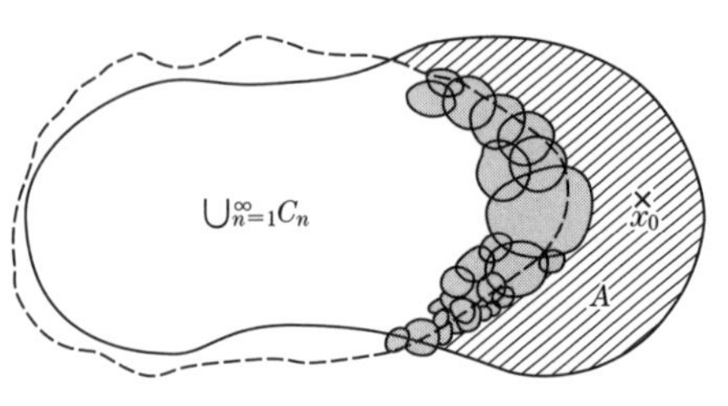

$\bigcup_{n=\nu+1}^{\infty} \tilde{C}_n$：濃くカゲをつけた部分
この部分の面積は斜線部分より小さい
図 39

この C が，すべての C_n に交わらないと仮定すると，δ_n の定義から

$$\delta_n \geqq \mathrm{diam}(C) \quad (n = 1, 2, \ldots)$$

ゆえに

$$\mathrm{diam}(C_{n+1}) > \frac{\delta_n}{2} \geqq \frac{\mathrm{diam}(C)}{2}$$

したがって

$$\sum_{n=1}^{\infty} m(C_n) = \infty$$

となって，(3) に矛盾する．

したがって，

$$C \cap C_i \neq \phi$$

となる最小の自然数 i_0 を考えることができるが，(6) から $i_0 > \nu$ である．(5) をみると

$$x_0 \notin \tilde{C}_{i_0}$$

となっている．$C \cap C_{i_0} \neq \phi$ に注意すると $C_{i_0}, \tilde{C}_{i_0}, C, x_0$ の位置関係は図 40 で示してあるようになる．したがって図 40 を参照して

$$\begin{aligned} \mathrm{diam}(C) &> (5\sqrt{k}-1) \times (C_{i_0}\text{の辺の長さの} \\ &\qquad \text{半分}) \qquad (7) \\ &\geqq 2\sqrt{k} \times (C_{i_0}\text{の辺の長さ}) \\ &= 2\,\mathrm{diam}\,(C_{i_0}) \end{aligned}$$

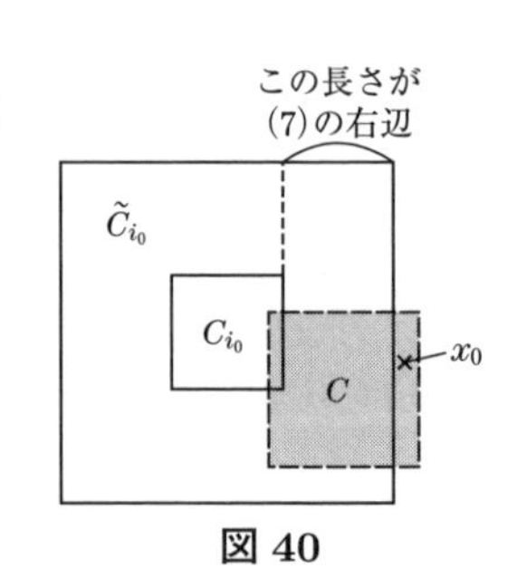

図 40

ゆえに (1) により

$$\mathrm{diam}(C) > \delta_{i_0-1}$$

一方，i_0 のとり方から $C \cap \left(\bigcup_{i=1}^{i_0-1} C_i\right) = \phi$ であって

したがって

$$\delta_{i_0-1} \geqq \mathrm{diam}(C)$$

となっている.

これは矛盾である. したがって (2) が成り立たなくてはいけない. これで証明が終った. ∎

コメント

立方体による被覆でなくとも, あまりつぶれ方のひどくない有界閉集合による'ヴィタリ被覆' に対しては, 同様な結果が成り立つ. たとえば, ヴィタリの被覆定理で各 C_α を球としても同じ結果が成り立つ.

特に A として $\boldsymbol{R}^k$ の開集合 O をとる. O の各点 x に, O の内部に完全に含まれ, 半径 $\to 0$ となる, 中心 x の球の系列を与えておく. これは, O の'ヴィタリ被覆' となる. これに対して被覆定理を用いると, 次の結果が得られる.

> $\boldsymbol{R}^k$ の任意の開集合 O は, 可算個の共通点のない球 $B_1, B_2, \ldots,$ $B_n, \ldots$ を適当に選ぶことにより
>
> $$O \supset \bigcup_{n=1}^{\infty} B_n$$
> $$m\left(O - \bigcup_{n=1}^{\infty} B_n\right) = 0$$
>
> と表わせる.

このときもちろん

$$m(O) = \sum_{n=1}^{\infty} m(B_n)$$

である. すなわち開集合の測度は, 球を適当に詰めこんでいっても測れるのである! この事実はヴィタリの結果の系として得られたが, 改めて考えてみると, 開集合にどんどん球を詰めこむとき, 残った隙間にどのように球を詰めこんだらよいかなど, 実はよくわからないことである. いままで詰めてきた有限個の球に交わらない, 残りの球の半径の上限 δ_n など, 現実にはどう求めてよいかわからないからである. この状況を考えてみると, ヴィタリの被覆定理の証明が, 驚くほど巧妙な数学的な技法を用いてなされていることがよくわかる.

Tea Time

質問　開集合の測度が，球を詰めこむことによっても測れるということを知って驚きました．少し複雑な開集合を考えてみると，球が本当にうまく詰めこまれていくものかどうかなどということは想像もできません．ところでコメントのところで，あまりひどくつぶれていない閉集合を，被覆の集合として採用する限り，ヴィタリの被覆定理はそのままの形で成り立つといわれていましたが，あまりひどくつぶれていないというのは，どのように定義するのですか．

答　$\boldsymbol{R}^k$ の有界閉集合 S に対し，S を含む最小の立方体を C とするとき

$$\kappa(S) = \frac{m(S)}{m(C)}$$

とおく．$0 < \kappa(S) \leqq 1$ である．$\kappa(S)$ が 0 へと近づくにつれ，S のつぶれ方がひどくなっていくと考え，$\kappa(S)$ を S のつぶれ方を測る 1 つの尺度とするのである (図 41)．

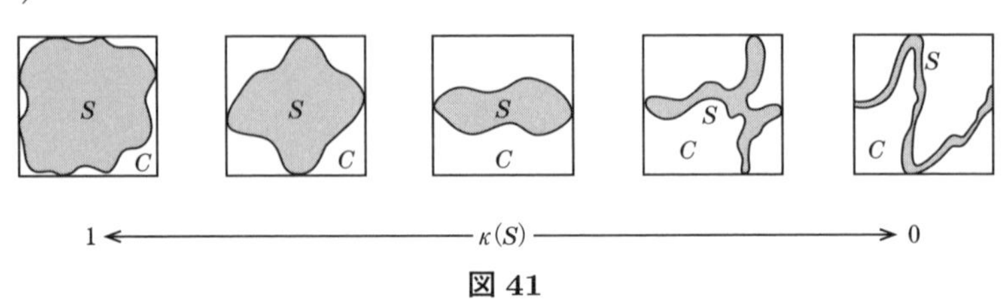

図 41

$\boldsymbol{R}^k$ の集合 A が与えられたとき，A の各点を，ヴィタリの意味でどこまでも細かくおおう有界閉集合による被覆 $\{S_\gamma\}_{\gamma\in\Gamma}$ を考えることにしよう．もしある正数 κ_0 が存在して，すべての S_γ に対して

$$\kappa(S_\gamma) \geqq \kappa_0$$

が成り立っているならば，この被覆の中にはあまりひどいつぶれ方をする集合は含まれていないと考えるのである．この状況の下では，ヴィタリの被覆定理はそのままの形で成り立つ．証明もほとんど同じような考えでできる．

S と T が相似ならば，もちろん $\kappa(S) = \kappa(T)$ だから，一定の相似図形を用いて被覆を行なう限り，ヴィタリの被覆定理はつねに成り立つ．たとえば A として平面上の開集合を任意にとったとき，図 42 で示したような図形のどのパターンを

図 42

とっても，このパターンと相似な可算個のタイルを用いて，零集合を除けば，A を完全に貼ることができるのである．これは想像を絶するような驚くべきことであるといってよい．

私たちは，むしろこのとき，貼りきれなかった隙間として残された零集合の複雑さの方に思いを向けるべきなのかもしれない．そのときには，ルベーグ測度のもつ謎めいた姿が一層深まったと感じられるのではないだろうか．

第 28 講

被覆定理の応用

テーマ

- ◆ ルベーグ測度を微分する.
- ◆ 密度
- ◆ 密度定理の証明——ヴィタリの被覆定理を用いる.
- ◆ 完全加法的集合関数の微分
- ◆ ラドン・ニコディムの定理と微分との関係
- ◆ 1 変数関数の微分，有界変動の関数
- ◆ (Tea Time) シュタインハウスの定理

ルベーグ測度を微分する

前講のはじめで，ヴィタリの被覆定理を導入する 1 つの動機は，完全加法的集合関数の微分をいかに考えるかにあると述べた．ここではまず最初に，完全加法的集合関数の中で最も基本的なルベーグ測度 $m(A)$ を微分することを考えてみよう．

$\boldsymbol{R}^k$ のルベーグ可測な集合 A に対し，A の特性関数を $\varphi(x\,;A)$ とおく．このとき

$$m(A) = \int_X \varphi(x\,;A)m(dx)$$

である．したがって，A の各点 x で 'm を微分すれば'，その値は $\varphi(x\,;A)$ になるだろうということは，大体予想されることである——もっともここでも，ほとんど至るところという形容句はつくだろうが——.

このことについては，すぐあとで述べる完全加法的集合関数の微分についての一般論に含めて示すことはできる．しかし，ルベーグ測度のときには，少し状況が見やすいこともあって，密度という概念に関連して微分概念を述べるのがふつうのようなので，ここでもそこからはじめることにしよう．

密　　度

$\boldsymbol{R}^k$ のルベーグ可測な集合 A が与えられたとする．$a \in \boldsymbol{R}^k$ に対し，$C(a,r)$ により a を中心にして 1 辺の長さが r の立方体を表わす．

【定義】

$$\Theta(A,a) = \lim_{r \to 0} \frac{m(A \cap C(a,r))}{r^k}$$

とおき，この極限値が存在するとき，$\Theta(A,a)$ を A の a における密度という．

この右辺で $r^k = m(C(a,r))$ のことに注意すると

$$0 \leqq \Theta(A,a) \leqq 1$$

のことがわかる．密度というのは，点 a のまわりの $C(a,r)$ の中に，A の点がどれだけ混入しているか，その極限状況における混入の割合を上の式で測ってみようとしているからである．

可測集合 A は一般には予想もできないような複雑な点の集まりである．したがって $C(a,r)$ の中に A の点が混入する割合は r が 0 に近づく過程で，大きく揺れ動き，一般には極限値は存在しないと考えるのがふつうである．しかしここでもルベーグは不思議なことを主張する．

【定理】 ほとんど至るところ

$$\Theta(A,x) = \varphi(x\,;A), \quad x \in \boldsymbol{R}^k$$

が成り立つ．

すなわち，ある零集合に属する点を除けば

$$x \in A \Longrightarrow \Theta(A,x) = 1 \tag{1}$$

$$x \notin A \Longrightarrow \Theta(A,x) = 0 \tag{2}$$

が成り立つ．この定理を密度定理といって引用する．ここでもまた，一見当り前そうにみえるこの定理の奥に隠されている不可解な調べを聞きとった方がよいのかもしれない．

密度定理の証明

ここでは (1) だけを証明しよう．実際，どんな可測集合 A をとっても (1) が成り立つことが示されれば，この結果を A^c に適用して，

$$x \in A^c \Longrightarrow \Theta(A^c, x) = 1 \text{ a.e.}$$

が得られる．一方，このとき密度の定義から $\Theta(A, x) + \Theta(A^c, x) = 1$ が成り立つから，この 2 つを合わせて (2) が成り立つことがわかる．

【(1) の証明】 問題は局所的だから，$m(A) < \infty$ と仮定しておいても一般性を失わない．背理法を用いることにして，ある正数 $\delta < 1$ をとったとき，$x \in A$ で，かつ

$$\Theta_*(A, x) = \underline{\lim} \frac{m(A \cap C(x, r))}{r^k} < \delta \tag{3}$$

をみたす x 全体の集まり S が零集合でなかったとして矛盾の生ずることをみよう．ここで下極限 $\underline{\lim}$ は，x に近づく，辺の長さ $\to 0$ となる x 中心のすべての立方体に関してとられているとする．

S は可測集合である．このことは r をとめたとき，$m(A \cap C(x, r))$ が x について可測関数となっていることからわかる．したがって

$$S \subset A, \quad m(S) > 0$$

であって，S の各点 x で (3) が成り立っている．

そこでいま開集合 U を

$$U \supset S, \quad m(S) > \delta m(U) \tag{4}$$

をみたすようにとる．このような開集合 U がとれることは，第 13 講で示してある．S の各点 x では (3) が成り立っているから，x を中心とする立方体 C で

$$C \subset U, \quad m(S \cap C) < \delta m(C) \tag{5}$$

をみたすものがとれる．このような C で辺の長さがいくらでも小さくなるものがある (図 43).

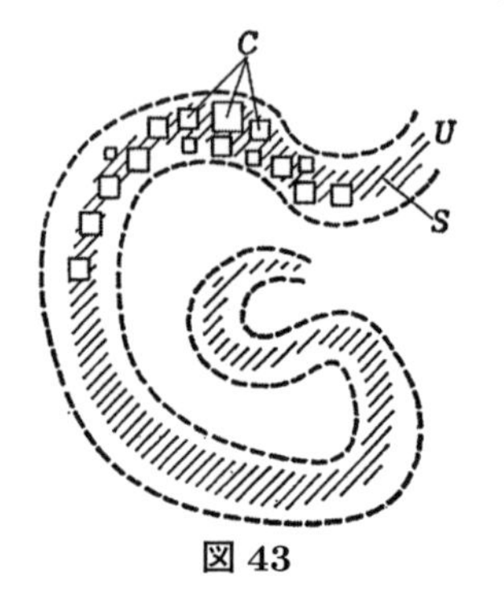

図 43

このような C 全体は S のヴィタリ被覆をつくる．したがって被覆定理によって，このような C の中から共通点のない $C_1, C_2, \ldots, C_n, \ldots$ を選んで，零集合を除いて S をおおうことができる．このとき

$$
\begin{aligned}
m(S) &= \sum_{n=1}^{\infty} m\left(S \cap C_n\right) \\
&< \delta \sum_{n=1}^{\infty} m\left(C_n\right) \quad ((5)\text{ による}) \\
&< \delta m(U) \quad ((5)\text{ による})
\end{aligned}
$$

これは (4) に矛盾する．

したがって (3) の成り立つような A の点 x の集合 S は測度 0 でなくてはならない．これは (1) が成り立つことを示している． ∎

完全加法的集合関数の微分

密度定理は，完全加法的集合関数の微分の立場に立ってみると，実は任意の可測集合 S に対し

$$
\Phi_A(S) = m(A \cap S)
$$

とおいて得られる完全加法的集合関数 Φ_A の微分を考察したことになっている．すなわち密度定理は，'完全加法的集合関数 Φ_A は，ほとんど至るところ微分可能であって，この微分した結果を $D\Phi_A$ とかくと，$D\Phi_A(x) = \varphi(x\,; A)$ が成り立つ' と述べることができる．

この基本的な例で大体の感じを捉えられたところで，一般の完全加法的集合関数 Φ に対して微分可能性の定義を述べることにしよう．

一般的な設定では，Φ をルベーグ可測な集合上で定義された完全加法的集合関数とし，すべての S に対し

$$
0 \leqq \Phi(S) < \infty
$$

が成り立つとする (この一般的な立場では，上の Φ_A の場合は $m(A) < \infty$ のときを考察することに相当する)．

このとき $x \in \boldsymbol{R}^k$ に対して

$$
\bar{D}_x \Phi = \sup \left\{ \overline{\lim} \ \frac{\Phi\left(C\left(x, r_n\right)\right)}{{r_n}^k} \right\}
$$

$$\underline{D}_x\Phi = \inf\left\{\underline{\lim}\ \frac{\Phi\left(C\left(x, r_n\right)\right)}{{r_n}^k}\right\}$$

とおく．ここで｛　｝の中の $\overline{\lim}$, $\underline{\lim}$ は，$r_n \to 0$ となるような x を中心とする立方体の系列に関する上極限，下極限を表わしている．また，sup, inf はこのような系列すべてをわたったときの上限，下限を表わしている．

このとき次の定理が成り立つ．

【定理】　ほとんどすべての $x \in \boldsymbol{R}^k$ に対して

$$\bar{D}_x\Phi = \underline{D}_x\Phi$$

が成り立つ．

したがって，ある零集合を除けば，すべての $x \in \boldsymbol{R}^k$ に対し

$$D_x\Phi = \bar{D}_x\Phi = \underline{D}_x\Phi$$

は確定した値となる．$D_x\Phi$ を，x における Φ の微分という．上の定理は，完全加法的集合関数 Φ は，ほとんど至るところ微分可能である，といい表わすこともできる．

この定理の証明には

$$E(r,s) = \left\{x \mid \bar{D}_x\Phi \geqq s > r \geqq \underline{D}_x\Phi\right\}$$

とおいたとき，任意の $r < s$ に対して $E(r,s)$ は可測であって，$m(E(r,s)) = 0$ が成り立つことを示せばよい．ヴィタリの被覆定理を用いてこのことを示すのであるが，それに対する基本的な考え方は，密度定理の証明のときと同様である．

ただしこの場合には，$E(r,s)$ を含む開集合 U で $\Phi(U - E(r,s))$ がいくらでも小さい値となるようなものが存在する，などという細かい点をすべて確認していかなくてはならなくなる．そのため証明は少し繁雑になる．ここではこれ以上この証明には立ち入らないが，関心のある読者は高木貞治『解析概論』第 9 章 (岩波書店)，または吉田耕作『測度と積分』(岩波基礎数学講座) を参照していただきたい．

ラドン・ニコディムの定理と微分

Φ を，上の定理に述べたのと同じ条件をみたす，完全加法的集合関数とする．ルベーグ測度 m に関して Φ は絶対連続であるとすると，ある $f \in L^1(\boldsymbol{R}^k)$ が存在して，すべての可測集合 S に対して

$$\Phi(S) = \int_S f(x)m(dx)$$

と表わされる．このとき次の定理が成り立つ．

【定理】 ほとんどすべての $x \in \boldsymbol{R}^k$ に対し

$$D_x\Phi = f(x)$$

が成り立つ．

この定理の証明はここでは省略する．

1 変数関数の微分

数直線 $\boldsymbol{R}^1$ 上の閉区間 $[a, b]$ で定義された実数値関数 $y = f(x)$ の微分可能性について，結果だけ少し触れておこう．なお，$y = f(x)$ が $x = x_0$ で微分可能とは，h が正または負の方向から 0 に近づくとき

$$\lim_{h \to 0} \frac{f(x_0 + h) - f(x_0)}{h}$$

の極限値がともに存在して，一致することである．

次のルベーグの定理が基本的である．

【定理】 区間 $[a, b]$ で定義された単調非減少な関数 $y = f(x)$ は，ほとんど至るところ微分可能であって，有限な微係数をもつ．

この定理の証明にも，ふつうはヴィタリの被覆定理を用いる．

この定理から，2 つの単調非減少な関数 f, g の差 $f - g$ として表わされる関数

もまたほとんど至るところ微分可能となることがわかる．ところがこのように表わされる関数は，1 つの性質によって特性づけられるのである．いま，$[a,b]$ 上に関数 $F(x)$ が与えられたとき，a と b の間の分点

$$\triangle : a = x_0 < x_1 < x_2 < \cdots < x_n = b$$

に対応して

$$|F(\triangle)| = \sum_{i=1}^{n} |F(x_i) - F(x_{i-1})|$$

を考える．ある正数 K が存在して，どのような分点のとり方 $\triangle$ に対しても

$$|F(\triangle)| \leqq K$$

が成り立つとき，$F(x)$ を有界変動の関数という．このとき次のことが知られている．

> 区間 $[a,b]$ 上で定義された関数 $F(x)$ が，2 つの単調非減少関数によって
>
> $$F(x) = f(x) - g(x)$$
>
> と表わされるための必要かつ十分なる条件は，F が有界変動の関数であることで与えられる．

これから次の結果が得られる．

> 区間 $[a,b]$ 上で定義された有界変動の関数 $F(x)$ はほとんど至るところ微分可能であって，有限な微係数をもつ．

Tea Time

質問　絶対連続な完全加法的集合関数を微分するとどうなるかはわかりましたが，一般の完全加法的集合関数を微分するとどうなるのですか．

答　完全加法的集合関数 Φ が，すべての可測集合 S に対して $0 \leqq \Phi(S) < \infty$ をみたしているとする．第 26 講の最後に述べたルベーグの分解定理を Φ に適用すると，Φ はルベーグ測度に関し，絶対連続な部分 Φ_1 と，特異部分 Φ_2 との和として表わされる：$\Phi = \Phi_1 + \Phi_2$. このとき，ほとんど至るところ $D_x\Phi_2 = 0$ であって，したがって

$$D_x\Phi = D_x\Phi_1 \text{ a.e.}$$

となり，Φ の微分は本質的には絶対連続部分の微分となるのである．

質問　ルベーグの密度定理はよく考えてみると，可測集合の性質について何か深いことをいっているのではないかという気がしてきました．密度定理を応用して得られるような簡明な結果があったら教えてください．

答　シュタインハウスが 1920 年に見出した次の興味ある結果を密度定理から導いてみよう．

【シュタインハウスの定理】 A を数直線上で正の測度をもつ可測集合とする．このとき A に属する 2 数の和をとって得られる集合

$$A + A = \{x + y \mid x, y \in A\}$$

は，必ずある区間を含む．

証明の考え方は次のようである．まず密度定理から $\Theta(A, a) = 1$ となる $a \in A$ が存在する．したがって a を含むある区間 $[a - \varepsilon,\ a + \varepsilon]$ があって $m(A \cap [a - \varepsilon,\ a + \varepsilon]) \geqq \frac{2}{3}2\varepsilon$ となる．説明の簡単なため，相似写像で移して，ある可測集合 A が $m(A \cap [0, 1]) \geqq \frac{2}{3}$ をみたせば，$A + A$ は区間を含むことを示すことにしよう．図 44 で，線分 L 上では $x + y$ は一定の値をとっている．x が A に属さないのは $[0,1]$ の中の高々測度 $\frac{1}{3}$ の集合であり，y が A に属さないのも高々測度 $\frac{1}{3}$ の集合である．したがって図のカゲをつけた部分に L があるときには，L 上には必ず $x, y \in A$ となる点がある．したがって $A + A \supset \left(\frac{2}{3}, \frac{4}{3}\right)$ となる．これでシュタインハウスの定理が証明された．

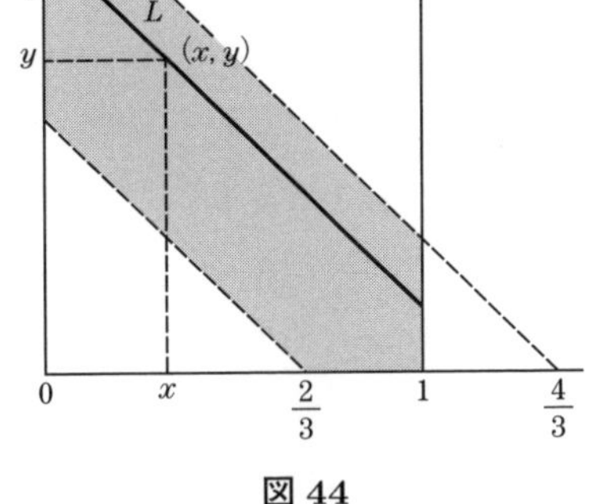

図 44

第 29 講

フビニの定理

テーマ
- ◆ 直積空間に測度を構成する困難さ
- ◆ ジョルダン式測度空間
- ◆ 可算加法性と拡張定理
- ◆ 拡張定理の証明の考え
- ◆ 積空間上の測度構成のステップ
- ◆ 積空間上の測度
- ◆ フビニの定理

問題の起こり

ルベーグ積分論においてフビニの定理は有名である．フビニの定理が有名なのは，1つにはたぶん取り扱う対象が厄介で，どこか内容がなじみにくい点にあるのだろう．フビニの定理の扱う対象とは，2つの測度空間 $X\,(\mathfrak{B}_X, m_X)$，$Y\,(\mathfrak{B}_Y,\ m_Y)$ が与えられたとき，その直積空間 $X \times Y$ である．$X \times Y$ 上にどのような測度空間を構成するのが最も自然か，またその測度空間に関し，関数 $f(x, y)$ の積分は，重積分のような考えで，x についての積分と y についての積分として表わされるかなどということを問題とする．

この直積空間上への測度構成に対して，難しい点は次のような状況から生じてくる．まずジョルダン式の測度，それも最も簡単な $\boldsymbol{R}^2 = \boldsymbol{R} \times \boldsymbol{R}$ 上のジョルダン式測度の場合を考えよう．$\boldsymbol{R}^2$ 上の図形の面積はもちろん $\boldsymbol{R}^2$ のこの直積分解に合わせた，(長方形の面積) = (よこの長さ) × (たての長さ) を基礎にとっている．しかし注意を要するのは，たとえば図 45 で見てもわかるように，平面上の図形を有限個の長方形に分割して，面積の近似値を求めていこうとするとき，これらの長方形の辺を，それぞれの直積成分上に——いまの場合，x 軸と y 軸上に

——射影すると，x 軸と y 軸は，非常に細かな区間にわかれてしまうということである．

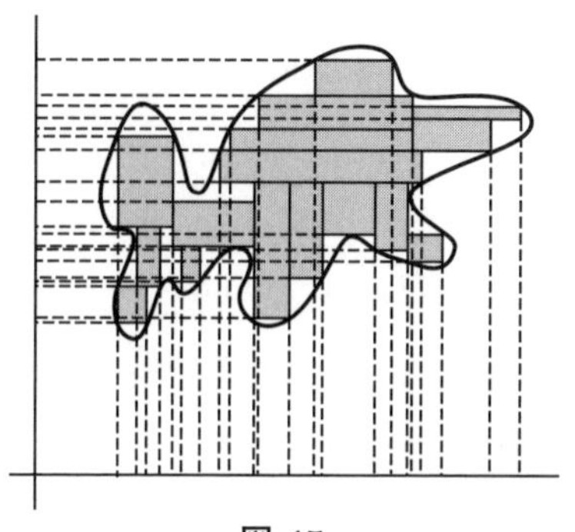

図 45

ルベーグ測度の場合には平面上の図形を可算個の長方形でおおうから，図 45 を見ても想像されるように，今度はこれらの長方形の辺の x 軸，y 軸上への射影は，一般には x 軸，y 軸上の稠密な可算個の点となって現われてくるだろう．区間のようなものは消えてしまう．x 軸，y 軸上にしるされたこの可算個の点を見ても，私たちはここからどのようにして，平面上の長方形を構成したらよいかわからない．ルベーグ測度の場合には，射影は測度と直接結びつきにくいのである．

ここではフビニの定理の証明の詳細には立ち入らないで，むしろ大筋を伝えることにつとめてみよう．

ジョルダン式測度

直積空間 $X \times Y$ 上に測度を構成する手がかりは，やはり図 45 のような‘有限加法的な’状況で，X, Y 上の測度と $X \times Y$ 上の測度との関係をはっきりさせ，次にそこから何らかの方法で，‘有限加法的’な測度から‘完全加法的’な測度へと，ある意味で極限移行する道しかなさそうである．

そのため，いままで完全加法的な測度の世界を展開してきた眼には多少異様に映るかもしれないが，まず有限加法的測度空間の抽象的な設定から入ることにする．(なお以下で用いる記号 $\mathfrak{K}$ はドイツ大文字の K である)

【定義】 集合 X の部分集合族 $\mathfrak{K}$ が次の条件をみたすとき，集合体という．

(i) $\mathfrak{K}$ は少なくとも 1 つの部分集合を含む．

(ii) $A \in \mathfrak{K} \Longrightarrow A^c \in \mathfrak{K}$

(iii) $A, B \in \mathfrak{K} \Longrightarrow A \cup B \in \mathfrak{K}$

すぐわかるように，$\mathfrak{K}$ が集合体ならば，$\phi, X \in \mathfrak{K}$ であり，また $A, B \in \mathfrak{K}$ なら

ば $A \cap B \in \mathfrak{K}$,　$A - B = A \cap B^c \in \mathfrak{K}$ である．

【定義】　集合体 $\mathfrak{K}$ が与えられたとき，$\mathfrak{K}$ 上のジョルダン測度 v とは，次の性質をみたす $\mathfrak{K}$ から $\boldsymbol{R} \cup \{+\infty\}$ への写像である．

(i)　$A \in \mathfrak{K}$ に対し，$0 \leqq v(A) \leqq +\infty$；$v(\phi) = 0$

(ii)　$A, B \in \mathfrak{K}$, $A \cap B = \phi$ のとき

$$v(A \cup B) = v(A) + v(B)$$

集合 X の部分集合のつくる集合体 $\mathfrak{K}$ 上に，ジョルダン測度 v が与えられたとき，$X(\mathfrak{K}, v)$ を仮りにジョルダン式測度空間ということにする．ジョルダン式測度空間 $X(\mathfrak{K}, v)$ において，$v(X) < +\infty$ が成り立つとき，有界な測度空間という．

また，$E_1 \subset E_2 \subset \cdots \subset E_n \subset \cdots$；$X = \bigcup_{n=1}^{\infty} E_n$ をみたす系列 $E_n \in \mathfrak{K}$ $(n = 1, 2, \ldots)$ が存在して，$v(E_n) < +\infty$，かつ $A \in \mathfrak{K}$ に対して $\lim v(E_n \cap A) = v(A)$ が成り立つとき準有界という．

可算加法的ジョルダン式測度空間

与えられたジョルダン式測度空間を完全加法的な測度空間へと広げていきたい．次の定義は，それに対する足がかりとなることは明らかだろう．

【定義】　ジョルダン式測度空間 $X(\mathfrak{K}, v)$ が次の性質をもつとき，可算加法的であるという：

$A \in \mathfrak{K}$ が，共通点のない系列 $A_n \in \mathfrak{K}$ $(n = 1, 2, \ldots)$ によって $A = \bigcup_{n=1}^{\infty} A_n$ と表わされているならば

$$v(A) = \sum_{n=1}^{\infty} v(A_n)$$

すなわち，可算加法性とは，$A_n \in \mathfrak{K}$ で，$\bigcup_{n=1}^{\infty} A_n$ がまた $\mathfrak{K}$ に属しているという条件の下では，v には完全加法的な性質が成り立っているということである．

拡張定理

X の部分集合のつくる集合体 $\mathfrak{K}$ が与えられたとき，$\mathfrak{K}$ を含む最小のボレル集合体が存在する．それを $\mathfrak{B}(\mathfrak{K})$ と表わして，$\mathfrak{K}$ から生成されたボレル集合体という．

このようなボレル集合体 $\mathfrak{B}(\mathfrak{K})$ が存在することは，抽象的ないい方では次のよ

うに説明される．$\mathfrak{K}$ を含んでいるような (X の部分集合のつくる) ボレル集合体 $\mathfrak{B}_\lambda$ を考える．たとえば X の部分集合全体をとれば，そのようなボレル集合体となっている．このような $\mathfrak{B}_\lambda$ の全体を $\{\mathfrak{B}_\lambda\}_{\lambda\in\Lambda}$ とすると，$\mathfrak{B}(\mathfrak{K}) = \bigcap_{\lambda\in\Lambda}\mathfrak{B}_\lambda$ で与えられる．すなわち，$\mathfrak{B}(\mathfrak{K})$ はすべての $\mathfrak{B}_\lambda$ に共通に含まれる X の部分集合からなる．

もっとも，このようないい方に納得しにくいときには，次のような構成的な説明もある．$\mathfrak{K}$ から可算個の集合列 $A_n(n=1,2,\ldots)$ をとって，$\bigcup_{n=1}^{\infty} A_n, \bigcap_{n=1}^{\infty} A_n$ と表わされる集合をすべて $\mathfrak{K}$ につけ加える．このようにして得られた部分集合族を $\mathfrak{K}_1$ とすると $\mathfrak{K} \subset \mathfrak{K}_1$ である．$\mathfrak{K}_1$ に対して同様の操作を行なって $\mathfrak{K}_2$ が得られる：$\mathfrak{K} \subset \mathfrak{K}_1 \subset \mathfrak{K}_2$．同様に進んでいくと，部分集合族の列

$$\mathfrak{K} \subset \mathfrak{K}_1 \subset \mathfrak{K}_2 \subset \cdots \subset \mathfrak{K}_n \subset \cdots$$

が得られる．そこで $\mathfrak{K}_\omega = \bigcup_{n=1}^{\infty}\mathfrak{K}_n$ とおく．$\mathfrak{K}_\omega$ から再び同じ操作を繰り返す．このようにして超限的に，高々 2 級の順序数までこの操作を行なって得られた部分集合全体が $\mathfrak{B}(\mathfrak{K})$ を形づくっている．

次の拡張定理は，フビニの定理とは独立によく用いられる．

【拡張定理】 集合体 $\mathfrak{K}$ 上で与えられたジョルダン測度 v が，ボレル集合体 $\mathfrak{B}(\mathfrak{K})$ 上の測度にまで拡張されるための必要かつ十分なる条件は，v が $\mathfrak{K}$ 上で可算加法的なことである．

いいかえれば，ジョルダン式測度空間 $X(\mathfrak{K}, v)$ に対し，測度空間 $X(\mathfrak{B}(\mathfrak{K}), m)$ が決まって，$A \in \mathfrak{K}$ のときには $m(A) = v(A)$ が成り立つ条件は，v が可算加法的であるというのである．v がさらに有界，または準有界のときには，このような拡張は一意的であることが示される．

なお，$X(\mathfrak{K}, v)$ が有界，または準有界のときには，可算加法性が成り立つことは

$$A_1 \supset A_2 \supset \cdots \supset A_n \supset \cdots \ (A_n \in \mathfrak{K})\ ;\ v(A_1) < \infty;\ \bigcap_{n=1}^{\infty} A_n = \phi \text{ ならば}$$

$$\lim v(A_n) = 0$$

が成り立つことと同値であって，拡張定理の可算加法性はこの形で述べられるこ

とも多い．

拡張定理の証明の考え方

拡張定理の証明をどのようにするか，すぐには思いつかないかもしれない．この証明には，$\boldsymbol{R}^k$ のジョルダン式測度——本質的には区間の測度——を，ルベーグ測度へ拡張したのと同じ考えをたどるのである．

すなわち，v を可算加法的なジョルダン測度とするとき，任意の $E \subset X$ に対して外測度 $m^*(E)$ を

$$m^*(E) = \inf \sum_{n=1}^{\infty} v(A_n), \quad E \subset \bigcup_{n=1}^{\infty} A_n$$

で定義する．ここで inf は，$E \subset \bigcup_{n=1}^{\infty} A_n \, (A_n \in \mathfrak{K})$ をみたす E のすべての被覆をわたる．このときこの外測度に関し，$A \in \mathfrak{K}$ はすべて可測であり，かつ $v(A) = m^*(A)$ となることを示すのである．このとき $\mathfrak{B}(\mathfrak{K})$ に属する集合もすべて可測となる！

積空間上の測度構成への道

ここでこの講の主題に戻ろう．$X\,(\mathfrak{B}_X, m_X)$，$Y\,(\mathfrak{B}_Y, m_Y)$ を2つの測度空間とする．これらはもちろん可算加法的なジョルダン式測度空間となっていることをまず注意しておこう．

$X \times Y$ の部分集合族 $\mathfrak{K}_{X\times Y}$ を

$$\mathfrak{K}_{X\times Y} = \left\{ \bigcup_{i=1}^{n} (A_i \times B_i) \mid A_i \in \mathfrak{B}_X,\ B_i \in \mathfrak{B}_Y \right\}$$

によって定義する．このとき次のことはすぐに確かめられる．

$\mathfrak{K}_{X\times Y}$ は集合体となる．

$\mathfrak{K}_{X\times Y}$ に属する部分集合 $\bigcup_{i=1}^{n} (A_i \times B_i)$ で特に

$$(A_i \times B_i) \cap (A_j \times B_j) = \phi \quad (i \neq j)$$

となるものに対し

$$v_{X\times Y}\left(\bigcup_{i=1}^{n} (A_i \times B_i) \right) = \sum_{i=1}^{n} m_X(A_i)\, m_Y(B_i)$$

とおく．$\mathfrak{K}_{X\times Y}$ の元は，いつでも上のような共通点のない形に表わすことができ

るし，また $v_{X\times Y}$ の値はこのような表わし方によらず一意的に決まる．このことから

$$\boxed{X \times Y\,(\mathfrak{K}_{X\times Y},\ v_{X\times Y})\ \text{はジョルダン式測度空間となる}}$$

ことがわかる．

積空間の測度

次の定理が積空間上の測度の構成に対して決定的なのだが，この証明はここでは省略することにしよう．

【定理】 測度空間 $X\,(\mathfrak{B}_X, m_X)$，$Y\,(\mathfrak{B}_Y, m_Y)$ は有界，または準有界とする．このとき $X \times Y\,(\mathfrak{K}_{X\times Y},\ v_{X\times Y})$ は可算加法的なジョルダン式測度空間である．

いま，$X\,(\mathfrak{B}_X, m_X)$，$Y\,(\mathfrak{B}_Y, m_Y)$ は有界，または準有界とする．このときジョルダン式測度空間 $X \times Y\,(\mathfrak{K}_{X\times Y},\ v_{X\times Y})$ も有界または準有界となるが，さらにこの定理によって，この空間に拡張定理を適用することができる．その結果，完全加法的な測度空間 $X \times Y\,(\mathfrak{B}\,(\mathfrak{K}_{X\times Y}),\ m_{X\times Y})$ を得るのである．

【定義】 このようにして得られた測度空間を

$$X \times Y\,(\mathfrak{B}_{X\times Y},\ m_{X\times Y})$$

と表わし，$X\,(\mathfrak{B}_X, m_X)$，$Y\,(\mathfrak{B}_Y, m_Y)$ の積測度空間または直積測度空間という．

> 私たちはこのようにして積測度空間へと達したが，この構成に至る道は決して明らかなものとはいえない．拡張定理が構成的に与えられているとはいえないので，直積測度へと移るとき，ルベーグ測度は一段と深い霧の中へ入っていくような感じがする．

フビニの定理

積測度空間 $X \times Y\,(\mathfrak{B}_{X\times Y},\ m_{X\times Y})$ について成り立つ一連の結果を，通常フビニの定理として引用する．そのいくつかを，証明なしでここに記しておこう．

【定理】　(i)　$E \in \mathfrak{B}_{X \times Y}$ ならば，各 $y_0 \in Y$ に対し，切口の集合

$$E\,(y_0) = \{x \mid (x, y_0) \in E\}$$

は $\mathfrak{B}_X$ に属する．

(ii)　$f(x,y)$ が $X \times Y$ 上の $\mathfrak{B}_{X \times Y}$ 可測関数とする．このとき各 $y_0 \in Y$ に対して $f(x, y_0)$ は X 上の関数として $\mathfrak{B}_X$ 可測関数である．

【定理】　$E \in \mathfrak{B}_{X \times Y}$，$m_{X \times Y}(E) < \infty$ とする．

(i)　$E(y) = \{x \mid (x,y) \in E\}$ に対して

$$f(y) = m_X(E(y))$$

は $\mathfrak{B}_Y$ 可測関数である．

(ii)　この $f(y)$ に対して

$$m(E) = \int_Y f(y) m_Y(dy)$$

が成り立つ．

【定理】　$f(x,y)$ を $m_{X \times Y}$ に関し可積分な関数とする．

(i)　適当な m_Y 零集合 $N\,(\in \mathfrak{B}_Y)$ に属する y を除けば，$f(x,y)$ は y をとめて x の関数と考えたとき，m_X に関して可積分である．

(ii)　$y \notin N$ のとき

$$F(y) = \int_X f(x,y) m_X(dx)$$

は $\mathfrak{B}_Y$-可測で，かつ m_Y に関して可積分である．

(iii)　$y \in N$ のとき $F(y) = 0$ とおくと

$$\int_{X \times Y} f(x,y) m_{X \times Y}(d(x,y)) = \int_Y \left(\int_X f(x,y) m_X(dx) \right) m_Y(dy)$$

なお，(iii) の式は，$f(x,y) \geqq 0$ のときは，可積分の仮定なしでも成り立つ．

Tea Time

質問　前の話にさかのぼりますが，第 16 講でルベーグ積分の考えを最初に導入される際，数直線上でルベーグ可測な関数 $f(x) \geqq 0$ が与えられたとき，$f(x)$ のルベーグ積分を，f のグラフのつくる図形 E の測度として

$$\int_a^b f(x)dx = m(E)$$

と定義したいということを [期待] として述べられました．この [期待] がやはりみたされていたということは，この講へきてはじめてわかったのでしょうか．

答　少なくともこの講義の流れではそうなっている．図形 E は

$$E = \{(x, y) \mid a \leqq x \leqq b,\ 0 \leqq y \leqq f(x)\}$$

と表わされる．E は $\boldsymbol{R}^2$ の可測集合となる (このことは f が単関数のときは明らかであり，あとは近似で確かめる)．$\varphi_E(x, y)$ を E の特性関数とすると

$$\begin{aligned}
m(E) &= \int_{\boldsymbol{R}^2} \varphi_E(x, y) m(d(x, y)) \\
&= \int_a^b \left(\int \varphi_E(x, y) m(dy) \right) m(dx) \\
&= \int_a^b \left(\int_0^{f(x)} 1\, m(dy) \right) m(dx) \\
&= \int_a^b f(x) m(dx)
\end{aligned}$$

第 30 講

位相的外測度

テーマ
- ◆ 位相的外測度
- ◆ カラテオドリの定理
- ◆ 連続関数の空間上の正値汎関数とその積分表示
- ◆ ハウスドルフ測度
- ◆ ハウスドルフ次元

いよいよ最後の講を迎えることになった．ルベーグ積分は裾野が広いから，ルベーグ積分の中に包括される話題も多く，それらは数学のいろいろな分野へと展開している．ここではいままで述べる機会のなかった位相的外測度について簡単に触れておくことにしよう．以下の話の背景には一層広い位相空間の抽象的な舞台が広がっているのだが，ここでは $\boldsymbol{R}^k$ の場合に限って話を進めることにする．

位相的外測度

$\boldsymbol{R}^k$ の外測度といっても，第 9 講の Tea Time で述べたように，実に多くの外測度が存在している．したがってそこから得られた測度空間の中には，一般には非常に病的な，取り扱いにくいものもあるだろう．解析学の立場では，開集合，閉集合は $\boldsymbol{R}^k$ の部分集合の中で最も基本的な集合である．私たちにとってふつう望ましい測度といえば，開集合，閉集合が可測集合となるような測度である．実際，そのような測度でないと，連続関数の積分も一般には考えられないのである．そこで次の定義をおく．

【定義】 $\boldsymbol{R}^k$ 上の外測度 m^* に対し，$\boldsymbol{R}^k$ の開集合，閉集合がすべて m^*-可測となるとき，m^* を位相的外測度という．

m^* を位相的外測度とする．一般論によれば，m^* に関し可測な集合全体はボレル集合体をつくっているから，開集合が m^*-可測ならば，開集合から生成されるボレル集合体に属する集合はまたすべて可測である．このいい方はまわりくどいかもしれない．要するに，m^* が位相的外測度ならば $\boldsymbol{R}^k$ のボレル集合はすべて m^*-可測である (第 12 講参照).

この位相的外測度について，カラテオドリが次のような明快な結果を与えている．

【定理】 $\boldsymbol{R}^k$ 上の外測度 m^* が位相的外測度となるための必要かつ十分なる条件は

$$\rho(A, B) > 0 \Longrightarrow m^*(A \cup B) = m^*(A) + m^*(B)$$

が成り立つことである．

ここで $\rho(A, B) = \inf_{x \in A,\ y \in B} \|x - y\|$ である．このカラテオドリの定理の証明については伊藤清三『ルベーグ積分入門』(裳華房) を参照していただきたい．この定理を見ると，カラテオドリが単に第 9 講で述べたような抽象的な方向だけに眼を向けていたわけではなくて，それと同時に抽象理論とルベーグ測度との関連をはっきり見すえていたのだということを感じさせる．

連続関数の空間上の正値汎関数

$\boldsymbol{R}^k$ 上で定義された実数値連続関数 $f(x)$ を考える．ある有界集合 K をとると

$$x \notin K \Longrightarrow f(x) = 0 \tag{1}$$

が成り立つとき f の台はコンパクトであるという．

f の台というのは聞きなれないかもしれない．一般に関数 f に対し

$$\mathrm{supp}\, f = \overline{\{x \mid f(x) \neq 0\}}$$

とおいて，supp f を f の台 (support) というのである．(1) が成り立つと，supp f は有界な閉集合となり，したがって $\boldsymbol{R}^k$ のコンパクトな部分集合となる．

$\boldsymbol{R}^k$ 上で定義された台がコンパクトな連続関数全体の集まりを $C_0(\boldsymbol{R}^k)$ と表わ

す．明らかに $f, g \in C_0(\boldsymbol{R}^k)$ に対して $\alpha f + \beta g \in C_0(\boldsymbol{R}^k)$ となる $(\alpha, \beta$ は実数$)$．したがって

$C_0(\boldsymbol{R}^k)$ は $\boldsymbol{R}$ 上のベクトル空間となる．

$C_0(\boldsymbol{R}^k)$ から $\boldsymbol{R}$ への写像 Φ が代数的な意味での線形性

$$\Phi(\alpha f + \beta g) = \alpha\Phi(f) + \beta\Phi(g) \quad (f, g \in C_0(\boldsymbol{R}^k),\ \alpha, \beta \in \boldsymbol{R})$$

をみたすとき，Φ を $C_0(\boldsymbol{R}^k)$ 上の (線形) 汎関数という．さらに

$$f \geqq 0 \text{ のとき } \Phi(f) \geqq 0$$

をみたすとき正値汎関数という．

たとえば $\boldsymbol{R}^k$ の有限個の点 $p_1, p_2, \ldots, p_n$ と正数 $\lambda_1, \lambda_2, \ldots, \lambda_n$ をとり

$$\Phi(f) = \lambda_1 f(p_1) + \lambda_2 f(p_2) + \cdots + \lambda_n f(p_n) \tag{2}$$

とおくと，Φ は 1 つの正値汎関数となる．このとき，点 p_1 に測度 λ_1，点 p_2 に測度 λ_2，…，点 p_n に測度 λ_n だけを与えた‘点測度’を μ とする：

$$\mu(\{p_i\}) = \lambda_i, \quad i = 1, 2, \ldots, n$$
$$S \not\ni p_i \ (i = 1, 2, \ldots, n) \Longrightarrow \mu(S) = 0$$

そうすると (2) は

$$\Phi(f) = \sum_{i=1}^{n} \lambda_i f(p_i) = \int_{\boldsymbol{R}^k} f(x)\mu(dx)$$

と表わされる．すなわち，この場合正値汎関数は積分で表わされている．

実は，驚くべきことにこのことは一般に成り立つのである．すなわち次の定理が成り立つ．

【定理】　Φ を $C_0(\boldsymbol{R}^k)$ 上の正値汎関数とする．このとき $\boldsymbol{R}^k$ のボレル集合上で定義された測度 μ が存在して

$$\Phi(f) = \int_{\boldsymbol{R}^k} f(x)\mu(dx) \tag{3}$$

と表わされる．

この証明には (3) の関係をみたす測度 μ を構成しなくてはならない．そのため任意の $A \subset \boldsymbol{R}^k$ に対し

$$m^*(A) = \inf \sum_{n=1}^{\infty} \Phi(f_n)$$

とおく．ここで inf は

$$f_n \geqq 0 \ (n = 1, 2, \ldots); \ \sum_{n=1}^{\infty} f_n(x) \geqq \varphi(x\,; A)$$

($\varphi(x\,; A)$ は A の特性関数) をみたす系列 $\{f_n\}$ $(n = 1, 2, \ldots)$ の上をわたる．

このm$^*(A)$ が位相的外測度となり，ここから導かれた測度 μ が求めるものとなるのであるが，この証明はかなり手間がかかる．興味のある読者は，前に挙げた伊藤清三氏の本を参照されたい．

ハウスドルフ測度

たとえば $\boldsymbol{R}^3$ の中にある曲面 S の面積を測ろうとするときに，$\boldsymbol{R}^3$ のルベーグ測度で測れば，S の面積は 0 となってしまう．これをどのような測度で測ったらよいのだろうか．一般に辺の長さ r が与えられたとき，r は 1 次元の長さであり，r^2 は 2 次元の正方形の面積であり，r^3 は 3 次元の立方体の体積である．$\boldsymbol{R}^3$ の中にある曲面 S の面積を測るには，辺の長さ r に対して，測度のスケールの規準を r^2 程度にしておかなくてはならないだろう．

このような考えに導かれて，1918 年にハウスドルフは，現在ハウスドルフ測度とよばれる測度を $\boldsymbol{R}^k$ に導入したのである．

定義を述べる前に，まず半径 1 の m 次元の球の体積を α_m で表わすことにする．α_1=2，$\alpha_2 = \pi$，$\alpha_3 = \dfrac{4}{3}\pi$ はよく知られているが，一般の m に対しては α_m の値は

$$\alpha_m = \begin{cases} \dfrac{\pi^{\frac{m}{2}} 2^{\frac{m}{2}}}{2 \cdot 4 \cdot 6 \cdot \cdots \cdot m} & (m\text{ が偶数のとき}) \\[2ex] \dfrac{\pi^{\frac{m-1}{2}} 2^{\frac{m+1}{2}}}{1 \cdot 3 \cdot 5 \cdot \cdots \cdot m} & (m\text{ が奇数のとき}) \end{cases}$$

と複雑な式となる．もっともガンマ関数を用いるともう少し簡明に

$$\alpha_m = \frac{(\sqrt{\pi})^m}{\Gamma\left(\frac{m}{2} + 1\right)} \quad (m = 1, 2, \ldots) \tag{4}$$

と表わされる．また $\alpha_0 = 1$ とおく．

【定義】 $0 \leqq m \leqq k$ とする．任意の $A \subset \boldsymbol{R}^k$ に対し，m 次元のハウスドルフ外測度 $\mathscr{H}^m(A)$ を次のように定義する：

$$\mathscr{H}^m(A) = \lim_{\delta \to 0} \inf_{\mathrm{diam}(S_j) \leqq \delta} \sum \alpha_m \left(\frac{\mathrm{diam}\,(S_j)}{2} \right)^m \tag{5}$$

ここで inf は，$\mathrm{diam}(S_j) \leqq \delta$ であるような，任意の可算個の集合 $S_1, S_2, \ldots$ による A の被覆

$$A \subset \bigcup_{j=1}^{\infty} S_j$$

をわたる．

この定義と，この講の最初に述べたカラテオドリの定理から，すぐに次のことがわかる．

$\mathscr{H}^m(A)$ は $\boldsymbol{R}^k$ 上の位相的外測度を与える．

したがって $\boldsymbol{R}^k$ の任意のボレル集合は $\mathscr{H}^m$-可測となる．ふつうはボレル集合の測度しか問題としないので，ボレル集合 A に対して，$\mathscr{H}^m$ から導かれる測度を同じ記号で $\mathscr{H}^m(A)$ と表わし，この値を A の m 次元ハウスドルフ測度という．

次のことが知られている．

$m = k$ のとき，$\mathscr{H}^m(A)$ は A のルベーグ測度と一致する．

実際は，ハウスドルフ測度は，任意の負でない実数 m に対して (5) と同じ式で定義する．このとき α_m の値は (4) で示したガンマ関数の式をそのまま用いて与えておくのである．

このとき空でない集合 $A \subset \boldsymbol{R}^k$ に対して次の事実が成り立つ．

$$\inf \left\{ m \geqq 0;\ \mathscr{H}^m(A) < \infty \right\} = \sup \left\{ m \geqq 0;\ \mathscr{H}^m(A) > 0 \right\}$$

【定義】 この共通の値を A のハウスドルフ次元という．

$A \subset \boldsymbol{R}^k$ のハウスドルフ次元はつねに $\leqq k$ である．たとえば，$\boldsymbol{R}^1$ のカントル集合のハウスドルフ次元は $\dfrac{\log 2}{\log 3}$ であることが知られている．ハウスドルフ次元は最近のフラクタル理論の展開の中で，その重要性が再認識されつつある．

Tea Time

質問　この 30 講を通して，ルベーグ積分の理論構成とその考え方は大体わかりましたが，やはりどこかまだ理論全体の奥行きがわからないという気分が残ってしまいました．この気分はどこからくるのでしょうか．

答　それはやはりルベーグ積分論全体の中にある非構成的な性格から生ずるものだろう．ルベーグの独創性は，測度の考察の過程で，'実無限' と遭遇せざるをえない点にあった．しかし 20 世紀前半の数学の流れを見ると，ルベーグの理論は，測度論のかかえた零集合のような深淵にはあまり立ち入らずに，この積分論を用いて解析学の形式を整備し，展開する方向へと走って行ったのである．ここに完成された美しい形式——関数解析の世界——は，ルベーグ積分のもつ謎めいた姿を，ひとまず完全に隠してしまったようにみえる．しかし，この解析学の形式の奥から，時折りルベーグ積分のもつ不可解な姿が見え隠れするのは避けられないようであって，それがルベーグの理論に対するある独特な気分として残るのではなかろうか．

索　　引

ア　行

カ　行

サ　行

タ　行

ナ　行

ハ　行

マ　行

ヤ　行

ラ　行

著者略歴

志賀浩二（しがこうじ）

1930 年　新潟県に生まれる
1955 年　東京大学大学院数物系数学科修士課程修了
　　　　東京工業大学理学部教授，桐蔭横浜大学工学部教授などを歴任
　　　　東京工業大学名誉教授，理学博士
2024 年　逝去
受　賞　第 1 回日本数学会出版賞
著　書　「数学 30 講シリーズ」（全 10 巻，朝倉書店），
　　　　「数学が生まれる物語」（全 6 巻，岩波書店），
　　　　「中高一貫数学コース」（全 11 巻，岩波書店），
　　　　「大人のための数学」（全 7 巻，紀伊國屋書店）など多数

数学 30 講シリーズ 9
新装改版 ルベーグ積分 30 講　　定価はカバーに表示

1990 年 9 月 20 日　初　　版第 1 刷
2022 年 10 月 10 日　　　　第 26 刷
2024 年 9 月 1 日　新装改版第 1 刷

著　者　志　賀　浩　二
発行者　朝　倉　誠　造
発行所　株式会社　朝　倉　書　店

東京都新宿区新小川町 6-29
郵便番号　162-8707
電　話　03(3260)0141
F A X　03(3260)0180
https://www.asakura.co.jp

〈検印省略〉

中央印刷・渡辺製本

ISBN 978-4-254-11889-6 C3341　　Printed in Japan

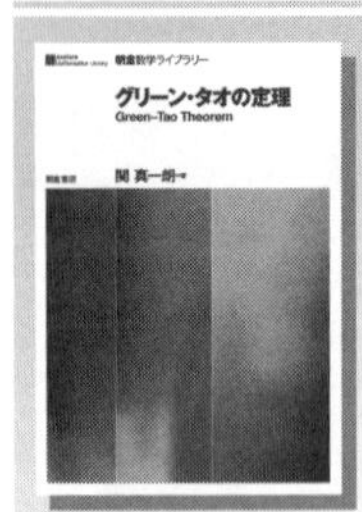

朝倉数学ライブラリー　グリーン・タオの定理

関 真一朗 (著)

A5 判／256 頁　978-4-254-11871-1 C3341　定価 4,400 円（本体 4,000 円＋税）

「素数には任意の長さの等差数列が存在する」ことを示したグリーン・タオの定理を少ない前提知識で証明し，その先の展開を解説する。〔内容〕等間隔に並ぶ素数／セメレディの定理／グリーン・タオの定理／ガウス素数星座定理／他。

朝倉数学ライブラリー　多様体の収束

本多 正平 (著)

A5 判／212 頁　978-4-254-11872-8 C3341　定価 3,850 円（本体 3,500 円＋税）

特異点を持つ図形の上での幾何学や解析学をどのようにして行うのかを解説する。〔内容〕グロモフ・ハウスドルフ距離／リーマン幾何学速習／比較定理とその剛性／リーマン多様体の極限空間／ RCD 空間／測度付きグロモフ・ハウスドルフ収束と関数解析／非崩壊 RCD 空間／球面定理／付録：多様体・バナッハ空間・測度

朝倉数学ライブラリー　最大正則性定理

清水 扇丈 (著)

A5 判／248 頁　978-4-254-11873-5 C3341　定価 4,400 円（本体 4,000 円＋税）

非線形偏微分方程式論において近年大きく発展した最大正則性を丁寧に解説する。〔内容〕最大正則性とは何か／半群／調和解析からの準備／実補間空間とトレース空間／最大 Lp-正則性／放物型方程式の初期値問題／初期値境界値問題／非圧縮性粘性流体の自由境界問題への応用／半線形方程式への応用／最大ローレンツ正則性とその応用

幾何学入門事典

砂田 利一・加藤 文元 (編)

A5 判／600 頁　978-4-254-11158-3 C3541　定価 11,000 円（本体 10,000 円＋税）

現代幾何学の基礎概念と展開を1冊で学ぶ。〔内容〕向き/曲線論と曲面論/面積・体積・測度/多様体：高次元の曲がった空間/時間・空間の幾何学/非ユークリッド幾何/多面体定理からトポロジーへ/測地線・モース理論/微分位相幾何学/群と対称性/三角法・三角関数/微分位相幾何学/次元/折り紙の数学/ベクトル場と微分形式/ポアンカレ予想/ホモロジー/ゲージ理論とヤンミルズ接続/代数幾何学/ユークリッド/ギリシャ幾何学の発展/リーマン/小平邦彦/他。

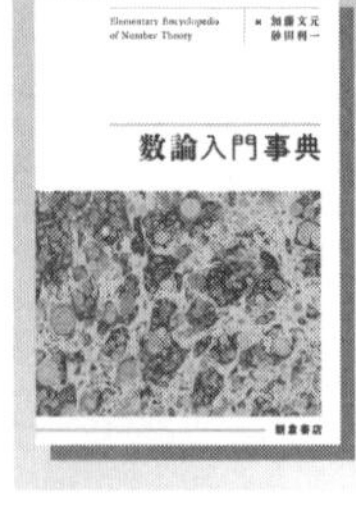

数論入門事典

加藤 文元・砂田 利一 (編)

A5 判／640 頁　978-4-254-11159-0 C3541　定価 11,000 円（本体 10,000 円＋税）

数論の基礎概念, 展開, 歴史を一冊で学ぶ事典。〔内容〕数と演算/アルゴリズム/素数/素数分布/整数論的関数/原始根/平方剰余/二次形式/無限級数/π/ゼータ関数/ヴェイユ予想/代数方程式の解法/ディオファントス方程式/代数的整数論/p進数/類体論/周期/多重ゼータ値/楕円曲線/アラケロフ幾何/保型形式/モジュラー形式/ラングランズプログラム/古代エジプトの数学/プリンプトン322/オイラー/ディリクレ/リーマン/ラマヌジャン/高木貞治/他。